工业和信息化普通高等教育“十三五”规划教材立项项目

21世纪高等教育计算机规划教材

计算机网络技术与应用教程（第2版）

Computer Network Technology and Application

张基温 张展赫 编著

人民邮电出版社

北京

图书在版编目（CIP）数据

计算机网络技术与应用教程 / 张基温，张展赫编著
. -- 2版. -- 北京 ：人民邮电出版社，2016.6（2022.6重印）
21世纪高等教育计算机规划教材
ISBN 978-7-115-42324-5

Ⅰ. ①计… Ⅱ. ①张… ②张… Ⅲ. ①计算机网络－高等学校－教材 Ⅳ. ①TP393

中国版本图书馆CIP数据核字(2016)第085717号

内 容 提 要

本书是为应用型本科院校“计算机网络”课程而编写的教材，书中贯穿了“以协议为核心，以应用为目的”的思想，采用了既有理论讲解又有实践跟进的全新编写体系。全书共分 7 章，主要内容：计算机网络概述、数据通信基础、TCP/IP 与网络互连、Internet 应用、IEEE 802 组网技术、Internet 接入技术、网络安全等。

本书从实用性出发而又不忽视基本理论，强调基础而又贴近主流网络技术，内容经典而又紧跟技术发展的步伐。为方便学习，书中配有大量的操作插图，每章都配有一定量的经典实验和习题。

本书可作为高等院校信息类专业的“计算机网络”课程教材，也可作为高等院校非网络专业的本科教材或各类计算机培训班的教材。

◆ 编　　著　张基温　张展赫
　责任编辑　张孟玮
　责任印制　沈　蓉　彭志环

◆ 人民邮电出版社出版发行　　北京市丰台区成寿寺路 11 号
　邮编　100164　　电子邮件　315@ptpress.com.cn
　网址　http://www.ptpress.com.cn
　北京七彩京通数码快印有限公司印刷

◆ 开本：787×1092　1/16
　印张：14.5　　　　2016 年 6 月第 2 版
　字数：380 千字　　2022 年 6 月北京第 11 次印刷

定价：38.00 元

读者服务热线：(010)81055256　印装质量热线：(010)81055316

反盗版热线：(010)81055315

第 2 版前言

计算机网络的蓬勃发展，使我们处在一个信息时代，一个网络时代。不分专业，不分职业，不分老少，不分民族，不分国籍，不分地域，处处、时时、刻刻，都有人工作在网络中，学习于网络中，交易于网络中，交流于网络中。计算机网络神奇而又普通，虚拟而又实在，强烈地激发着亿万人想要了解它的奥秘。在学校中，也被越来越多的专业列为学习的内容。

但是，学习计算机网络却不是一件容易的事情。从学科方面看，它涉及数学、物理、机械、电气、信息、管理；从教学形式上看，它涉及理论、实验研究、工程实践；从内容上看，它还在不断发展、推陈出新且变幻莫测，以至于当我们询问已经学过这门课的同学有何感想时，多数人的回答是"一大堆概念"，还有相当部分的人感到茫然。

"计算机网络"课程确实难教，教材也确实难写。不过，这些难度也给了编者一些改革的冲动：从实用性出发而又不忽视基本理论，强调基础而又贴近主流网络技术，内容经典而又紧跟知识变化的步伐，面对知识的很强离散性需能使学习者便于梳理。几十年来，作者虽然推出过不同结构、面向不同对象的网络教材，但都觉得不太理想，那些冲动，也就尚未平息。

这本教材的第 1 版于 2013 年问世。出版之后，社会反响尚可，应人民邮电出版社张孟玮编辑之邀，在原来的基础上按照"协议为核心，贴近实际应用"的思路进行了修订，目的在于让学习者抓牢"协议"这根网络的"神经"，学以致用，提高学习兴趣。

这次修订由张基温教授负责，张展赫参加了部分写作，张秋菊、赵忠孝、史林娟、张展为、董兆军、张友明、陈觉、戴璐分别负责制图、校对。此外，在本书的写作过程中，参考了不少其他作品，已经在参考文献中加以说明；还有一些是网上的佚名作者，这部分资料无法在参考文献中说明。在本书出版之际谨向这些为本书出版做出贡献者致以衷心谢意。

本书作为一种新体系的作品，不足之处在所难免，还请各位读者多多批评并不吝赐教。

编者

2016 年 1 月

目 录

第1章 计算机网络概述

计算机网络是计算机技术和通信技术密切结合的产物，它代表了当代计算机体系结构发展的一个极其重要的方向。尤其是进入21世纪以来，人类的很多活动都必须依靠网络。

1.1 计算机网络的概念

1.1.1 计算机网络及其功能

多年来，计算机网络一直没有统一的严格意义上的定义，而且随着计算机技术和通信技术的发展，其内涵也在不断地发展变化。从广义的角度讲，计算机网络是计算机技术与通信技术相结合，以实现信息传送和资源共享为目的的系统的集合。美国信息处理学会联合会认为，计算机网络是以能够相互共享资源（硬件、软件、数据）的方式连接起来，并各自具备独立功能的计算机系统的集合。

本书给出如下定义：计算机网络是将处于不同地理位置且相互独立的计算机或设备（如打印机、传真机等），在网络协议和网络操作系统的控制下，利用传输介质和通信设备连接起来，以实现信息传递和资源共享为主要目的的系统的集合。图1.1所示为计算机网络构成图。

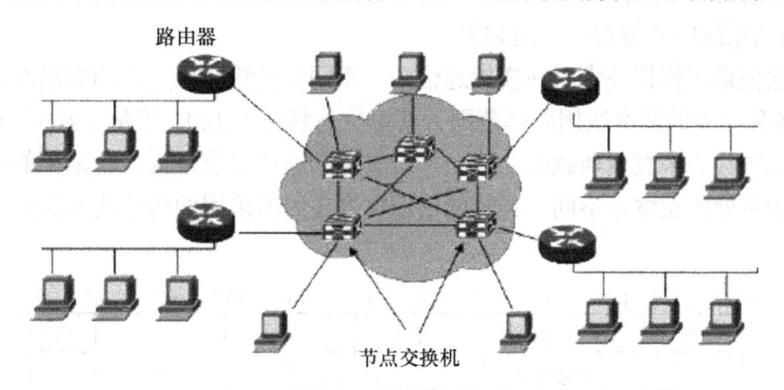

图1.1　计算机网络

现今，人们非常迷恋计算机网络，那到底计算机网络给人们带来了哪些好处？换句话说，计算机网络主要为用户提供了哪些功能呢？下面将一一进行介绍。

1. 数据传输

这里的数据指的是数字、文字、声音、图像、视频信号等媒体所存储信息的计算机表示。在计算机世界里，一切事物都可以用 0 和 1 这两个数字表示出来。计算机网络使得各种媒体信息通过一条通信线路从甲地传送到乙地。数据传输是计算机网络各种功能的基础，有了数据传输，才会有资源共享，才会有其他各种功能。

2. 资源共享

资源包括硬件、软件和数据。硬件指各种处理器、存储设备、输入/输出设备等，可以通过计算机网络实现这些硬件的共享，如打印机、硬盘空间等。软件包括操作系统、应用软件、驱动程序等，可以通过计算机网络实现这些软件的共享，如多用户的网络操作系统、应用程序服务器。数据包括用户文件、配置文件、数据文件、数据库等，可以通过计算机网络实现这些数据的共享，如通过网上邻居复制文件和网络数据库。通过共享能使资源发挥最大的作用，同时还能节省成本，提高效率。

3. 负载均衡

在有很多台计算机的环境中，这些计算机需要处理的任务可能不同，经常出现忙或闲现象。有了计算机网络，可以通过网络调度来协调工作，把"忙"的计算机上的部分工作交给"闲"的计算机去做，还可以把庞大的科学计算或复杂信息处理问题交给几台连网的计算机，由它们协调配合来完成。分布式信息处理、分布式数据库等就是利用计算机网络来实现负载均衡最好的例子。

4. 网络服务

现在，电子邮件、电子商务、电子政务、博客、微博、微信等都是计算机网络的产物，它们给人们的生活、学习和娱乐带来极大的方便。有了计算机网络，实时控制系统才有了保障，道路交通设施等才能在无人值守的情况下准确无误地运作。伴随着计算机网络新技术的不断出现，人们的生活、工作和学习会越来越方便。

1.1.2 计算机网络评价指标

评价一个计算机网络有很多方面，有技术的、有性能的，也有经济的、服务的。这里仅介绍几个主要指标。

1. 带宽（Bandwidth）和信道容量

关于带宽的概念，在模拟系统和数字系统中有所不同。

1）模拟通信系统中的带宽——通频带

早期电子通信采用模拟技术。在模拟通信中，不同的传输介质允许的电磁波频率范围不同。图 1.2 给出了各种介质的基本适用频率范围，其单位是赫兹（Hz）、千赫（kHz）和兆赫（MHz）等。这个频率范围称为带宽或通频带。对于一个具体的通信系统来说，所采用的技术不同，在所用介质的频带中所处的位置也不同。具体的信道宽度还因所采用的传输技术而异。

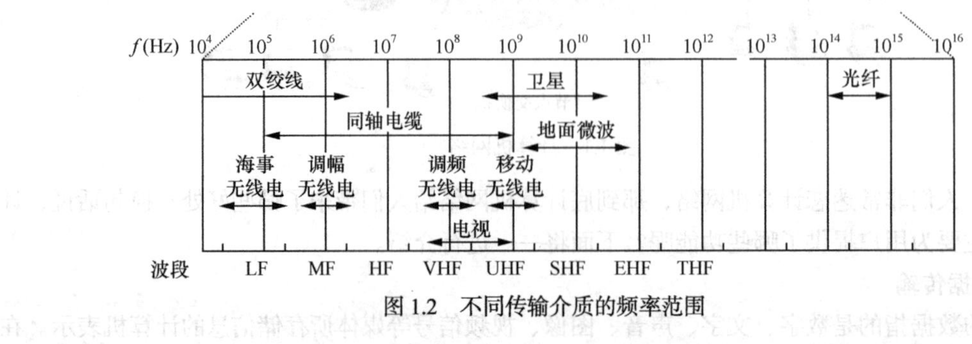

图 1.2 不同传输介质的频率范围

一般说来，一种模拟信号中往往包含了不同频率的分量，其最高频率与最低频率之间的宽度就是信号带宽。若信号带宽超过信道带宽，就会形成信号失真。图 1.3 所示为一张声波频谱分析图。可以看出，其频带很宽。因此，不可能做到一点也不失真。但是，可以看出，声波信号的主要能量集中在低频部分。因此，只要信道能保证低频部分不失真，也就做到了基本不失真。我们把这样的传输称为基带传输，基带传输的信号称为基带信号（Baseband Signal），是没有经过调制的信号。

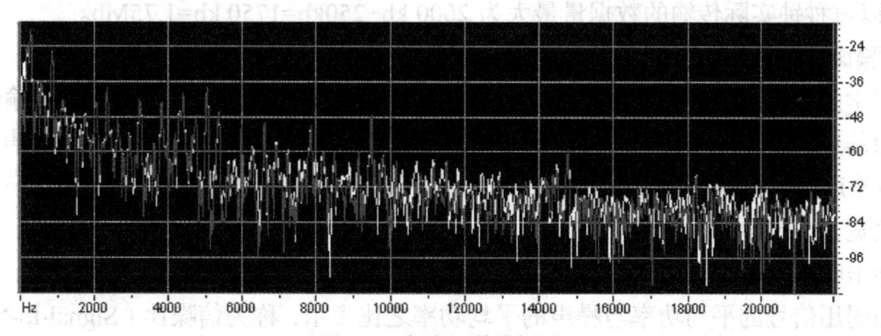

图 1.3　声波频谱分析图

尽管基带传输可以保证信号基本能通过，但人们并不会放弃进一步提高传输质量的努力，并沿着两个技术方向前进：一个技术方向是采用调制技术，将信号变换（调制）为适合在信道中传输的频带范围进行传输，这种信号称为频带信号（通带信号），这种技术称为调制/解调。简单地说，调制就是把不能传输的信号变为能传输的信号，解调就是把调制后的信号复原；另一个技术方向是扩大信道的带宽。通常把比音频带宽更宽的频带（一般大于 2.5Gbit/s）称为宽带（Broudband）。在宽带系统中，借助频带传输，可以将链路容量分解成两个或多个信道。如图 1.4 所示，ADSL 由 3 个信息通道组成：POTS（话音）通道（4 kHz）、上行通道（10 kHz~50 kHz）和下行通道（1 MHz 以上）。

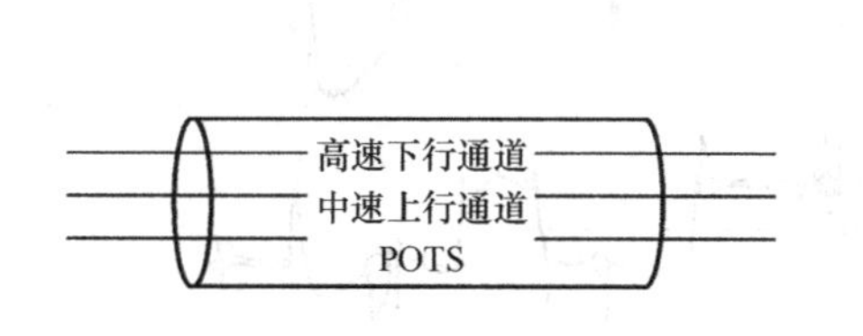

（a）ADSL 信道结构

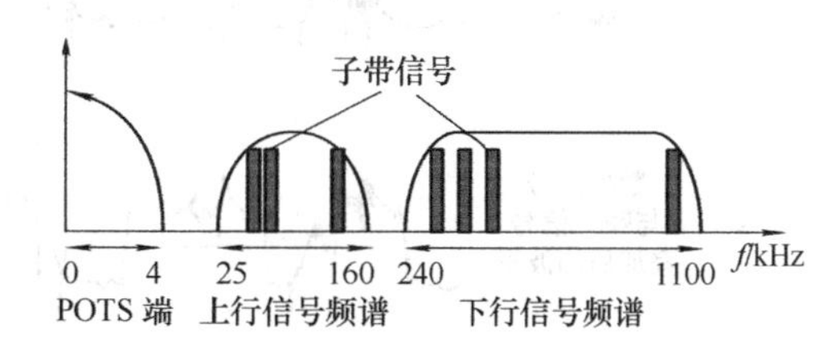

（b）ADSL 频谱结构

图 1.4　ADSL 上的 3 个信息通道

2）数字传输通信系统中的带宽——信道容量

在数字通信系统中，带宽是指在单位时间内网络中能够通过的“最大数据量”，并用比特率——单位时间内所能传递的二进制代码的有效位（bit）数衡量，单位为 bit/s、kbit/s、Mbit/s、Gbit/s、Tbit/s 等。这里，量词 k、M、G 和 T 的含义采用通信领域中的约定。这些量词在通信领域和计算机领域中的含义的区别如表 1.1 所示。

表 1.1　常用量词在计算机领域与通信领域的含义

使用领域	k/K（千）	M（兆）	G（吉）	T（太）	应用举例
通信领域	$1k=10^3$	10^6	10^9	10^{12}	带宽
计算机领域	$1K=2^{10}=1024$	2^{20}=1 048 576	2^{30}=1 073 741 824	2^{40}	存储容量、信息量大小

比特率又叫数据传输速率。一条物理信道上能够传输数据的最高速率，表现了信道进行数据传输的最大能力，称为信道容量，也称为带宽，这是因为数据传输率与时钟频率成正比，故时钟频率越高，比特率就越高，网络中数据的传输速率就越高。

信道容量是信道所能传输数据的理论值。例如，使用带宽为 2Mbit/s 的接入网络，并不等于每秒钟最高可以下载 2Mb 的数据。因为，2Mb=2000 kb=250kB，即数据传输时奇偶校验位用了 250kb，所以每秒钟实际传输的数据量最大为 2000 kb−250kb=1750 kb=1.75Mb。

2. 信噪比与误码率

从物理学的角度看，噪声是发声体做无规则振动时发出的声音，是干扰信号传输的能量场。任何非理想信道都会有噪声。这种能量场的产生源大致分为两类：热噪声和冲击噪声。

（1）热噪声是内部噪声，由介质中电子热运动等原因引起，随机产生，强度与信号频率无关，自身频谱很宽，会产生随机差错。

（2）冲击噪声是外部噪声，由外界干扰引起，其幅值较大，会产生突发性差错。

噪声强弱用信号的平均功率与噪声的平均功率之比表示，称为信噪比（Signal-to-Noise Ratio，SNR）。信噪比高，说明噪声在信号中占的比例小。

如图 1.5 所示，在数字传输系统中，噪声叠加在信号上，会引起某些位的信号在接收端错误地被接收，称为误码。引起误码的另一个因素就是信道带宽所引起的信号失真。传输系统的带宽低，信号的失真就严重，信噪比就低，误码率就高。因此，在数字传输系统中用误码率来评价信道的传输质量。

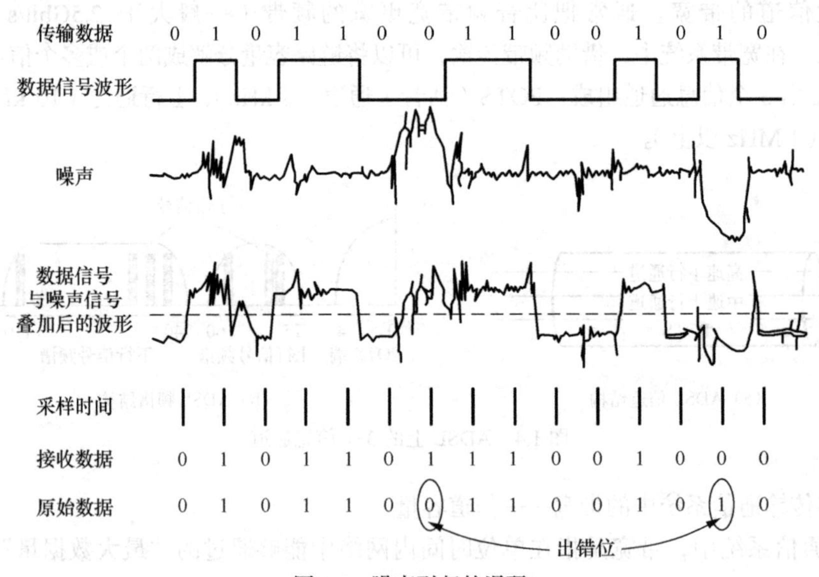

图 1.5　噪声引起的误码

误码率是数据通信系统在正常工作情况下的传输可靠性指标，指信道传输信号的出错率，用下面的公式表示：

$$P_e = \frac{N_e}{N}$$

式中，N 为数据传输的总位数，N_e 为数据传输过程中出错的位数。通常计算机网络要求误码率低于 10^{-6}，即每传送 1 兆位数据，不能出现多于 1 个错误。

3. 时延

时延（Delay）是指数据由信源传到信宿过程中所耗费的时间，其单位是秒（s）、毫秒（ms）、微秒（μs）等。数据在通信时，一般要经过 3 个过程：处理（主要指数据在缓冲区中排队等待）、发送（将要传送数据从计算机送到传输介质上）和传播。这 3 个过程都需要一定的时间，形成通信中的时延。图 1.6 所示为 3 种时延产生的示意图。

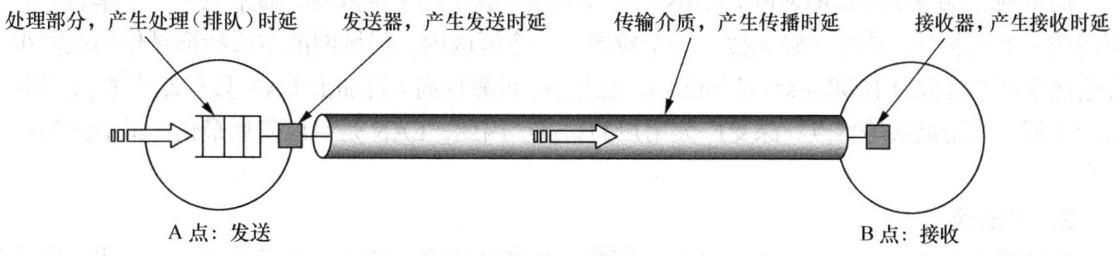

图 1.6　通信中时延的产生

可以看出：

传输总时延=处理时延+发送时延+传播时延+接收时延

通常发送时延、接收时延和处理时延要占有很大比重，所以并非传播时延低的信道，带宽就一定高。例如，光波在光纤中的传播速率为 205Mbit/s，而电磁波在 5 类铜线中的传播速率为 321Mbit/s。但是，为什么常说"光纤的数据传输率比铜线高"呢？原因就是数据在光纤信道上的发送速率高。下面进一步分析发送时延与传播时延之间的关系。假如只传输 1 个字节的数据，用光纤传输 100km 的距离，则传播时延为 $100 \times 10^3/(2.0 \times 10^5) = 0.5$s。若在带宽为 1Mbit/s 的链路中传输，发送时延为 8×10^{-6}s，不考虑排队处理时延，传输总时延为 0.500008s；若在 100Mbit/s 的链路中传输，发送时延为 8×10^{-4}s，不考虑排队处理时延，传输总时延为 0.5008s。显然，传播时延几乎没有影响总时延（总传送时间）。

此外，由于排队往往具有随机性，不是通信系统自己固有的特征，一般不能将此作为影响带宽的因素。因此，在图 1.3 所示的 3 个因素中，发送速率是与总时延关系最密切的因素，也是与信道带宽关系最密切的因素。例如，一个长度为 200MB（这里，1M 为 2^{20}=1 048 576，1B=8bit）的数据块，要在 1Mbit/s（这里，$1M = 10^6$）的链路中传输，则发送时延不能超过 $200 \times 1048576 \times 8/10^6 = 1677.8$s，即必须在不超过近半小时的时间内把这个数据块发送完毕。但是若在带宽为 100 Mbit/s 的链路上传输，则必须在 16.7s 内将这些数据发送完毕。

4. 服务质量

数据在一个计算机网络中传送，犹如车辆在一个城市行驶，常常会出现道路拥挤甚至堵塞的情形，使时延超过允许的限度。网络服务质量（Quality of Service，QoS）就是当网络出现过载或拥塞时，要保证重要的业务量不被延迟或丢失，并使网络高效运行。

1.2　计算机网络分类

对计算机网络进行分类的标准很多，如基于网速、基于协议、基于介质、基于功能、基于管辖权等。下面仅介绍两种主要分类方法。

1.2.1 按照地理覆盖范围分类

按网络覆盖的地理范围进行分类，一般将计算机网络分为4类：局域网、广域网、城域网、个人网。

1. 局域网

局域网（Local Area Network，LAN）覆盖范围一般在几千米以内，通常属于一个单位、一个部门或一个实验室，或在一幢大楼、一个校园、一个园区内。局域网的本质特征是作用范围小、传输速率高（通常为10Mbit/s～10Gbit/s）、延迟小、可靠性高。再加上LAN具有低成本、应用广、组网方便、使用灵活等特点，深受广大用户的欢迎。因此，LAN是目前发展最快、最活跃的一个分支。

2. 广域网

广域网（Wide Area Network，WAN）所覆盖的地理范围一般为几百千米到几千千米，因为其覆盖的范围广，故称其为广域网，也称远程网。它一般可以覆盖几个城市、地区，甚至国家或全球。这类网络出现得最早，其骨干网络一般是公用网，传输速率较高，能够达到若干Gbit/s。

3. 城域网

城域网（Metropolitan Area Network，MAN）原本指的是介于局域网与广域网之间的一种大范围的高速网络，其作用范围是从几千米到几十千米的城市。目前，随着网络技术的迅速发展，局域网、城域网和广域网的界限已经变得十分模糊。

4. 个人局域网

个人局域网（Personal Area Network，PAN）是在计算机网络大为普及、各种短距离无线通信技术不断发展的情况下出现的一种计算机网络形态。其特点是用无线电或红外线代替传统的有线电缆，实现个人信息终端的智能化互连，组建个人化的信息网络，适合于家庭与小型办公室的应用场合，其主要应用范围包括微信、QQ及信息电器互连与信息自动交换等。

PAN的实现技术主要有：Wi-Fi、Bluetooth、WiFi、IrDA、Home RF、ZigBee、WirelessHart、UWB（Ultra-Wideband Radio）以及VLC（Visible Light Communication，可见光通信）。

1.2.2 按网络拓扑结构分类

为了研究网络的连通性，可以将网络设备抽象为一些点，称为结点；把传输媒体抽象为线，称为链路。这种抽象结构称为网络拓扑结构。下面按照拓扑结构的特点，讨论网络分类。

1. 总线型拓扑

如图1.7（a）所示，在总线型拓扑结构中，网络中的所有结点都通过接口串接在一条叫作总线的单根传输线路上。每一个结点发送的信息都必须在总线上传输，且能被其他结点所接收。这种结构连接简单、易于安装、成本费用低。但是，在任何一个时间点上，网中只能有一个结点向外发送消息；否则，便产生冲突。因此，一个结点要发送数据时，必须进行侦听，看总线是否有数据在传送，只有总线上无数据传送时，才可发送。但即使这样，也有可能产生两个结点同时侦听到总线上没有数据传送而同时发送引起的冲突。为此，需要用一套规则对这种情况进行处理。此外，为了防止信号到达线缆的端点时产生反射信号，引起与后续信号的冲突，必须在线缆的两端安装终结器以吸收端点信号。这种结构的网络维护困难，一旦出现断点，整个网络将瘫痪，而且故障点很难查找。

2. 星型拓扑

如图1.7（b）所示，星型结构是指网络中的各结点通过点到点的方式连接到一个中心结点（又称中央转接站，一般是集线器或交换机）上，中心结点控制全网的通信，向目的结点转送信息。

星型拓扑结构便于集中控制，任何两台计算机之间的通信都要通过中心结点来转接，网络延迟时间较小，传输误差较低，也易于维护和管理。但是要求中心结点必须具有极高的可靠性，因为中心结点一旦损坏，整个系统便趋于瘫痪。在高可靠性要求的系统中，中心结点通常采用双机热备份。由于通向每个结点的通信线路专用，故电缆成本高。此外，在使用集成器的情况下，也会出现总线结构中的数据发送冲突。

3. 环型拓扑

如图 1.7（c）所示，将总线的首尾相连，就形成环型结构。为了避免环路上同时发送数据引起的冲突，在网络中要运行一种特殊的信号——令牌，令牌按顺时针方向传输。当某台计算机要发送信息时，必须先捕获令牌，再发送信息；发送信息后再释放令牌。与总线结构相似，这种网络实现简单，且传输介质适合采用光纤，以实现高速连接。但这种结构也存在致命的弱点，即网中任何一个结点出现故障，有可能导致全网瘫痪。

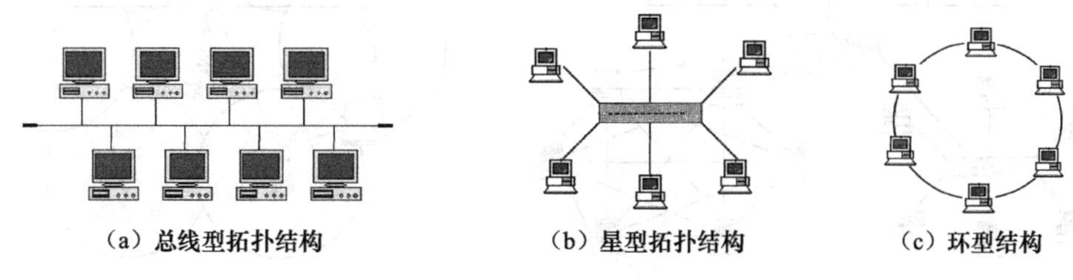

（a）总线型拓扑结构　（b）星型拓扑结构　（c）环型结构

图 1.7　计算机网络基本拓扑结构（1）

4. 树型拓扑

树型拓扑结构如图 1.8（a）所示，是星型拓扑结构的拓展，它采用层次化的结构，具有一个根结点和多层分支结点。树型网络中除了叶子结点外，所有分支结点都是转发结点。它的各个结点按层次进行连接，数据的交换主要在上下结点间进行，相邻的结点之间一般不进行数据交换。树形结构属于集中控制式网络，适用于分级管理的场合。

树型拓扑结构比较简单，成本低，扩充结点方便灵活。但是该结构对根结点（相当于星型拓扑中的中心结点）的依赖性大，一旦根结点出现故障，将导致全网不能工作；电缆成本高。

5. 网状拓扑

网状拓扑结构如图 1.8（b）所示，其特点是任意一个结点至少有两条线路与其他结点相连，或者说每个结点至少有两条链路与其他结点相连。在极端情况下，会形成网络中所有结点都互连的全连网状结构，如图 1.8（c）所示。这种结构的优点是不受瓶颈问题和失效问题的影响。由于结点之间有许多条路径相连，可靠性高；便于选择最佳路径，减少时延，改善流量分配，提高网络性能。但网状拓扑结构复杂，不易管理和维护，线路成本高。网状拓扑结构适合大型广域网路径选择。

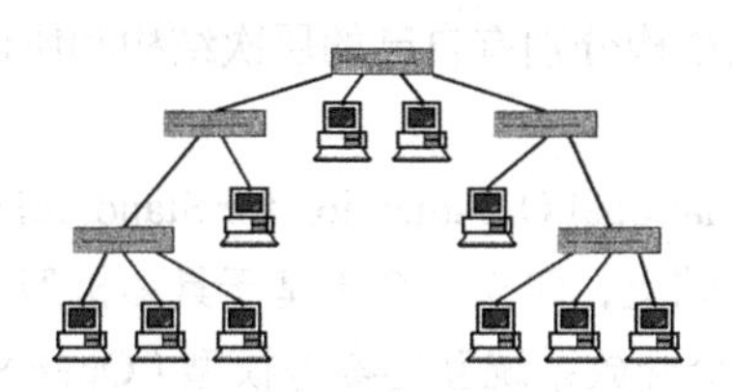

（a）树形拓扑结构

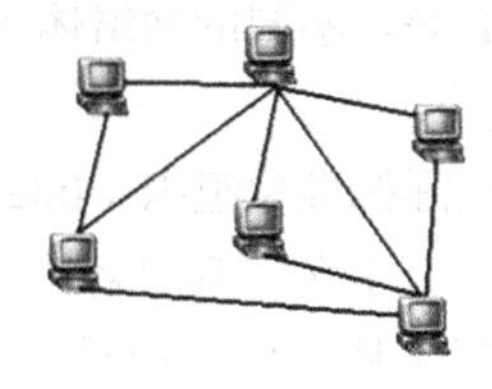

（b）网状拓扑结构

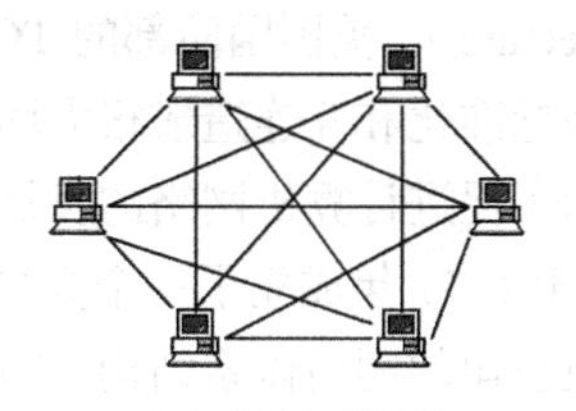

（c）全连网状结构

图 1.8　计算机网络基本拓扑结构（2）

6. 混合式拓扑

目前的局域网都不采用单纯的某一种网络拓扑结构，而是根据具体需要和环境将几种网络结构进行综合。常见的混合式网络拓扑结构有星网型、星总型结构和星环型结构等。也有3种以上基本结构结合的，如图1.9（a）所示。

7. 蜂巢拓扑

蜂窝拓扑结构是无线网络中常用的结构。在无线网络中，建有许多基站，每个基站充当星型结构中的中心结点，控制其辐射范围内的用户无线设备。各基站的辐射区域形成如图1.9（b）所示的蜂巢形状。蜂巢网络拓扑适用于城市网、校园网、企业网。

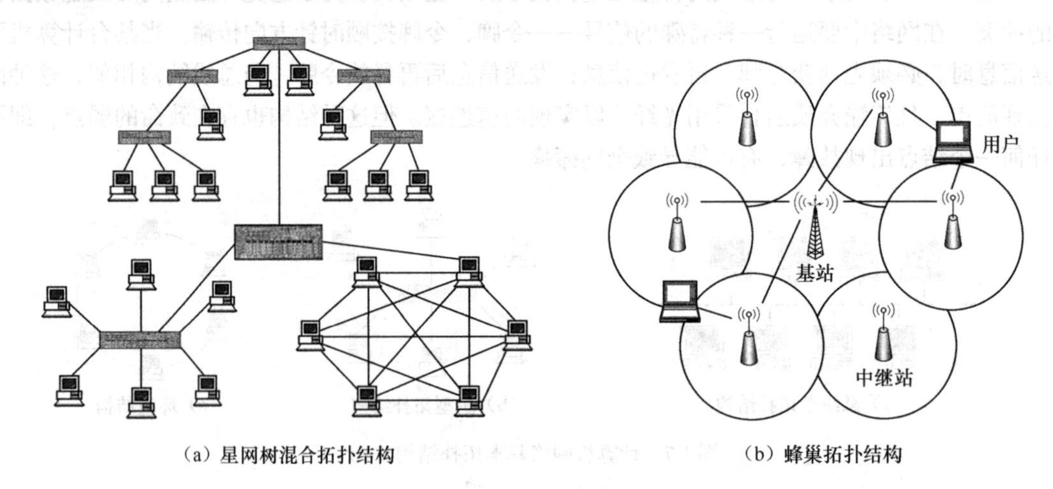

（a）星网树混合拓扑结构　　（b）蜂巢拓扑结构

图1.9　计算机网络基本拓扑结构（3）

1.3　ISO/OSI-RM体系结构

1.3.1　OSI/RM概述

20世纪50年代初，美国为了自身的安全，在美国本土北部和加拿大境内建立了一个半自动地面防空系统SAGE（赛其系统），进行了计算机技术与通信技术相结合的尝试。从而开辟了一条通向计算机网络的先河。进入20世纪70年代末期，计算机网络的发展已经势不可挡。为了抢占这一“制高点”，IBM公司于1974年公布了SNA（IBM Systems Network Architecture，IBM系统网络体系结构）模型。接着，其他商家也推出自己的网络体系，如DEC的数字网络体系结构DNA（Digital Network Architecture）、UNIVAC的分布式计算机体系结构DCA（Data Communication Architecture）、美国国防部的TCP/IP等。不同的网络体系结构分别有自己的层次结构和协议，这给网络标准化和互连造成很大困难。

为了促进计算机网络的发展，国际标准化组织（International Organization for Standardization，ISO）于1977年成立了一个委员会，着手在已有网络的基础上，建立一个不基于具体机型、操作系统或公司的网络体系结构。1982年4月，ISO发布了一个开放系统互连参考模型（Open System Interconnection/Reference Model，OSI/RM）的国际标准草案，它是一个建立在传输介质基础上的7层模型，如图1.10所示。

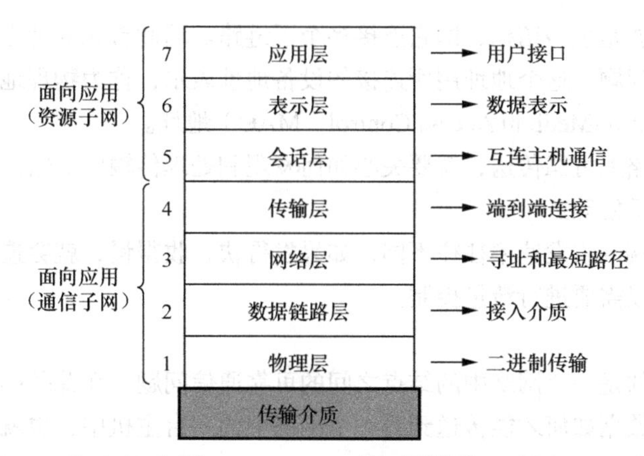

图 1.10　OSI/RM 的 7 层模型

OSI/RM 划分层次的原则如下。

（1）网路中各结点都有相同的层次。

（2）不同结点的同等层具有相同的功能。

（3）同一结点内相邻层之间通过接口通信。

（4）每一层使用下层提供的服务，并向其上层提供服务。

（5）不同结点的同等层按照协议实现对等层之间的通信。

1.3.2　OSI/RM 各层的功能

1. 物理层

OSI/RM 的 7 层以传输介质为基础，但不包括传输介质，这样就可以使这个标准具有一定灵活性。因此，物理层（Physical Layer，PHL）就是 OSI 参考模型的最低层。这一层的核心是如何保证数字信号在物理介质上可靠地传输，并不关心这些比特的含义。具体一点说，该层定义了物理链路的建立、维护和拆除，包括信号线的功能、“0”和“1”信号的电平表示、数据传输速率、物理连接器规格及其相关的属性等。

2. 数据链路层

在物理层解决了数字信号的可靠传输的基础上，就要考虑同一网络中两个结点（如图 1.11 中所示的 A 与 B）之间的数据传输问题。这同一网络中的两个结点之间的数据通路就称为链路（Link）。所以这一层称为数据链路层（Data Link Layer，DL）。这一层要解决一个结点所连接的链路上的数据交换问题。具体地说，数据链路层要解决如下问题。

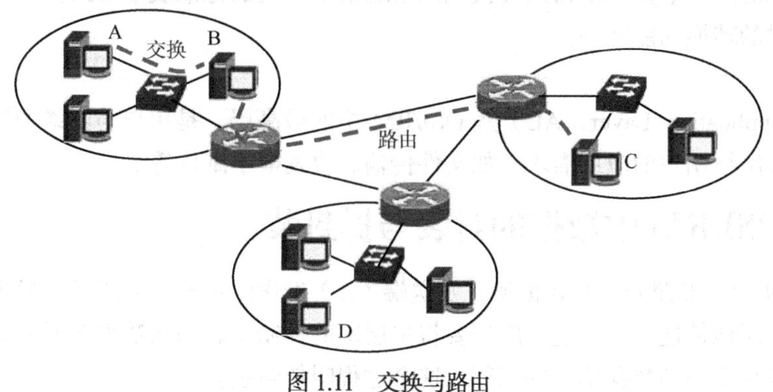

图 1.11　交换与路由

（1）一个结点可能是星型结构，即它连接多个了链路。因此首先要考虑传输时往哪个结点传输，为此要解决地址问题。这个地址用所连接的设备地址表示，称为物理地址，又称媒体访问控制（Media Access Control/Medium Access Control，MAC）地址。

（2）要保证在链路上可靠传送，就要关心如何发现和处理传输中的错误，主要的技术是数据校验码、确认和反馈重发等。

（3）一个链路两端的收发速率往往不同，如果发得快，收得慢，就会造成缓冲器溢出及链路上的拥挤、阻塞，所以需要进行流量控制。

3. 网络层

数据链路层解决的是一个网络中的结点之间的可靠通信问题。在此基础上，要解决某个网络中的一台主机发送的数据如何才能传送到另一个网络中的一台主机中，也就是要解决网络之间输出传送的路径——路由，这就是网路层（Network Layer，NL）的职责。如图1.11中所示的B主机到C主机之间的通信，在这个层次上所通过的结点称为路由结点，路由结点上的设备称为路由器。因此可以说，有源主机到达目的主机的路径是由该路径上路由结点作为一个个驿站实现的。

为避免通信子网中出现过多的数据包而造成网络阻塞，网络层还需要对流入的数据包数量进行控制（拥塞控制）。

4. 传输层

数据是由位于源主机上的某种应用进程（一个程序的一次运行）发出的，并且由位于目的主机上的相关进程接收的。而一个主机可以同时运行多个进程。为了区别它们，把一种应用进程称为一个端口。即数据实际上是在两个端口之间流动的。因此，在网络层解决了位于不同网络中的主机之间通信的基础上，还需要进一步解决端口之间的通信问题，这就是运输层（Transport Layer，TL）的职责，它的作用是为上层提供端口到端口之间可靠、透明数据传输的服务，包括处理差错控制和流量控制等问题，使上层只看到在两个传输实体间的一条可由用户控制和设定的、可靠的数据通路。

5. 会话层

传输层为两个进程之间的通信提供了保障。在此基础上需要一套管理和协调不同主机上各种进程之间的对话的机制，即负责建立、管理和终止应用程序之间的会话，这就是会话层（Session Layer，SL）的职责。

6. 表示层

表示层（Presentation Layer，PL）处理流经结点的数据编码的表示方式问题，以保证一个系统应用层发出的信息可被另一系统的应用层读出。如果必要，该层可提供一种标准表示形式，用于将计算机内部的多种数据表示格式转换成网络通信中采用的标准表示形式。数据压缩和加密也是表示层可提供的转换功能之一。

7. 应用层

应用层（Application Layer，AL）是OSI/RM中的最高层，是用户与网络的接口。该层通过应用程序来完成网络用户的应用需求，如文件传输、收发电子邮件等。

1.3.3 OSI/RM中数据的封装与拆封装

如图1.12所示，按照OSI/RM模型，发送端（A）发送的数据是应用程序发出的，然后沿着协议向下一层一层地传递，每经过一层都要将本层次的控制信息加入数据单元的头部，有些层还要将校验和等信息附加到数据单元的尾部，这个过程叫作封装。

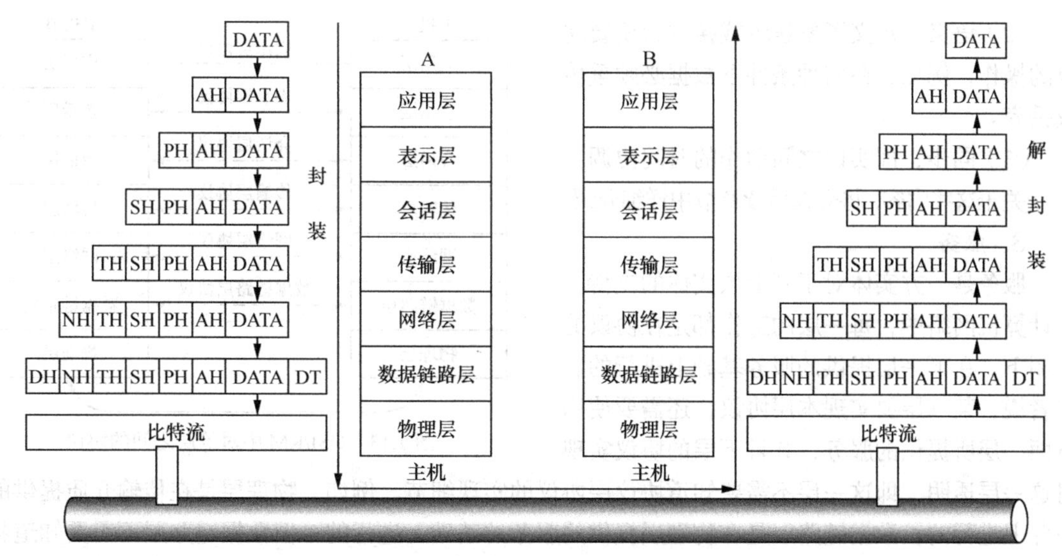

图 1.12 OSI/RM 中的数据传输过程

每层封装后，数据单元的叫法就会有所改变，具体如下。

- 在应用层、表示层、会话层的协议数据单元统称为数据报文（Message）或数据单元（Data）。
- 在传输层封装后的协议数据单元称为数据段或报文段（Segment），有时也称报文。报头中的一个重要信息是应用进程的编号——端口号。
- 在网络层封装后的协议数据单元称为数据包或分组（Packet）。分组头中的一个重要信息是主机在网络中的地址。
- 数据链路层封装后的协议数据单元称为数据帧（Frame）。帧头中的一个重要信息是主机的物理地址。
- 在物理层，数据单元叫作比特流（Bits）。

当封装的比特流在传输介质中传送到接收端（B）时，会由物理端进行物理接收，然后逐层向上，到每一层会验证发送端对应层所添加的控制信息，核实无误后，便将这层的控制信息去掉，交上一层处理。

1.3.4 实体、协议、服务和访问点

OSI/RM 仅仅是一个参考模型，并非一个真实的计算机网络体系，可是近半个世纪了，还一直被人们作为理解计算机网络原理、设计新产品的指导理论，不仅因为它采用了分层结构，更重要的是它定义了网络中最重要的 4 个概念：实体、网络协议、服务和服务访问点。

1. 实体

实体（Entity）是对发送数据的或接收信息的硬件或软件进程的抽象叫法。在 OSI/RM 中，每一层都可以看成一个实体。通常，上层实体是通过软件实现的，下层是通过硬件实现的。

2. 网络协议

网络协议（Network Protocol）简称协议，是对等实体之间进行通信的规则、约定或规则。如图 1.13 所示，在 OSI/RM，协议描述了通信双方对等层实体之间的关系。因此，每一层都有相应的协议进行通信控制。

协议主要包含以下 3 个要素。

（1）语法，即数据与控制信息的结构和格式，如每一层封装所添加的数据单元头部结构。

（2）语义，定义了发送者或接收者所要完成的操作，例如，在何种条件下数据必须重传或丢弃。

（3）同步，即实体之间动作的时间协调。

关于这些内容，将会在后续章节中详细介绍。

3. 服务

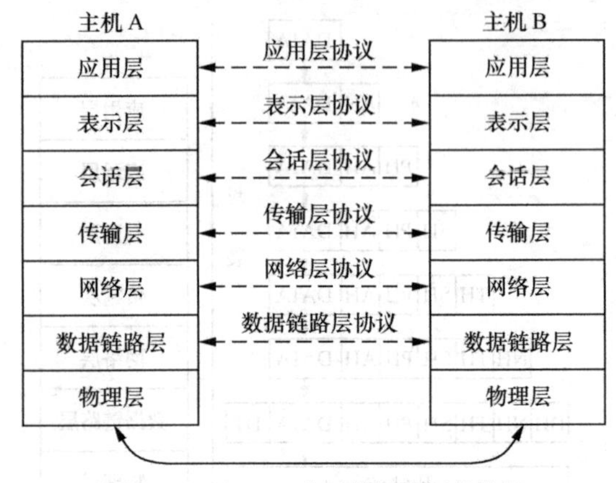

图 1.13　OSI/RM 中对等层之间的协议

服务是一方实体对于其上层实体的支持。在计算机网络中，每一层的工作都是在协议的控制下，在下一层提供的服务基础上进行的。或者说，某一层要实现本层协议，还需要使用下面一层所提供的服务，并且下层的协议实现对这一层透明，即这一层不需要知道协议层协议的实现细节。例如，物理层是在传输介质提供的服务上进行的，数据链路层是在物理层提供的服务的基础上进行的，但数据链路层不需要知道物理层协议是如何实现的等。

所以，协议是实体之间的水平关系，服务是实体之间的垂直关系。

4. 服务访问点

服务访问点（Service Access Point，SAP）即层间接口，是同一系统中相邻两层的实体间交互（即交换信息）的地方。

1.3.5　OSI/RM 中的三级抽象

在 OSI 标准的制订过程中，所采用的方法是将整个庞大而复杂的问题逐步细化的手段，并分为三个层次进行考虑的。

第一个层次的抽象是定义体系结构。一般说来，计算机网络体系结构是对计算机网络的各层功能精确定义及其各层遵守协议的集合。而 OSI 体系结构也就是 OSI 参考模型，它描述了各层的功能及各对等层之间的协议关系，从而形成一个关于计算机网络的基本概念。

第二层次的抽象是定义服务。服务定义较详细地定义了各层所提供的服务。某一层的服务就是该层的一种能力，它通过接口提供给更高的一层，各层所提供的服务与这些服务是怎样实现的无关。此外，各种服务还定义了层与层之间的抽象接口，以及各层为进行层与层之间的交互而用的服务原语，但这并不涉及这个接口是怎样实现的。

第三层次的抽象是定义 OSI 协议规范，各层的协议规范精确地定义：应当发送什么样的控制信息，以及应当用什么样的过程来解释这个控制信息。协议的规范是对计算机网络各个部分最严格的约束。

1.4　基于网络互连的 TCP/IP 网络体系结构

1.4.1　APRANet 与 TCP/IP

20 世纪 60 年代，美国国防部高级研究计划管理署（Advanced Research Projects Agency，ARPA）开始研究如何建立分散式指挥系统，以保证战争中部分指挥点被摧毁后其他点仍能正常工作。这项研究的主要内容是如何把分散在不同地点的异种计算机连接起来。1968 年，时任 APRA 信息处理处处长的拉里·罗伯茨［Larry Roberts，见图 1.14（a）］提交了一份研究报告，提出构建 APRANet 的设想。这个项目的小组很快形成，由罗伯茨提出网络思想，设计网络布局；罗伯特·卡恩［Robert Elliot Kahn，见图 1.14（b）］设计阿帕网总体结构；温顿·瑟夫［Vinton G. Cerf，见图 1.14（c）］参与程序编写。还有众多的科学家、研究生参与研究、试验。他们选择了分布在洛杉矶的加利福尼亚州大学洛杉矶分校、加州大学圣巴巴拉分校、斯坦福大学、犹他州大学四所大学的 4 台不同型号的大型计算机进行连网实验。

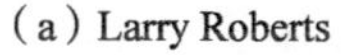

（a）Larry Roberts　（b）Robert Elliot Kahn　（c）Vinton G. Cerf

图 1.14　为 APRANet 做出巨大贡献的三位杰出人才

1969 年 9 月，APRANet 开始运行。运行后研究人员发现，各个接口信息处理机（Interface Message Processor，IMP）连接的时候，需要考虑用各计算机都认可的信号来打开通信管道，并在数据通过后关闭通道，否则这些 IMP 不会知道什么时候应该接收信号，什么时候该结束。这实际上就引出了通信协议的概念。于是卡恩和瑟夫开始开发一个名为网络控制协议（Network Control Protocol，NCP）的软件，并于 1970 年 12 月开始使用。此时，ARPANet 已初具雏形，并且开始向非军用部门开放，许多大学和商业部门开始接入。与此同时，美国的计算机网络热潮已显端倪，于是 ARPA 决定投入更大的力量，将研究重点放在网络互连上。他们把网络互连的核心工作分为两部分：一部分负责发现传输中的问题，一旦发现问题，就发出信号要求重新传输，直到所有数据安全正确地传输到目的地。这部分协议称为传输控制协议（Transmission Control Protocol/Internet Protocol，TCP/IP）。另一部分负责给主机规定地址，并能按照地址找到主机，这部分协议称为互联网协议或网际协议（Internet Protocol，IP）。这两种协议合起来称为 TCP/IP。1973 年夏天，卡恩和瑟夫开发出了一个 NCP 的改进版本，这种协议可以隐藏网络协议之间的不同。1974 年 12 月，卡恩和瑟夫的第一份 TCP 协议详细说明正式发表。到 1980 年前后，ARPANet 上所有的主机都转向 TCP/IP 协议，随之也将 ARPANet 改称为 Internet 或 TCP/IP 网络。

卡恩和瑟夫的贡献，打开了人们通向信息高速公路的大门，他们二人也一道获得包括图灵奖、美国国家技术奖、美国总统自由勋章等在内的众多荣誉。

一开始，TCP/IP 这两个协议只有分工，还没有层次组织的思想，而且 ARPANet 的应用也很简单。后来，Internet 的应用急剧增加，所连接的网络迅速膨胀，人们开始考虑 IP 与具体网络之间的接口问题，也开始考虑应用协议问题。OSI/RM 提出后，TCP/IP 开始向 OSI/RM 靠拢，用层次结构对其所有协议进行划分，加给它一个层次形态。所以，对于 Internet 体系的层次的划分并不是非常严格，也不彻底，故需要打补丁、加套接层，在图 1.15 中用虚线表示。TCP/IP 模型的 4 层结构分别是应

TCP/IP 模型	OSI/RM
应用层	应用层
	表示层
	会话层
传输层	传输层
网际层	网络层
网络接口层	
物理网	数据链路层
	物理层

图 1.15　TCP/IP 模型与 OSI/RM 的对应关系

用层、传输控制层、互联网层和网络接口层。

1.4.2 分组交换

计算机网络就是要实现将数据从一台计算机的应用进程,传送到另一台计算机中的应用进程。在这个传输过程中，要经过多个结点。在中间结点上的操作是将数据从一个链路转发到另外一个链路,称为数据交换(Data Switching)。早期的数据交换采用了电路交换(Circuit Switching 或 Circuit Exchanging) 技术。

1. 电路交换

电路交换就是使用交换开关，将通信双方的多条链路连接成一条专用的通道。即采用电路交换方式，通信的双方在进行数据传送之前先要建立一个实际的物理电路连接，连接的电路被通信的一对用户独占，并且这种连接要持续到双方通信结束，只有通信结束电路释放后，才能被他人使用。简单地说，它要经过 3 步：建立连接（呼叫）、数据传送、线路拆除（释放）。在通信过程中，交换机为通信双方提供物理电路连接。如图 1.16 所示，在 H1 与 H5 通信期间，如果 H2 要与 H6 经过交换结点 B 和 E 通信，则不能使用 BE 这段链路。

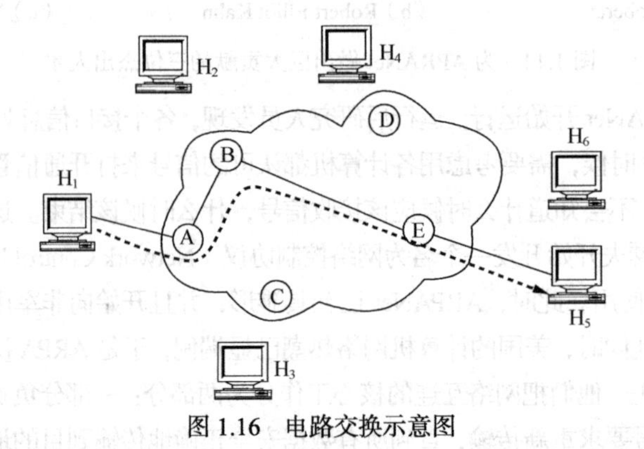

图 1.16 电路交换示意图

电路交换具有如下优点。

（1）由于通信线路为通信双方用户专用，数据直达，所以传输数据的时延非常小。图 1.17 所示为电路交换在数据传输时的时间关系。

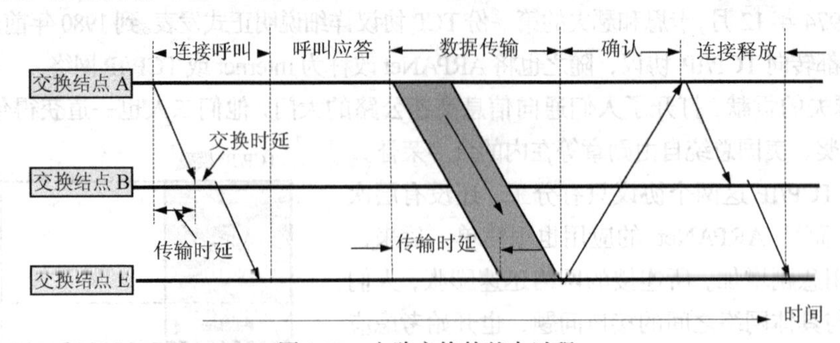

图 1.17 电路交换的基本过程

（2）通信双方之间的物理通路一旦建立，双方可以随时通信，实时性强。

（3）双方通信时按发送顺序传送数据，不存在失序问题。

电路交换具有如下缺点。

（1）电路交换连接建立后，物理通路只能被通信双方占用，即使通信线路空闲，也不能供其他用户使用，因而信道利用低，也会因此造成数据传输中的拥塞。

（2）由于需要连接过程，而建立连接需要时间，故适合传输大量数据，在传输少量数据时效率不高，不太适合数据量不确定的计算机通信。

（3）电路交换时，数据直达，不同类型、不同规格、不同速率的终端很难相互进行通信，也难以在通信过程中进行差错控制。

2. 存储-转发交换

随着数字技术的成熟，存储-转发交换（Store-and-Forward Switching）被应用到了数据交换中。存储-转发是一种不要求建立专用物理信道的交换技术。当发送方要发送信息时，把目的地址先加到报文中，然后从发送结点起，按地址把报文一个结点、一个结点地转送到目的结点；在转送过程中，中间结点要先把报文暂时存储起来，然后在线路不忙时将报文转发出去，这就是称其为存储-转发交换的缘由。存储-转发交换不像电路交换那样要独占一条固定的信道，线路利用率高，同时可以根据网络中的流量分布动态地选择报文的通过路径，系统效率高，因而得到了广泛的应用。如图 1.18 所示，由于在存储-转发交换中，H1—H5 间的数据通信与 H2—H6 间的数据通信，可以共用 B—E 段链路，只要它们不同时在这段链路上传送，就没有关系。即使两个报文同时到达结点 B，也可以先存储在缓冲区内，排队发送。

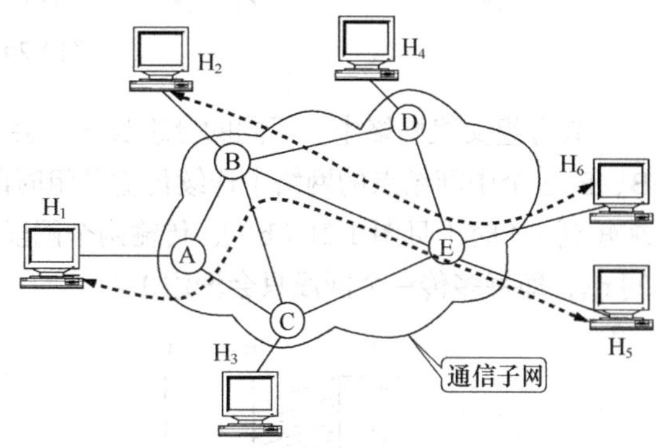

图 1.18 存储-转发交换示意图

早期的存储—转发交换以报文（Message）形式进行，称为报文交换。图 1.19 演示了在连续的结点之间用报文交换方式进行数据传输的基本过程。可以看出，接收端每收到一个报文，都要进行校验并确认。为了实现存储—转发，每个交换结点要为每一个端口分别设置一个输入缓冲区和一个输出缓冲区。

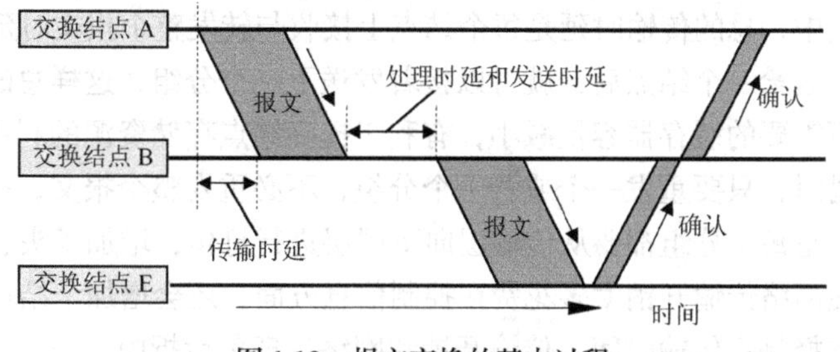

图 1.19 报文交换的基本过程

这里，处理时延是结点为存储转发处理所花费的时间；发送延时是结点自报文的第一字节进入传输媒体到全部报文进入传输媒体所需要的时间。显然，当报文较大时，处理时延和发送延时会较长。由于报文较长，在传输过程中会因个别字节错误而导致整个报文传输作废。例如，某一线路允许的差错率为 10^{-5}，若传输的报文长度为 100 kB，则每次传输中都可能有 1 个字节出错。这样的报文很难传到目的结点。为此，在报文交换的基础上，多纳德·戴维斯（Donald Davies）和保罗·巴兰（Paul Baran）在 1960 年代早期研制出分组交换（Packet Switching）技术。

3. 分组交换

分组交换也称包交换，就是按一定长度将报文分割为许多小段——分组，每个分组独立进行传送。到达接收端口，再重新组装为一个完整的数据报文。为此，要先把一个报文分割成规定长度的信息组，然后在每个分组上贴上标签（即报头），按编号一个一个地将分组发出去；在每一个中间结点上，都要先存储、后转发；传送到达目的地后，再重新装配成完整的报文。图 1.20 所示为报文分组的示意图。

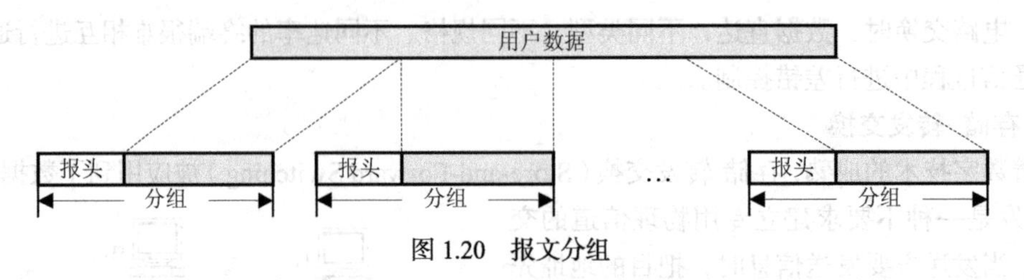

图 1.20　报文分组

在分组交换网络中，不同的分组长度，会有不同的传输效率。图 1.21 所示为在一个具有 A、B、E 三个中间结点的网络中连续传输分组时的情形。假设每个网段的传输时延相同，则当分组缩短到 1/4 时［见图 1.21（b）］，传输两个网段，比原来［见图 1.21（a）］缩短了 3/4 个帧发送时间τ_{A1}，即每多传一个网段只会增添 1/4。

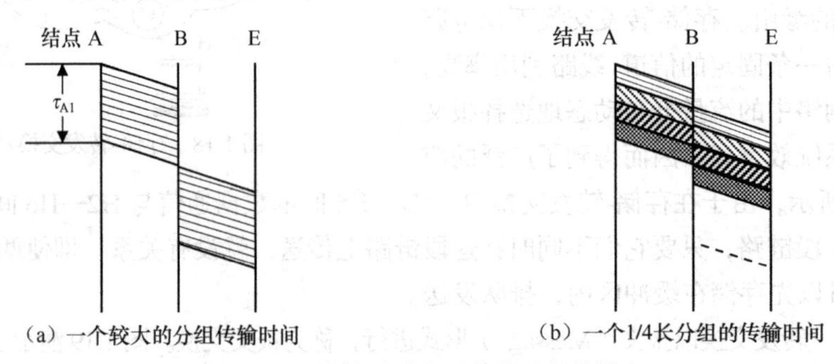

（a）一个较大的分组传输时间　　（b）一个1/4长分组的传输时间

图 1.21　不同长度分组对传输过程的影响

与报文交换相比，分组交换的优点如下。

（1）在报文交换中，总的传输时延是每个结点上接收与转发整个报文时延的总和，而在分组交换中，某个分组发送给一个结点后，就可以接着发送下一个分组，这样总的时延就减少了。

（2）每个结点所需要的缓存器容量减小，有利于提高结点存储资源的利用率。

（3）传输有差错时，只要重发一个或若干个分组，不必重发整个报文，提高了传输效率。

分组交换的缺点是每个分组都要从传输层向下层层进行打包，增加了头、尾，所以分组长度过小，这样不仅会使网络传输开销太多花费在控制信息方面，还会增加个结点的负荷处理量。因此，最佳帧长度的选择是将传输时间、传输开销和网络处理负荷折中。

1.4.3　虚电路与数据报

基于 IP 层分组交换服务，传输层可以为上层提供虚电路（Virtual Circuit）和数据报（Datagram）两种数据传输的服务。

1. 虚电路

虚电路类似于一个部队要转移时，先派出侦察兵侦查好一条通道，然后部队有序地沿着这条通道转移。在虚电路上进行数据传送，则所有的数据段都要从这条信道上有序地传输。加了“虚”字是因为两个原因：一是这条信道不是永久的，在传送前要先建立连接，传送后就释放这个连接；二是这条信道不固定，如在图 1.16 中，H1 要与 H5 通信，这次是走 A—B—E，下次可能是 A—C

—E，再下次可能是 A—B—C—E。当然，也可以用后不拆除，以供后面继续使用。这种不拆除的虚电路称为永久性虚电路（PVC）。而用后就拆除的虚电路称为交换虚电路（SVC）。

虚电路传输的特点如下。

（1）有一个连接—通信—拆除的过程。

（2）报文段的顺序保持，不被打乱。

（3）传输较长报文时，效率较高。

2. 数据报

如图 1.22 所示，数据报类似于一个大部队要转移时，原地解散，各自寻找路径，到规定地点集合。要求每个数据分组均带有发信端和收信端的全网络地址，结点交换机对每一分组确定传输路径，各个分组在网中可以沿不同的路径传输，这样分组的接收顺序和发送顺序可能不同。收信端必须对接收的分组进行顺序化，才能恢复成原来的电文。数据报方式比较适合于传输只包含单个分组的短电文，如状态信息、控制信息等。

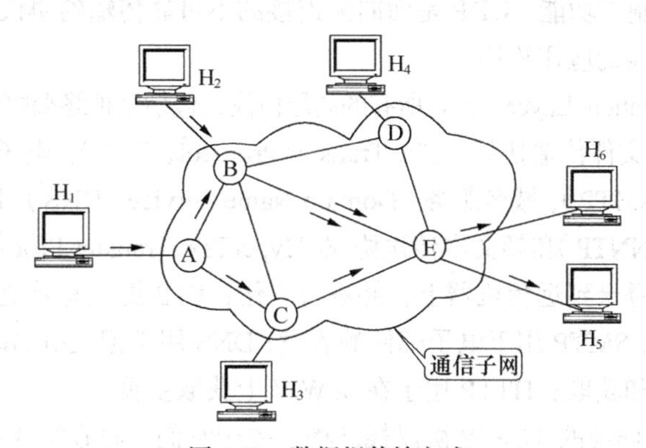

图 1.22 数据报传输方式

基于 IP 层的虚电路和数据报两种服务，传输层为上层数据传输提供了两种协议的支持——传输控制协议（Transmission Control Protocol，TCP）和用户数据报协议（User Datagram Protocol，UDP）。表 1.2 所示为两种服务方式的比较。

表 1.2 TCP 服务和 UDP 服务的对比

对比的方面	虚电路服务	数据报服务
基本出发点	可靠通信应当由网络来保证	可靠通信应当由用户主机来保证
连接的建立与拆除	必须有	不需要
终点地址	仅连接建立阶段使用，连接后各分组使用短的虚电路号	每个分组都有终点的完整地址
分组的转发路由	同一条虚电路的分组均按照同一路由进行转发	每个分组独立选择路由进行转发
结点故障影响	所有通过出故障的结点的虚电路均不能工作	故障结点可能会丢失分组，一些路由可能会发生变化
分组的顺序	总是按发送顺序到达终点	到达终点时不一定按发送顺序
端到端错误和流量控制	可以由网络负责，也可以由用户主机负责	由用户主机负责

1.4.4 TCP/IP 体系结构

（1）网络访问层（Network Access Layer）在 TCP/IP 参考模型中并没有详细描述，只是指出主机必须使用某种协议与网络相连。

（2）网际层（Internet Layer）是整个体系结构的关键部分，其功能是使源主机可以把分组发往任何网络，并使分组独立地传向目标主机。这些分组可能经由不同的网络，到达的顺序和发送的顺序也可能不同。高层如果需要顺序收发，那么就必须自行处理对分组的排序。互联网层使用因特网协议（Internet Protocol，IP）。TCP/IP 参考模型的互联网层和 OSI 参考模型的网络层在功能上非常相似。

（3）传输层（Tramsport Layer）使源端口和目的端口机器上的对等实体可以进行会话。在这一层定义了两个端到端的协议：TCP 和 UDP。TCP 是面向连接的协议，它提供可靠的报文传输和对上层应用的连接服务。为此，除了基本的数据传输外，它还有可靠性保证、流量控制、多路复用、优先权和安全性控制等功能。UDP 是面向无连接的不可靠传输的协议，主要用于不需要 TCP 的排序和流量控制等功能的应用程序。

（4）应用层（Application Layer）包含所有的高层协议，包括虚拟终端协议（TELecommunications NETwork，TELNET）、文件传输协议（File Transfer Protocol，FTP）、电子邮件传输协议（Simple Mail Transfer Protocol，SMTP）、域名服务（Domain Name Service，DNS）、网上新闻传输协议（Net News Transfer Protocol，NNTP）和超文本传送协议（HyperText Transfer Protocol，HTTP）等。TELNET 允许一台机器上的用户登录到远程机器上，并进行工作；FTP 提供有效地将文件从一台机器上移到另一台机器上的方法；SMTP 用于电子邮件的收发；DNS 用于把主机名映射到网络地址；NNTP 用于新闻的发布、检索和获取；HTTP 用于在 WWW 上获取主页。

图 1.23 所示为比较详细的 TCP/IP 协议栈结构。关于它们，将在第 4 章进一步介绍。

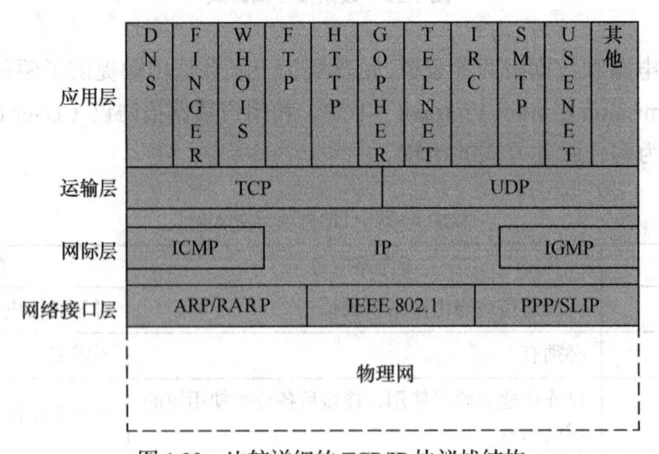

图 1.23 比较详细的 TCP/IP 协议栈结构

1.5 IEEE 802 体系结构

在 Interent 迅速发展的同时，局域网也在迅速发展。电气和电子工程师协会（Institute of Electrical and Electronics Engineers，IEEE）于 1980 年 2 月成立了局域网标准委员会，简称 IEEE 802 委员会，专门从事局域网的标准化工作，它为局域网制定了一系列标准，统称为 IEEE 802 标准。

1.5.1 IEEE 802 模型

IEEE 802 模型参考了 OSI 参考模型。由于局域网的特点，IEEE 802 模型主要包含了 OSI 参考模型的低两层：物理层和数据链路层，如图 1.24 所示。

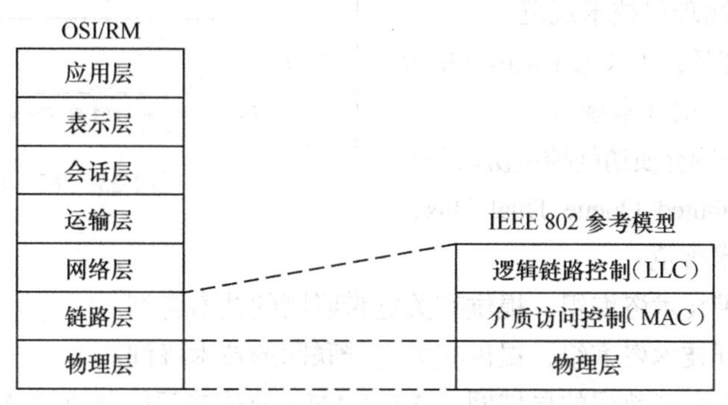

图 1.24 IEEE 802 模型及其与 OSI/RM 的比较

1. 物理层

物理层主要规定了机械、电气、功能和规程等方面的特性，以确保在通信信道上二进制位信号的正确传输和接收，内容包括物理介质、物理介质连接设备（PMA）、连接单元（AUI）和物理收发信号格式（PS），以及对于同步、编码、译码、拓扑结构和传输速率的要求。

2. 数据链路层

局域网的拓扑结构比较简单且多为多个站点可共享传输信道，这样就需要解决信道的访问控制（即接入方式）问题，即采用什么样的控制方式进行信道资源的分配。然而，信道的访问控制方式与传输介质的关系密切。为此，局域网也将数据链路层分为两个子层。

（1）与介质有关的子层——传输介质访问控制（Medium Access Control，MAC）子层。

（2）与介质无关的子层——逻辑链路控制（Logical Link Control，LLC）子层。

LLC 子层：该层与具体局域网使用的介质访问方式无关，主要功能是建立和释放数据链路层的逻辑连接；进行帧的拆装、帧顺序的控制、差错控制及流量控制；提供与上层的接口（即服务访问点）。

MAC 子层负责解决与媒体接入有关的问题和在物理层的基础上进行无差错的通信。MAC 子层的主要功能是发送时将上层交下来的数据封装成帧进行发送，接收时对帧进行拆卸，将数据交给上层；实现和维护 MAC 协议；进行比特差错检查与寻址。

1.5.2 IEEE 802 标准

IEEE 802 系列标准是 IEEE 802 LAN/MAN 标准委员会制定的局域网、城域网技术标准。其中最广泛使用的有以太网、令牌环、无线局域网等。这一系列标准中的每一个子标准都由委员会中的一个专门工作组负责。图 1.25 所示为 IEEE 802 体系结构。

IEEE 802 现有以下标准。

IEEE 802.1：局域网体系结构、寻址、网络互连和网络。

IEEE 802.1A：概述和系统结构。

IEEE 802.1B：网络管理和网络互连。

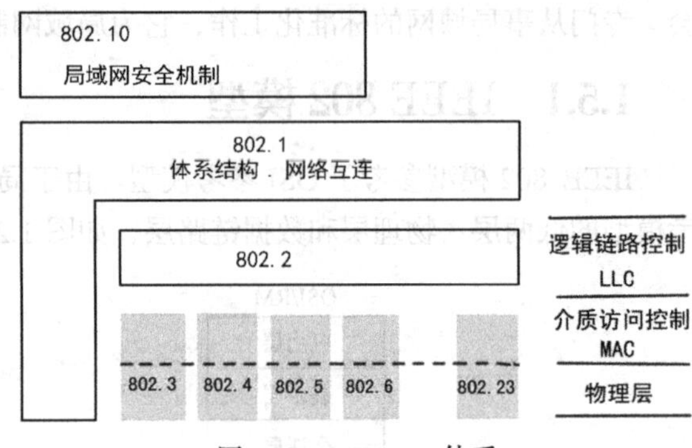

图 1.25　IEEE 802 体系

IEEE 802.2：逻辑链路控制子层（LLC）的定义。

IEEE 802.3：以太网介质访问控制协议（CSMA/CD）及物理层技术规范。

IEEE 802.4：令牌总线网（Token-Bus）的介质访问控制协议及物理层技术规范。

IEEE 802.5：令牌环网（Token-Ring）的介质访问控制协议及物理层技术规范。

IEEE 802.6：城域网介质访问控制协议分布式队列双总线（Distributed Queue Dual Bus，DQDB）及物理层技术规范。

IEEE 802.7：宽带技术咨询组，提供有关宽带联网的技术咨询。

IEEE 802.8：光纤技术咨询组，提供有关光纤联网的技术咨询。

IEEE 802.9：综合声音数据的局域网（IVD LAN）介质访问控制协议及物理层技术规范。

IEEE 802.10：网络安全技术咨询组，定义了网络互操作的认证和加密方法。

IEEE 802.11：无线局域网（WLAN）的介质访问控制协议及物理层技术规范。

IEEE 802.12：需求优先的介质访问控制协议（100VG AnyLAN）。

IEEE 802.13：（未使用）。

IEEE 802.14：采用线缆调制解调器（Cable Modem）的交互式电视介质访问控制协议及网络层技术规范。

IEEE 802.15：采用蓝牙技术的无线个人网（Woreless Personal Area Networks，WPAN）技术规范。

IEEE 802.16：宽带无线连接工作组，开发 2～66GHz 的无线接入系统空中接口。

IEEE 802.17：弹性分组环（Resilient Packet Ring，RPR）工作组，制定了单性分组环网访问控制协议及有关标准。

IEEE 802.18：宽带无线局域网技术咨询组（Radio Regulatory）。

IEEE 802.19：多重虚拟局域网共存（Coexistence）技术咨询组。

IEEE 802.20：移动宽带无线接入（Mobile Broadband Wireless Access，MBWA）工作组，制定宽带无线接入网的解决方案。

1.6　基于 TCP/IP+以太网的流行网络体系结构

以太网（Ethernet）指的是由 Xerox 公司创建并由 Xerox、Intel 和 DEC 公司联合开发的基带局域网规范，是当今现有局域网采用的最通用的通信协议标准。包括标准的以太网（10Mbit/s）、快速以太网（100Mbit/s）和 10G（10Gbit/s）以太网等，它们都符合 IEEE802.3。因此，现在的计算机网络基本都采取了图 1.26 所示的 TCP/IP+以太网的五层体系结构。图中还给出了在这个体系中数据传输的封装过程。本书将在后面的章节中，按照这个体系介绍计算机网络的原理和引用。

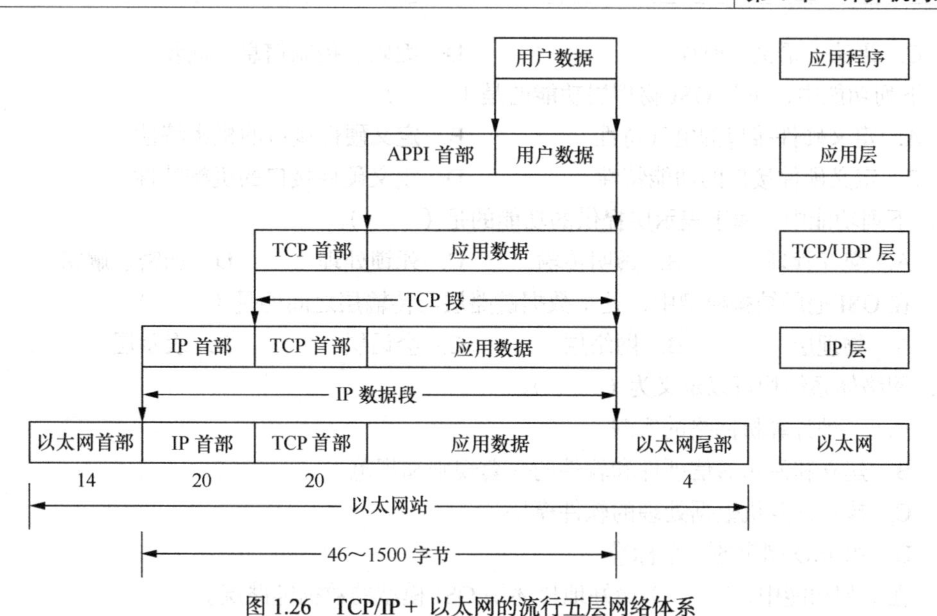

图 1.26　TCP/IP＋以太网的流行五层网络体系

习 题 1

一、选择题

1. 计算机网络发展的初级阶段的典型代表是（　　）。
   A. 计算机通信网　B. 分组交换网　C. ARPAnet　D. NSFnet
2. 下列不是计算机网络特征的是（　　）。
   A. 共享　B. 两台以上独立的计算机或者设备
   C. 相互连接　D. 不需要使用协议
3. 下列（　　）最好地描述了基带信号。
   A. 通过同一通道传输多重信号　B. 对通道上的频率范围通常要进行划分
   C. 是多进制方波形式　D. 信号以其原始的状态传输
4. 波特率等于（　　）。
   A. 每秒传输的比特　B. 每秒传输的周期数
   C. 每秒钟发生的信号变化的次数　D. 每秒传输的字节数
5. 若网络形状是由结点与结点首尾相连而形成的一个闭合环路，则称这种拓扑结构为（　　）。
   A. 星型拓扑　B. 总线型拓扑　C. 环型拓扑　D. 树型拓扑
6. 一座大楼内的计算机网络系统，属于（　　）。
   A. PAN　B. LAN　C. MAN　D. WAN
7. 用来标识网络设备位置的 MAC 地址是由（　　）二进制数组成。
   A. 16 位　B. 24 位　C. 32 位　D. 48 位
8. 网络协议的三要素为（　　）。
   A. 数据格式、编码、信号电平　B. 数据格式、控制信息、速度匹配

C. 语法、语义、时序　　D. 编码、控制信息、同步

9. 下列功能中，不是OSI物理层功能的是（　　）。

A. 定义硬件接口的电气特性　　B. 定义硬件接口的机密特性

C. 定义硬件接口的功能特性　　D. 定义硬件接口的机械特性

10. 下列功能中，属于表示层提供的功能的是（　　）。

A. 交互管理　　B. 透明传输　　C. 死锁处理　　D. 加密、解密

11. 在OSI七层结构模型中，处于数据链路层与传输层之间的是（　　）。

A. 物理层　　B. 网络层　　C. 会话层　　D. 表示层

12. 网络体系结构可以定义为（　　）。

A. 一种计算机网络的实现

B. 建立和使用通信硬件和软件的一套规则和规范

C. 执行计算机数据处理的软件模块

D. 由ISO制定的一个标准

13. 在下列功能中，（　　）最好地描述了OSI模型的数据链路层。

A. 保证数据正确的顺序、无错和完整　　B. 提供用户与网络的接口

C. 处理信号通过介质的传输　　D. 控制报文通过网络的路由选择

14. TCP/IP协议的含义是（　　）。

A. 局域网传输协议　　B. 拨号入网传输协议

C. 传输控制协议/网际协议　　D. OSI协议集

二、填空题

1. 传送速率单位“bit/s”代表________。
2. 计算机网络系统是由负责________的通信子网和负责信息处理的________子网组成的。
3. 在OSI中，实现差错控制和流量控制的功能层次是________。
4. 可以将TCP/IP看成一个4层结构，其从下往上分别是________、________、________和________。
5. IEEE的局域网模型包括3个层次（含子网），分别是________、________、________。

三、简答题

1. 什么是计算机网络？
2. 计算机网络的发展分为哪几个阶段？每个阶段的典型代表是什么？
3. 什么是MAC地址？其作用是什么？
4. 什么是基带？什么是基带信号？什么是基带传输？
5. 计算机网络的功能有哪些？
6. 计算机网络的拓扑结构主要有哪些？各有什么特点？
7. 借助Internet，试说明美国的GPS、中国的“北斗”、欧洲的“伽利略”3种定位系统的异同。
8. 什么是网络协议？协议的三要素是什么？
9. OSI/RM分为哪些层次？各层的主要功能是什么？
10. TCP/IP参考模型与OSI参考模型有什么不同？

第2章 数据通信基础

计算机网络是一种复杂的系统，其数据传输涉及很多方面。但是，若从通信过程中的逻辑关系上看，任何通信系统都可以看作图 2.1 所示的模型，它包含了信号、信源、信宿和信道 4 个要素。而若从拓扑结构看，不管是哪种结构的通信系统，都是由链路和结点两种元素组成，所有的通信过程不是发生在结点上，就是发生在链路上；若从物理结构上看，传输系统不外乎由传输介质和传输控制设备两部分组成，传输介质是链路的具体化，是信道的物理实现，控制设备位于结点上，控制着信道中的信号。

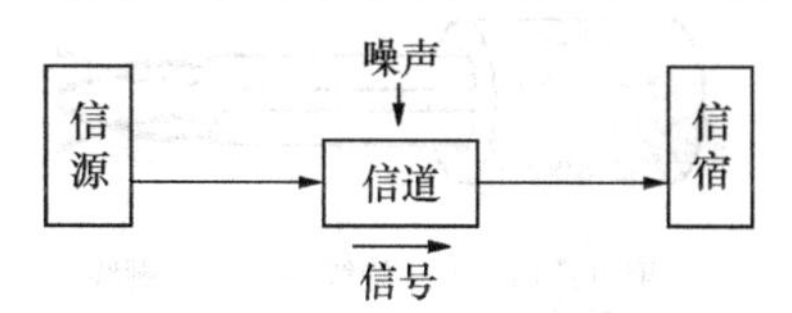

图 2.1 通信基本模型

考虑学习的特点，本章把有关数据通信技术分为传输介质、信道与信号技术、数据传输控制技术和通信控制设备 4 部分。

2.1 传输介质

传输介质是网络中信息传输的载体，也是网络通信的物质基础之一。传输介质的性能特点对传输速率、通信距离、可连接的网络结点数目、数据传输的可靠性等均产生很大的影响。因此，必须根据不同的通信要求，合理地选择传输介质。目前，常用的传输介质主要分为两种，即有线传输介质和无线传输介质。其中有线传输介质有双绞线、同轴电缆和光纤；而无线传输介质则有卫星、微波、蓝牙、激光、红外线等。具体用什么介质，与网络要求的性能，特别是带宽有关。表 2.1 对其进一步比较说明。

表 2.1 几种传输介质的性能比较

性能	双绞线	同轴电缆（基带）	同轴电缆（宽带）	光纤	地面微波	卫星
最大传输距离（km）	<0.3	<2.5	<100	100	40～50	不受限制
抗强电干扰性	较差	高	高	极高	差	差
安装难易程度	易	中	中	较难	易	易
布局多样性	好	较好	较好	中	好	好
保密性	一般	好	好	极好	差	差
经济性	低	较低	较低	较高	中	较高
时延	小	小	小	小	小	大

2.1.1 有线传输介质

1. 双绞线

双绞线（Twisted Pair Wire，TP）是最常用的一种传输介质。一对双绞线一般由两根 22～26 号绝缘铜导线相互缠绕而成。把一对或多对双绞线放在一个绝缘套管中便成了双绞线电缆。与其他传输介质相比，双绞线在传输距离、信道宽度、数据传输速度等方面均受到一定限制，但价格较为低廉。目前，双绞线可分为非屏蔽双绞线（Unshielded Twisted Pair，UTP）和屏蔽双绞线（Shielded Twisted Pair，STP），它们的结构分别如图 2.2（a）、图 2.2（b）所示。把两根绝缘的铜导线按一定密度互相绞在一起的目的是降低信号干扰的程度，一个外界干扰信号在两根一来一往绞合在一起的导线中，在理想状态下将互相抵消。抵消的程度与绞合的程度有关，如图 2.2（c）所示，5 类线的绞合程度比 3 类线高，所以抗干扰性就好。

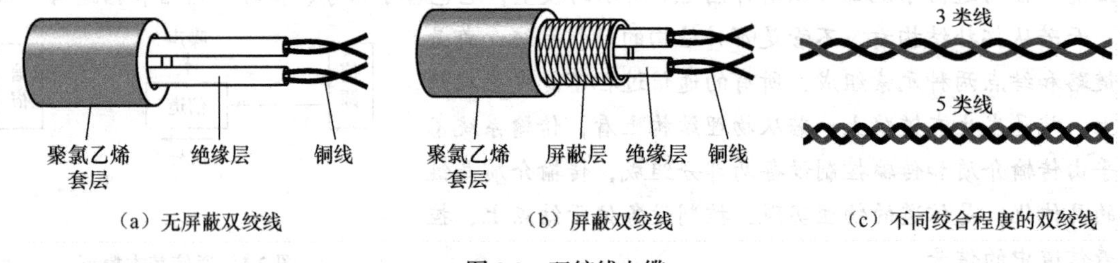

图 2.2 双绞线电缆

双绞线的性能参数包括衰减（Attenuation）、近端串扰（NEXT）损耗、衰减串扰比（ACR）或信噪比（Signal-Noice Ratio，SNR）、阻抗特性、分布电容、直流电阻等。这些都影响到传输带宽和传输距离。表 2.2 所示为各类铜质 UTP 的参数。

表 2.2 常用绞合线的带宽和应用

常用绞合线类别	传输带宽（100m 时）	应用说明
3 类（Category Ⅲ）	16Mbit/s	用于低速网络与语音传输
4 类（Category Ⅳ）	20Mbit/s	用于短距离 10Base-T 网络与语音传输
5 类（Category Ⅴ）	100Mbit/s	加了绕线密度，用于语音传输和 10Base-T 网络及某些 100Base-T
CAT 5E	100Mbit/s	衰减小，串扰少，具有更高的衰减与串扰的比值（ACR）和信噪比（Structural Return Loss）、更小的时延误差，用于 100Base-T 及某些 1 000Base-T
6 类（E 类）（Category Ⅵ）	250Mbit/s	改善了串扰及回波损耗性能，用于 1000Base-T。永久链路的长度不能超过 90m，信道长度不能超过 100m
7 类（F 类）（Category Ⅶ）	600 Mbit/s	只使用 STP，可用于 10Gbit/s 以太网

2. 同轴电缆

同轴电缆（Coaxial Cable）是由一根空心的圆柱体和其所包围的单根内导线所组成的，如图 2.3 所示，由里往外依次是铜芯、塑胶绝缘层、细铜丝组成的网状导体及塑料封套，铜芯与网状导体同轴，故名同轴电缆或同轴。

同轴电缆的这种结构，决定了其屏蔽性能好、抗干扰能力强，具有更高带宽和极好噪声抑制特性，可以更快速度传输更远的距离。同轴电缆的带宽取决于电缆长度，距离越短，带宽越高。

3. 光纤

光缆是由一组光纤组成的传输光束的传送介质。与其他通信介质相比，光缆的电磁绝缘性能好、信号衰变小、频带较宽、传输距离大。

1）光纤结构

光缆的核心是光纤，其纤芯是导光性极好、直径很细的柔软圆柱玻璃纤维，光纤由纤芯、包层和涂覆层3部分组成，如图2.4所示。

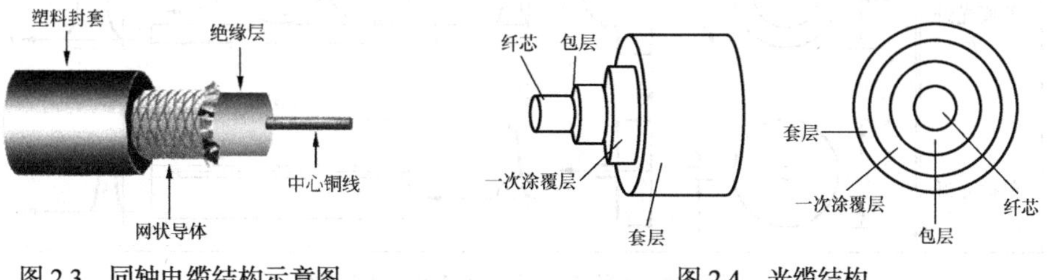

图2.3　同轴电缆结构示意图　　　　图2.4　光缆结构

（1）在通信中使用的光纤纤芯和包层一般由石英制成，只是它们分别掺有不同的杂质，以使纤芯的折射率大于包层的折射率，使光波局限于纤芯中传播。纤芯直径一般为5μm～75μm，包层直径为100μm～150μm。

（2）涂覆层用于保护光纤不受水汽侵蚀和机械擦伤，同时又可以增加光纤的机械强度和可弯曲型，延长光纤寿命。涂覆层包括一次涂覆层、缓冲层和二次涂覆层。一次涂覆层是在裸纤表面涂的聚氨基甲酸乙酯或硅酮树脂层，厚度一般为30μm～150μm，二次涂覆层也称套层或被服层，多采用聚乙烯塑料或聚丙烯塑料、尼龙等裁量。两个涂层之间的缓冲层一般为性能良好的填充油膏，起防水作用。经过二次涂覆的裸纤称为光纤芯线，外径为1.5mm。

光纤芯线外面还有护套保护。

2）光纤分类

（1）根据可同时传输光束的数量，可以将光纤分为单模和多模两种。

单模光纤一般以激光作为光源。由于单模光纤仅允许一束光通过纤芯，因此只能传输一路信号。其特点是传输距离远，但设备比多模光纤贵。

多模光纤一般以发光二极管作为光源。由于多模光纤一次允许多路光束通过纤芯，因此可以传输多路信号。其特点是传输距离较近，设备比单模光纤便宜。

（2）根据折射率的变化，可以将光纤分为阶跃光纤和渐变光纤。阶跃光纤的纤芯和包层的折射率不同，但内部分布都大体均匀，所以在界面上会发生突变。而渐变光纤的纤芯内折射率从中心开始沿半径呈抛物线状递减分布。

图2.5所示为3种不同类型光纤的传光原理。

4. 电力线路载波通信

电力线载波（Power Line Carrier，PLC）通信简称电力线通信，是指利用电力线传输数据和媒体信号的通信方式。该技术是把载有信息的高频加载于电流然后用电线传输接收信息的适配器，再把高频从电流中分离出来并传送到计算机或电话以实现信息传递。按照电力线路的等级，电力线路可分为3个等级：高压电力线（在电力载波领域通常指35kV及以上电压等级）、中压电力线（指10kV电压等级）和低压配电线（380/220V用户线）。它们都可以作为载波通信介质。

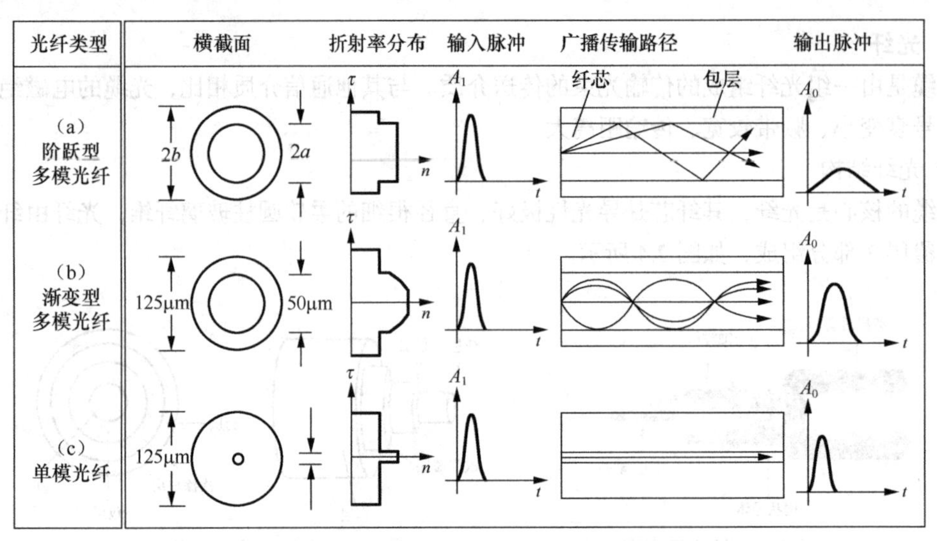

图 2.5　3 种不同类型光纤的传光原理

电力线路通信载波具有如下优势。

（1）无需另布网线。利用现有的电力线，无需穿墙打孔来布设网线，作为 PLC 技术的全新应用，能有效避免对建筑物等设施及装修的损坏，节省人力和成本。

（2）有插座的地方就能上网。PLC 技术让分布最为广泛的电力线成为传输多媒体与数据流的载体，实现了有插座的地方就能即插即用的网，使家庭网络得以拓展和延伸，同时使构建家庭企业局域网络变得轻松简单。

（3）距离稳定传输。利用电力线作为多媒体流与数据流传输的载体，不受障碍物的影响，且承载信号量大、稳定，较传统网线 50m～100m 的传输距离有了大幅提升，在同一 220V 的电压下，其传输距离可达 250m～300m，若电力回路相对干净，传输距离可高达 450m～500m。

（4）节能环保，无辐射。使用电力线进行多媒体与数据流传输，速率高，功耗低。

5. 有线介质连接器

不同的传输介质相应的连接器也不同。图 2.6 所示为 3 种不同传输介质的连接器。

（a）RJ-45 连接器（适用于双绞线）

（b）BNC 连接器（适用于同轴电缆）

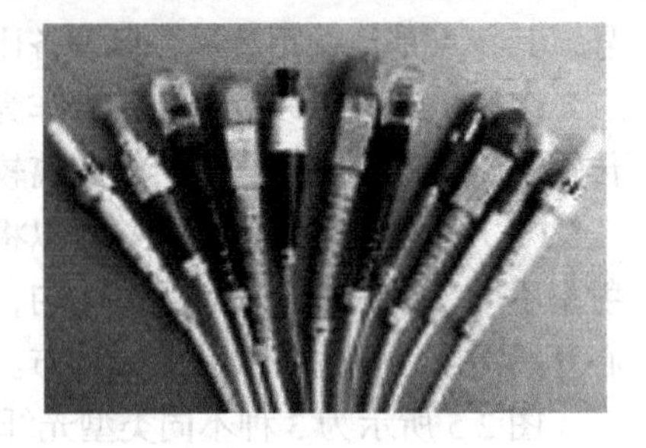

（c）光纤尾线接头（适用于光缆）

图 2.6　3 种传输介质使用的连接器

实训 1　RJ-45 网线制作

一、实训内容

制作双绞线的 RJ-45 网线。

二、材料准备

（1）非屏蔽 5 类双绞线 2m～3m。

（2）4 个 RJ-45 接头，如图 2.7 所示。

（3）4 个 RJ-45 护套。

三、工具准备

（1）RJ-45 压线/剥线钳一把，如图 2.8 所示。

图 2.7　水晶头

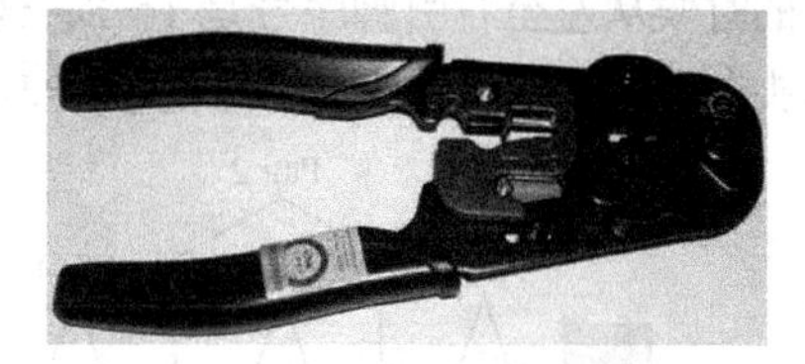

图 2.8　RJ-45 压线/剥线钳

（2）RJ-45 测线仪一个，如图 2.9 所示。

（3）剪线钳一把。

四、预备知识

1. EIA/TIA-568 标准

随着计算机网络的发展，计算机与通信系统之间的连接成为应用越来越普遍的工程项目。但是，直到 1985 年初，在建筑领域还没有这方面的标准。1985 年，美国计算机通信协会（Computer Communications Industry Association，CCIA）请美国电子工业协会（Electronic Industries Association，EIA）制定有关标准。1991 年 7 月，第一个版本的标准出现，这就是 EIA/TIA-568。现在的网线制作都要遵照这个标准。

2. 制作网线用的双绞线

按照 EIA/TIA-568 标准，双绞线按电气特性区分有：三类、四类、五类线等。网络中最常用的是三类线和五类线，目前已有六类以上线。第三类双绞线在 LAN 中常用作为 10Mbit/s 以太网的数据与话音传输，符合 IEEE 802.3 10Base-T 的标准。第五类双绞线目前占有最大的 LAN 市场，最高速率可达 100Mbit/s，符合 IEEE 802.3 100Base-T 的标准。如图 2.10 所示，它们都是按照蓝-蓝白（BL,W-BL）、橙白-橙（W-O,O）、绿白-绿（W-G,G）、棕白-棕（W-R,R）分别扭绞的 4 对线，分别称为蓝对线（Pair1）、橙对线（Pair2）、绿对线（Pair3）和棕对线（Pair4）。

图 2.9　一款简单的测线器（通断仪）

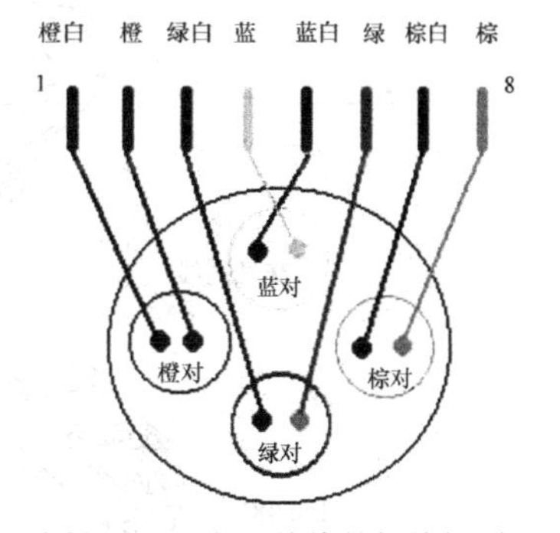

图 2.10　8 芯双绞线的扭绞规则

EIA/TIA 布线标准还规定了两种双绞线的线序，如表 2.3 所示。

表 2.3　EIA/TIA 布线标准的两种线序的色线与脚位的对应关系

脚位	1	2	3	4	5	6	7	8
568A	绿白	绿	橙白	蓝	蓝白	橙	棕白	棕
568B	橙白	橙	绿白	蓝	蓝白	绿	棕白	棕

3．RJ-45 接头

RJ-45 水晶头由金属片和塑料构成。双绞线的两端要连接到 RJ-45 水晶头，才可以连接网络设备。将 RJ-45 与双绞线连接时也要遵照 EIA/TIA-568 标准。为此需要搞清其引脚序号。当金属片面对着人的时候从左至右引脚序号是 1～8，这序号在做网络连线时非常重要，不能搞错，目的是保证线缆接头布局的对称性。图 2.11 所示为 RJ-45 按照两种标准线序与双绞线连接时的线对排列顺序。

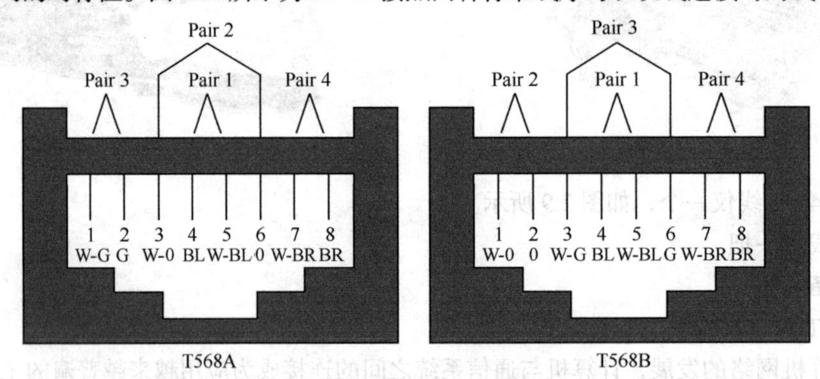

图 2.11　RJ-45 接头与双绞线连接时的线对排列顺序

4．网线的不同连接方法及用途

从一根网线两端的 RJ-45 连接方式的异同看，网线有以下两种常用的连接方式。

（1）直通（Straight-over）方式：两端采用同类型的接头（都是 TIA/EIA 568A 或都是 TIA/EIA 568B）。

（2）交叉（Cross-over）方式：也称跳线，即两端采用不同类型的接头（一端是 TIA/EIA 568A，另一端是 TIA/EIA 568B）。

选用直通还是交叉方式，关键是看两端所连接的设备插座是否同类型。两端插座是同类型则选交叉网线，两端插座不同类型则选直通网线，目的是使一端的输出连接到另一端的输入端口。图 2.12 所示为使用交叉网线的情形，其两端的端口均为 1、2 进行传送，3、6 进行接收。表 2.4 所示为网线的接头类型及应用场合。

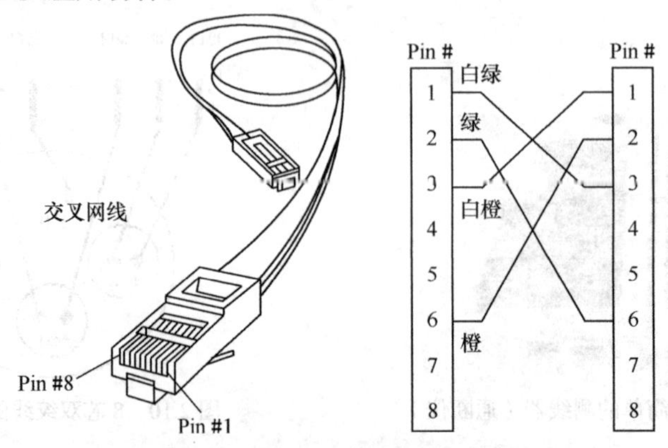

图 2.12　交叉网线（568A/568B）的连接方式

表 2.4　　直通线、交叉线的排列线序和使用场合

线序	连接方式	使用场合
直通线	T568B -- T568B	在异种设备之间，如计算机-集线器，计算机-交换机，路由器-集线器，路由器—交换机，集线器—集线器（UPLink 口），交换机—交换机（UPLink 口）
	T568A -- T568A	
交叉线	T568B -- T568A	在同种设备之间，如计算机—计算机，路由器—路由器，计算机—路由器，集线器—集线器，交换机—交换机

五、参考步骤

① 根据设备之间的距离，或是设备与配线架之间的距离，用剪线钳剪一段双绞线，最大长度为 3m。

② 将 RJ-45 护套自双绞线端套入。

③ 将电缆护套自端剥去，裸露的导线长度不少于 20mm，电缆护套长度不少于 13mm，如图 2.13 所示，将电缆固定。

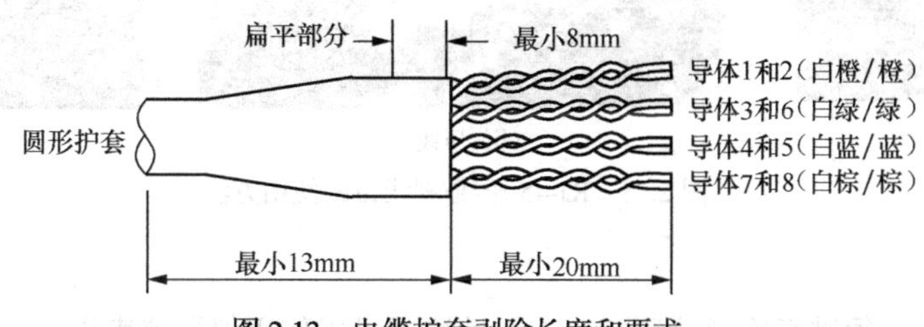

图 2.13　电缆护套剥除长度和要求

④ 把裸露部分的 4 组导线分开，使其线对顺序依次为 1 和 2（白绿/绿）、3 和 6（白橙/橙）、4 和 5（白蓝/蓝）、7 和 8（白棕/棕）。

⑤ 将每对线解开绞合，每条线都互相平行。根据所选用的布线设计（EIA 568B，直通电缆）布置好导线的正确顺序，按正确的定位顺序排列（绿白、绿、橙白、蓝、蓝白、橙、棕白、棕），其中导线 6 跨过导线 4 和 5。在排好导线后，再将它们的正确顺序检查两遍。要求护套内的导线交叉长度不发生变化，不要松开。

⑥ 用剪线钳在线缆护套端头外 14mm 处整齐地切断，要确保导线端头截面的平整，不应有毛刷或不齐现象，以免影响性能。整理好的导线长度应为 14mm，从导线端头开始至少留 10 ±1mm 的一段长度，导线之间不应有交叉现象，导线 6 跨越 4 和 5 的地方离护套的距离不应超过 4mm，如图 2.14 所示。

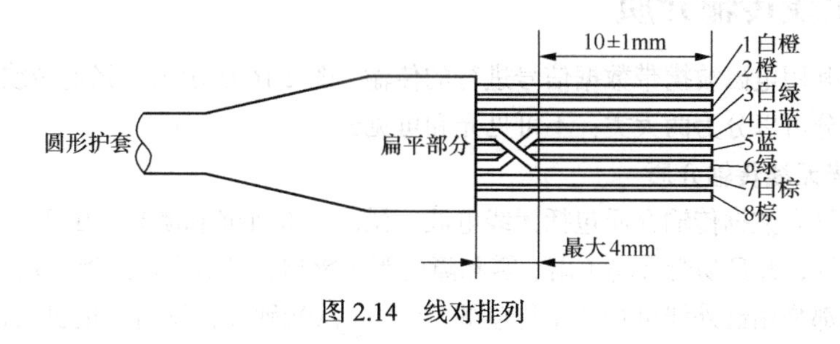

图 2.14　线对排列

⑦ 将整理好的电缆导线插入 RJ-45 接头中，使导线的端头一直伸到 RJ-45 接头的前端最底部。电缆护套的扁平部分应从插头后端插伸到超过预张力释放压块下，电缆护套应伸出插头后端至少

6mm（注意：导线插入 RJ-45 插头时，含有金属片的一面向上，其顺序为从左到右，其顺序应与电缆导线顺序一致）。

⑧ 检查电缆每条导线的顺序是否正确，每条导线是否已到达 R-45 接头的最底部（此时可以从 RJ-45 接头的另一端看得到导线头）。

⑨ 将 RJ-45 接头插入压线/剥线钳的 RJ-45 插口，然后用力压紧，使 RJ-45 接头紧咬在双绞线上，再次测量导线和护套的长度，以确定它们是否符合规定的几何尺寸要求。

⑩ 将 RJ-45 护套套到 RJ-45 接头上，以确保其性能与美观。

⑪ 重复以上步骤，制作双绞线的另一端 RJ-45 接头。注意，每一条细线的顺序必须与另一端相同。

图 2.15 所示为在上述过程中，RJ-45 压线/剥线钳的使用方法。

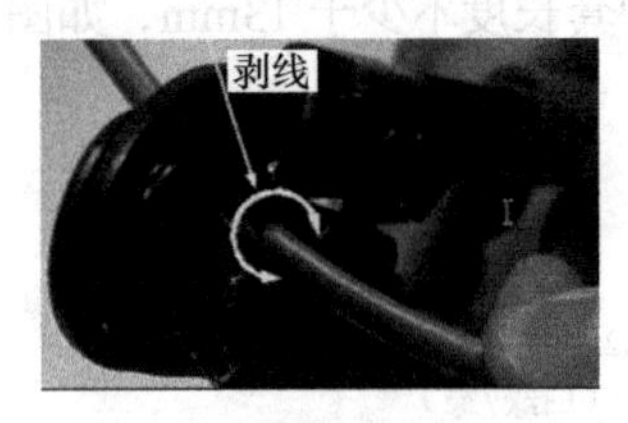

（a）剥线

（b）压线

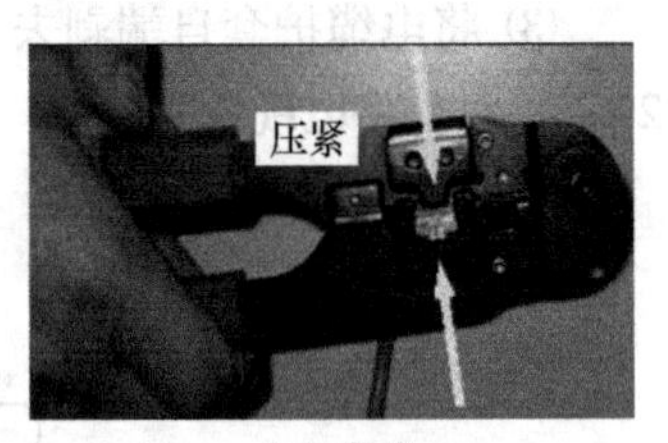

（c）紧线

图 2.15　RJ-45 压线/剥线钳的使用方法

六、测试

网线制作好后，须进行连通性测试。连通性测试可以使用仪器仪表进行。最简单的仪表是普通万用表（通断仪），或者是在网络布线中常用的测线器（Cable Tester）。好的测线器（通断仪）将显示出线缆的问题及 RJ-45 头是否打（压接）好。

通断仪由主副两部分组成。测试线缆时，应将一根线缆的两端分别插入主副测试仪（通断仪）的插座中，然后打开电源。对于直通型双绞线，正确时，两端的 8 个信号灯会顺序地跳亮；对于交叉线，主测试仪端信号灯按 1—2—3—4—5—6—7—8 的顺序亮灯时，副测试仪中信号灯会按 1—3—2—4—5—6—7—8（3—6—1—4—5—2—7—8）的顺序亮灯。若不是上述情况，则表明有错。

七、分析与讨论

（1）有交叉的网线与无交叉的网线各适合在何种情况下使用?

（2）网线制作好后就可以直接使用吗?

2.1.2　无线传输介质

无线传输是利用电磁波携带数据信号进行的传输。图 2.16 所示为一张电磁波频谱图。用于进行数据传输的部分可以分为两大类：不可见光和可见光。

1. 不可见光无线传输介质

常用的不可见光数据传输介质包括无线电波、微波、红外光和激光。由于红外线和激光束都具有极强的方向性，并且易受环境（雨、雾和障碍等）影响，只适合短距离（几千米之内）传输，如各种遥控器大都是用红外线进行信息传输的。另外，激光硬件会发出少量射线，需要特许批准。

1）短距离无线技术

目前已经开发出的短距离无线技术包括近场通信或称近距离无线通信（Near Field Communication,

NFC）、蓝牙（Bluetooth）和无线保真（Wireless Fidelity，Wi-Fi）。NFC 由免接触式射频识别（RFID）演变而来，允许电子设备之间进行非接触式点对点数据传输交换数据，覆盖范围只有 10cm 左右。蓝牙和 Wi-Fi 同属于在办公室和家庭中使用的短距离无线技术，都能在移动电话、PDA、无线耳机、笔记本、电视、无线打印机、数码相机、投影仪、传感器或等离子屏幕及其他无线设备间进行无线信息交换。但是基于蓝牙技术的电波覆盖半径大约有 15m，而 WiFi 的半径则可达 100m。

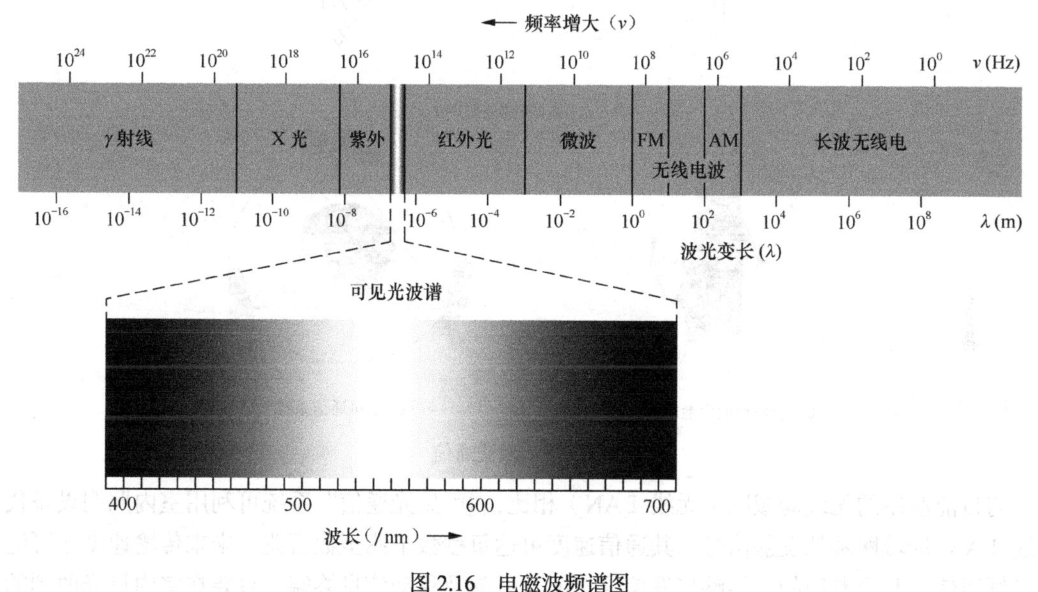

图 2.16 电磁波频谱图

2）中长波无线电波

中长无线电波通信主要应用在广播通信中。

3）微波

微波的频带很宽，在数据通信中占有重要的地位。它在空间中是直线传播的，而地球表面呈弧形，因而微波传输距离往往受限，一般最多达到 50km。为了传输更远的距离，必须采取一定的措施。目前，可采取的措施主要有地面接力通信和卫星通信两种。

（1）地面接力通信。地面接力通信是指在地面建立若干微波中继站，进行信号的接力传输。建在地面上的中继站站间距离一般为几十千米，为了避免地面上自然或人为的遮挡，地面中继站的天线架设比较高。图 2.17（a）和图 2.17（b）所示为微波接力地面中继站的布局及其天线。

（2）卫星通信。卫星通信是利用与地球相对静止的同步卫星作为中继站的微波接力通信系统，如图 2.17（c）所示。卫星微波通信系统具有通信容量大、传输距离远、覆盖范围广等优点，因此，特别适合于全球通信、电视广播及恶劣地理环境下使用。例如，美国的全球定位系统 GPS、中国正在组建的“北斗”系统，以及欧洲的“伽利略”系统等。从理论上讲，如果在地球赤道上空相对于地球静止的卫星轨道上放置 3 颗间隔各 120° 的卫星，就可以实现全球通信或全球广播。

2. 可见光无线传输介质

可见光通信技术（Visible Light Communication，VLC）是利用荧光灯或发光二极管等发出的肉眼看不到的高速明暗闪烁信号来携带数据进行传输的。

给普通的 LED 灯泡装上微芯片，可以控制它每秒数百万次闪烁，亮了表示 1，灭了代表 0。由于频率很高，人眼根本觉察不到，光敏传感器却可以接收到这些变化。二进制的数据就被快速编码成灯光信号并进行了有效的传输。灯光下的计算机，通过一套特制的接收装置传输信号，有灯光的地方，就有网络信号；关掉灯，网络全无。

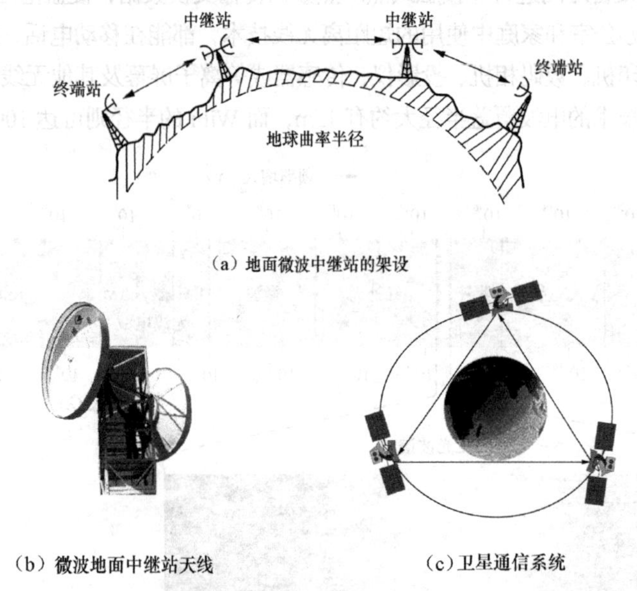

（a）地面微波中继站的架设

（b）微波地面中继站天线　　（c）卫星通信系统

图 2.17　微波通信

与目前使用的无线局域网（无线 LAN）相比，“可见光通信”系统可利用室内照明设备代替无线 LAN 局域网基站发射信号，其通信速度可达每秒数十兆至数百兆，未来传输速度还可能超过光纤通信。利用专用的、能够接发信号功能的电脑及移动信息终端，只要在室内灯光照到的地方，就可以长时间下载和上传高清晰画像和动画等数据。该系统还具有安全性高的特点，用窗帘遮住光线，信息就不会外泄至室外，同时使用多台电脑也不会影响通信速度。由于不使用无线电波通信，对电磁信号敏感的医院等部门可以自由使用该系统。

实训 2　光纤冷接头制作

一、实训内容

制作光纤尾接头。

二、预备知识

1. 光纤接头及其种类

光纤尾接头（Optical Fiber Splice）是指光纤的末端装置，也称冷接子，用于连接光纤与有关设备。随着光纤技术的广泛应用，光纤接头不断革新，出现了不少品种。按照不同的分类方法，光纤连接器可以分为不同的种类。常用的分类方法有如下几种。

（1）按光纤传输模式，可分为：

- 单模 L：波长 1310，传输距离可达 10km；
- 多模 SM：波长 850，传输距离 300m 或 500m；
- 单模长距 LH：波长 1310/1550；
- 单模或多模光纤 SX/LH。

（2）按接头外形，可分为：

- 圆头，如 FC、ST 等。

- 方头，如 SC（大方头）、LC（小方头）等。

（3）按紧固方式划分可分为多种，其中常见的是图 2.18 所示的 3 种。

- 插入锁定式，如 SC 等。
- 卡接锁定式，如 ST 等。
- 旋紧锁定式，如 FC 等。

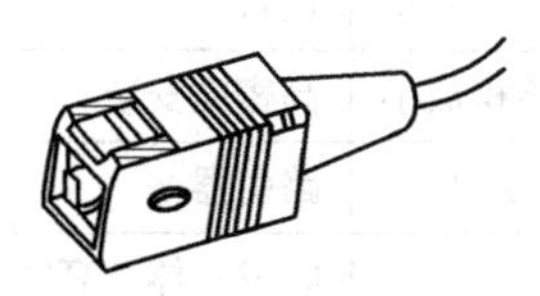

（a）SC 插入锁定式

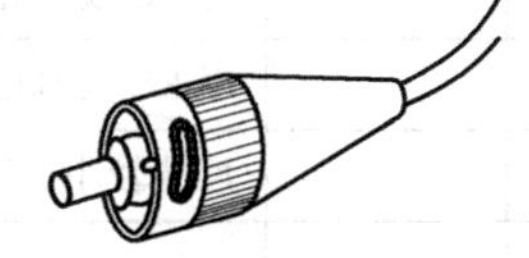

（b）ST 卡接锁定式

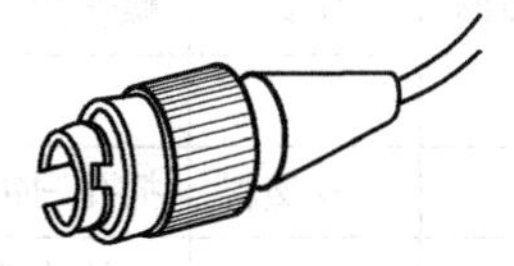

（c）FC 旋紧锁定式

图 2.18　常见的 3 种光纤尾结头

（4）按加固材料，可以分为：

- 金属，如 FC（Ferrule Contactor，钢制金属套筒）、ST 等；
- 工程塑料，如 SC、LC 等。

（5）按连接器的插针端面，主要分为：

- PC（Physical Contact，紧密接触）：微球面研磨抛光；
- SPC（Super Physical Contact，超紧密接触），球面研磨抛光；
- APC（Physical Contact）：8 度角斜面物理接触，通常为绿色。

在表示尾纤接头的标识符号中，研磨方式 PC、SPC、UPC、APC 写在“/”后面，如“FC/PC”“SC/PC”等，“/”前面部分表示尾纤的连接器型号。图 2.19 所示为 3 种主要插针端面形状。

图 2.19　3 种主要插针端面形状

（6）按光纤芯数可分为单芯、多芯。

（7）按传输速率，分为 1GB（SC）和 2GB（LC）。

图 2.20 所示为常用光纤接头的形状。表 2.5 所示为几种主要光纤接头的主要特征。

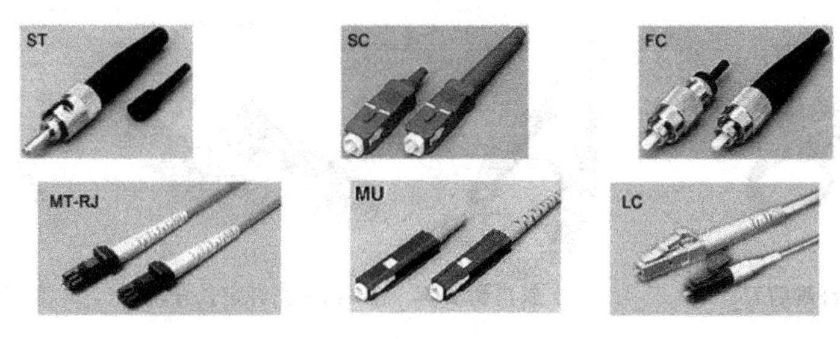

图 2.20　常用光纤接头

表 2.5　几种主要光纤接头的主要特征

型号	外形	加固方式	紧固方式	插针端面	特点	常用用途
FC	圆形	金属套	螺丝扣	平面/PC	牢固，可多次插拔	ODF 侧（配线架上用得最多）
SC	矩形	工程塑料	插拔销闩式	PC/APC	插拔方便、价格低廉、密度高	传输设备侧（路由器、交换机）
ST	圆形	金属套	螺丝扣		与 SC 现状相似，但略小	设备
MU					以 SC 为基础，体积最小	高密度安装
LC		工程塑料	插孔闩锁		尺寸较小，SFP 模块	路由器
MT-RJ	方形		推拉式插拔			收发一体、高密度传输
DIN4	圆形	金属套	螺丝扣	PC	以 FC 为基础	

2. 光纤尾接头结构

图 2.21 所示为 SC 型尾接头结构。

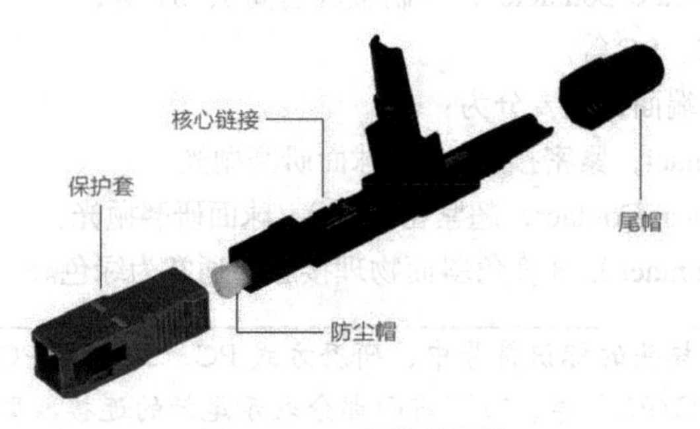

图 2.21　SC 尾接头结构

3. 光纤冷接制作工具

图 2.22 所示为一组光纤冷接头制作时用到的工具图样。表 2.6 所示为光纤冷接制作工具表。

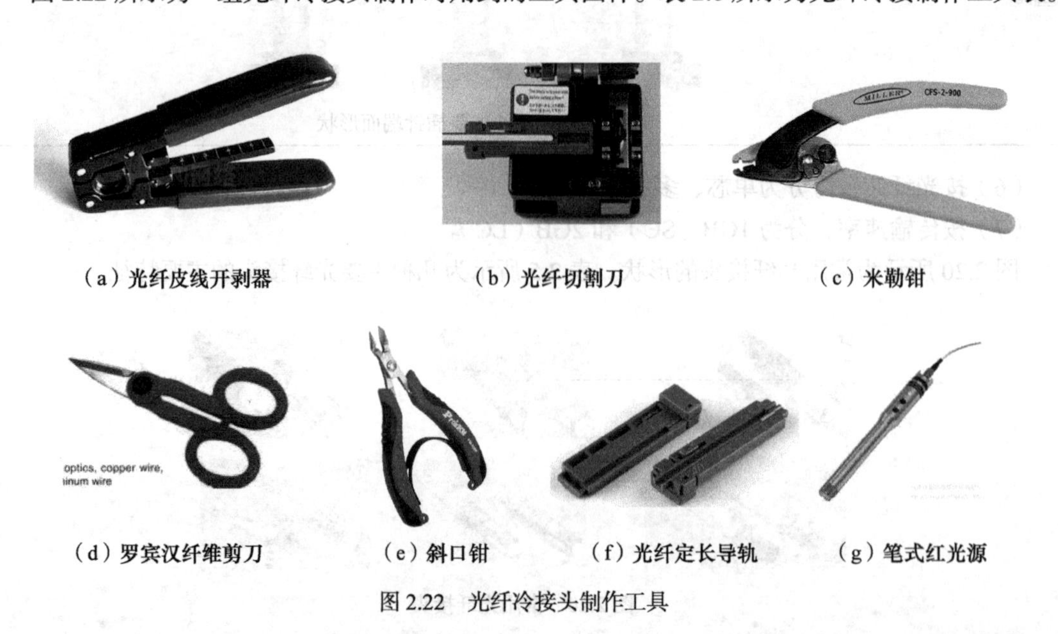

图 2.22　光纤冷接头制作工具

表 2.6 光纤冷接制作工具一览表

序号	工具名称	用途
1	光缆皮线开剥器	开剥皮线光缆外护套
2	光纤切割刀	切割光纤纤芯
3	光纤米勒钳	剥离光纤涂覆层/紧包层
4	罗宾汉纤维剪刀	剪切光纤纤维丝用
5	斜口钳	剪线断线用
6	定长开剥器（定长导轨）	开剥线缆及切割纤芯时确定长度
7	笔式红光源 1-5KM	检测光纤断点
8	酒精瓶	盛放酒精，清洁光纤用
9	收纳盒	盛放光纤连接头等小物件

三、注意事项

（1）进行光纤操作时注意环境清洁，防止粉尘、烟尘等污染光纤的颗粒。

（2）安装时施工人员应保持手部清洁干燥，最好戴有干净的乳胶手套。

（3）开剥缆线皮或剥去涂覆层时，应选用正品且保养良好的工具，并采用正确的使用方法，减少光纤端面损伤。

（4）定长切割光纤时，应正确使用定长器导轨槽。

（5）插入光纤至连接器，注意操作方法和力度，以免造成断纤。

（6）避免人身伤害，在进行光纤安装操作时必须戴上眼睛保护装置，不要用眼睛直接看终端或光纤发出的光线。

（7）切割下的废光纤要非常小心地收集到收纳盒，这些微小碎片会很容易刺伤皮肤。

（8）光纤插入连接器时，注意操作方法和力度，以免断纤。

（9）组装时保持光纤微弯后才能锁紧锁扣。

四、实训准备

1. 工具和材料准备

（1）一段合适长度的试验用光缆。

（2）合适的尾接头一只。

（3）冷接头制作工具一套。

（4）防护眼镜。

（5）工作用橡胶手套一副。

2. 了解尾接头结构

该连接器适用于缓冲层直径为 250μm 和 900μm 的光缆及外皮直径为 2.5mm～3mm 的单芯光缆。对于其他光缆要选择合适的尾接头。

五、冷接子制作参考步骤

下面以 SC 冷接子为例介绍其制作步骤。

1. 光纤加工

① 阅读冷接子包装上的使用说明［如图 2.23（a）所示］，检查与给出的光纤是否匹配。

② 打开冷接子包装，保护好包装。将尾帽小口径的一端朝里，套在光缆（光纤的缓冲层）上，如图 2.23（b）所示。

③ 如图 2.23（c）所示，用皮线剥开器将外护套剥除约 50mm（请保留 3mm 尾纤中的凯夫拉并临时向后折）。

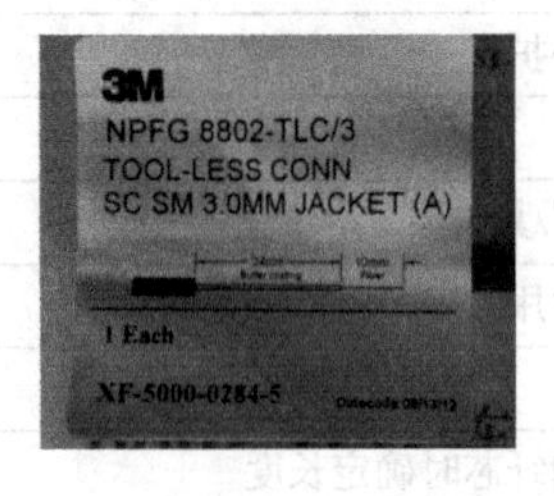

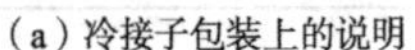
（a）冷接子包装上的说明

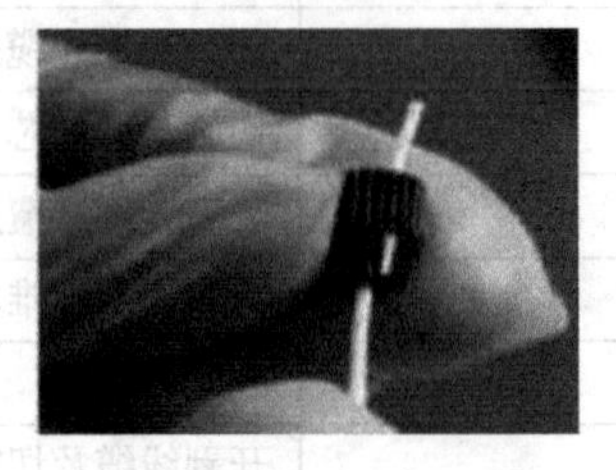
（b）将尾帽套在光缆上

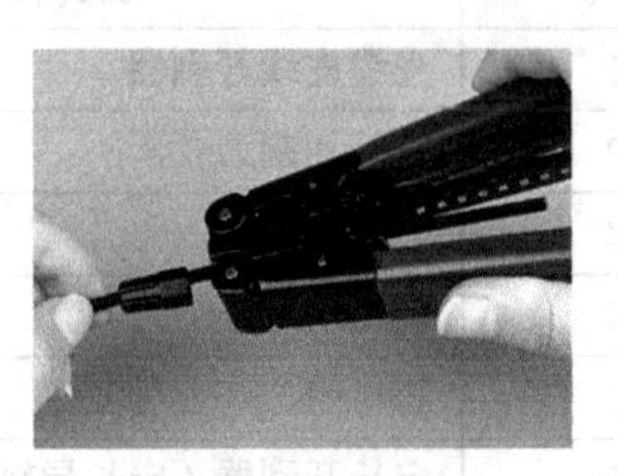
（c）把光缆皮线剥开

图 2.23 光缆皮线开剥

④ 剥除涂覆层，长度按照包装上给出的尺寸进行。例如，包装上要求保留芯线长度为 24mm，则应保留这个长度，将 50mm 中的其他部分的涂覆层剥除。剥除涂覆层有以下两种方法。

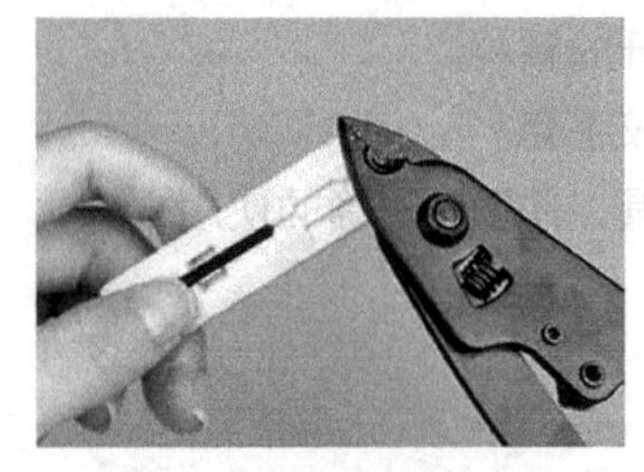
图 2.24 用米勒钳剥除涂覆层

一种是用米勒钳剥除光纤涂覆层，如图 2.24 所示。注意，针对不同用途，有不同的米勒钳；此外按口数有单口、双口和三口之分。例如，CFS 双扣米勒钳的顶部 1.98mm 的开孔可用于剥离尾纤外护层，钳刃上的 V 形口和 140μm 的开孔可用于剥离 125μm 光纤的 250μm 涂覆层。因此，米勒钳一定要与所加工的光纤配套，并注意应当使用哪个口。同时，应使钳口与光纤成 45° 角。

另一种办法是用定长开剥器。这种开剥器一般会由冷接子厂家免费提供。操作分为两步：将开剥器打开，将裸纤放入导槽，如图 2.25（a）所示；然后盖上开剥器小盖，手指按住小盖，拉出皮线，即可剥除涂覆层，如图 2.25（b）所示。

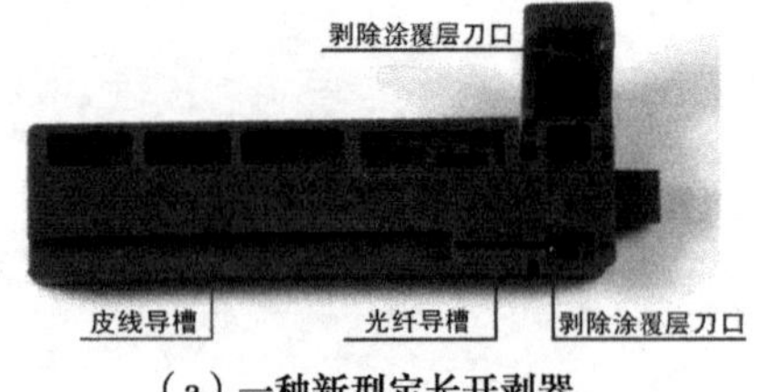

（a）一种新型定长开剥器

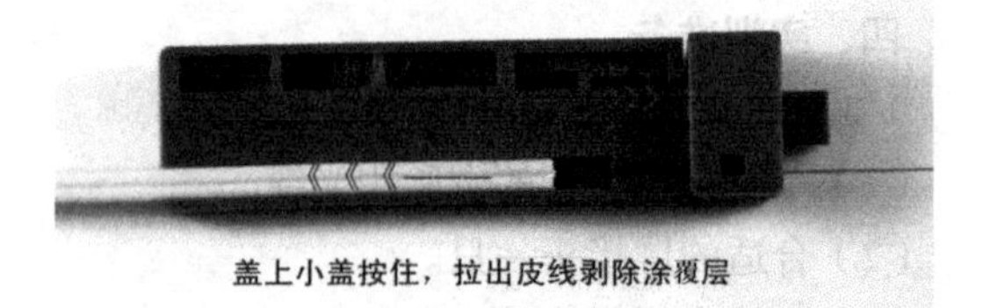

（b）盖上小盖，拉出皮线

图 2.25 用定长开剥器剥除涂覆层

⑤ 用无尘纸或无尘布蘸少许酒精紧贴纤芯擦拭，必要时应重复清洁。

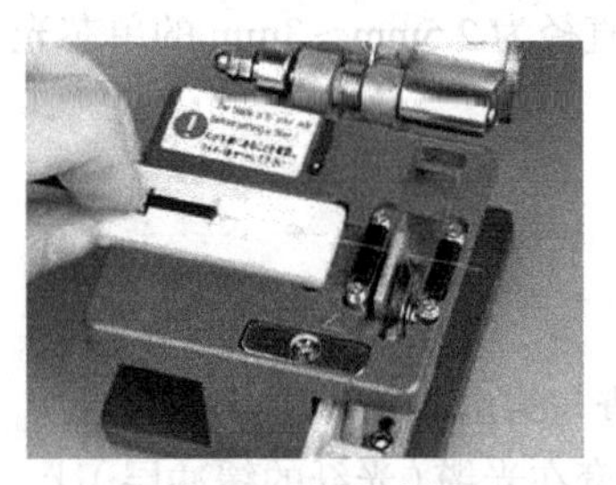
图 2.26 切平光纤

⑥ 根据包装袋上的图示，保留需要的裸光纤长度，并将纤芯切平，如图 2.26 所示。切割时外护套剥离处要与适配器内底部的标线对齐。

注意，在切平时，要考虑所用的切割刀是否适合所用的切割适配器。例如，要注意有些切割刀并不适用于 3M 切割适配器。有时这一步可以直接把光纤放入切割刀进行切割。

2. 冷接子装配

冷接子装配过程如图 2.27 所示。

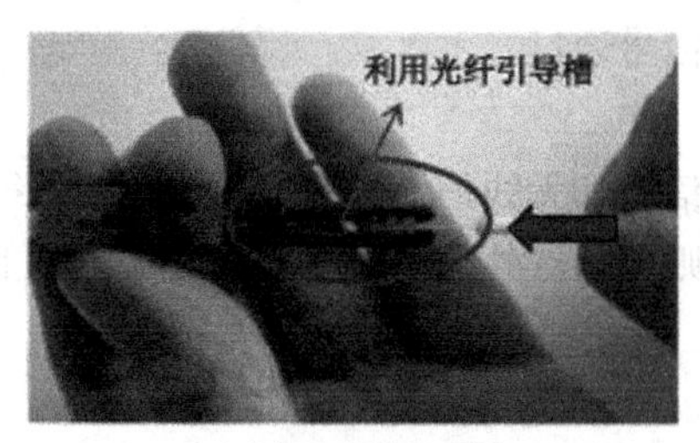

（1）插入光缆（光纤）

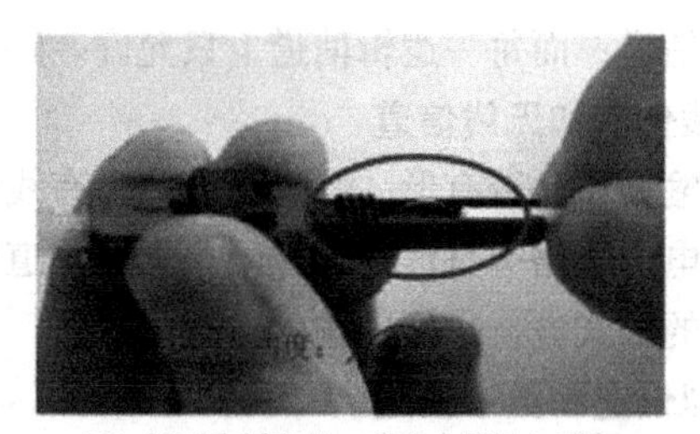

（2）插至光纤弯曲，确定光纤插入到位

（3）用手压紧光缆，先推外壳再推紧锁扣

（4）取下锁扣，保持光纤微弯

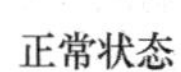

正常状态

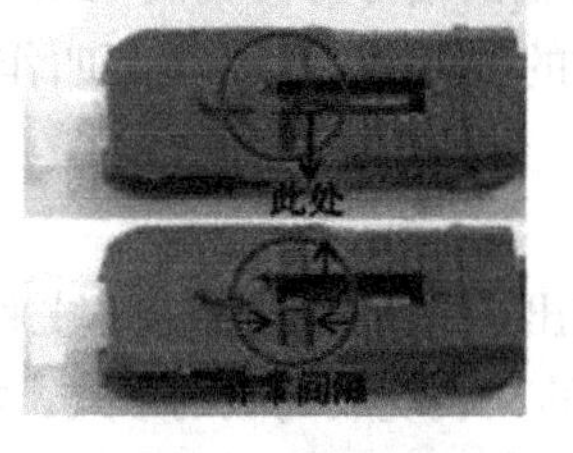

异常状态

（5）确认对接正常，否则重复步骤（3）

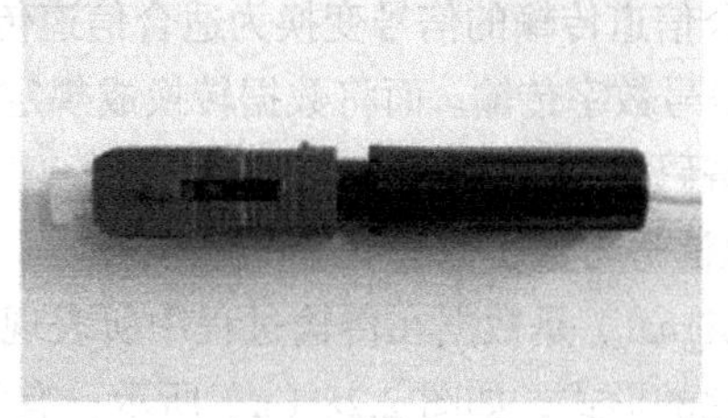

（6）旋紧尾套，完成安装

图 2.27　冷接子装配

3．测试

最简单的测试是用笔式红光源从光纤一段照进，让另一端照在纸或其他地方（但不要用眼睛看），就可以检测出是否接通。

六、分析与讨论

（1）为什么光纤最后要切平？

（2）为什么光纤插入连接器时，要插到光纤微弯曲？

2.2　信道与信号技术

2.2.1　信道的概念

在通信技术中，将信号传输的通道抽象为信道。信号总是通过信道（Channel）由信源发送到信宿的。下面介绍几种与计算机网络有关的信道概念。

1．物理信道和逻辑信道

物理信道是指计算机网络结点间的物理连接，它由传输介质及有关通信设备组成。逻辑信道是在物理连接的基础上，由结点的对等层通过协议建立的、能够传递相应数据单元的连接。显然，用于传送数据的通信信道一定是在物理信道基础上建立起来的逻辑信道；同一物理信道上可以提供多条逻辑信道；而每一逻辑信道上只允许一路信号通过。

2. 有线信道和无线信道

根据传输介质是否有形，信道可以分为有线信道和无线信道。有线信道包括双绞线、同轴电缆、光纤、电力线路等有形传输介质。无线信道则包括红外线、无线电波、微波、卫星通信、可见光等以波的形式进行数据传输的信道。

3. 模拟信道和数字信道

根据信道中传输的信号类型不同，信道可分为模拟信道和数字信道。

模拟信道中传输的是模拟信号，如电话线就是模拟信道。模拟信号是连续变化的，而计算机处理的是离散方式的二进制数字脉冲信号，因此，为了实现通信，必须在信道的两侧各安装一个调制解调器，以完成模/数（A/D）之间的转换。

数字信道中传输的是数据信号，可以在收发双方之间传送数字数据。

还有些信道的类型将在后面连续介绍。

2.2.2 数据信号及其调制/解调

将不适合信道传输的信号变换为适合信道传输的信号称为调制（Modulate），如数字信号模拟传输、模拟信号数字传输。而将数据转换成规定的电脉冲信号的过程叫作编码（Coding），如数字信号的数字编码。

1. 模拟信号与数字信号

信号（Signal）是数据在传输过程中所表现出来的形式。从时间域来看，有的数据传输时表现成连续变化的形式，如图 2.28（a）所示；有的又表现成离散的形式，如图 2.28（b）所示。前者被称为模拟信号，后者被称为数字信号。

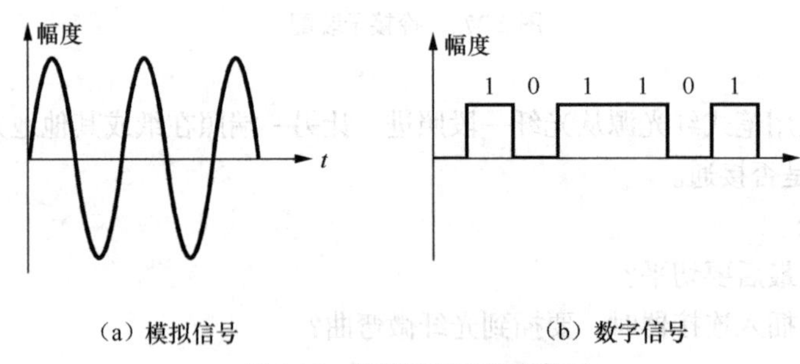

图 2.28　模拟信号和数字信号

2. 数字信号的模拟调制

数字信号的调制是指将数字信号转换为频带信号，以便能将数字数据在传统的模拟线路上进行传输，其传输过程如图 2.29 所示。调制的逆过程称为解调（Demodulate）。由于通信多是双向的，所以在实际应用中，调制与解调两部分功能要做在一个设备——调制解调器（Modem）中。最基本的数字信号调制方法是采用移动键控技术实现正弦信号载波数字信号。

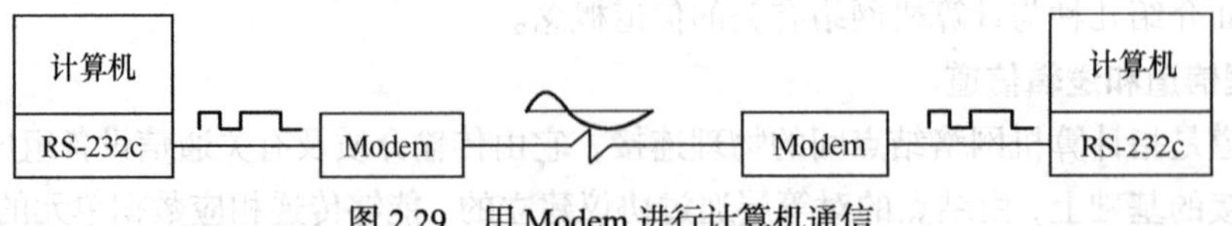

图 2.29　用 Modem 进行计算机通信

下面介绍数字/模拟调制的具体方法。设用于载波数字信号的正弦波为

$$u(t) = u_{m}\sin(\omega t + \Phi_0)$$

在这个式子中，除时间 t 外，还有 3 个参数：振幅 u_m、角频率 ω 和相位 Φ_0。因此，可以采用调幅、调频、调相 3 种移动键控技术来进行数字数据的模拟调制，分别称为幅移键控（Amplitude-Shift Keying，ASK）、频移键控（Frequency-shift Keying，FSK）和相移键控（Phase-shift Keying，PSK），如图 2.30 所示。

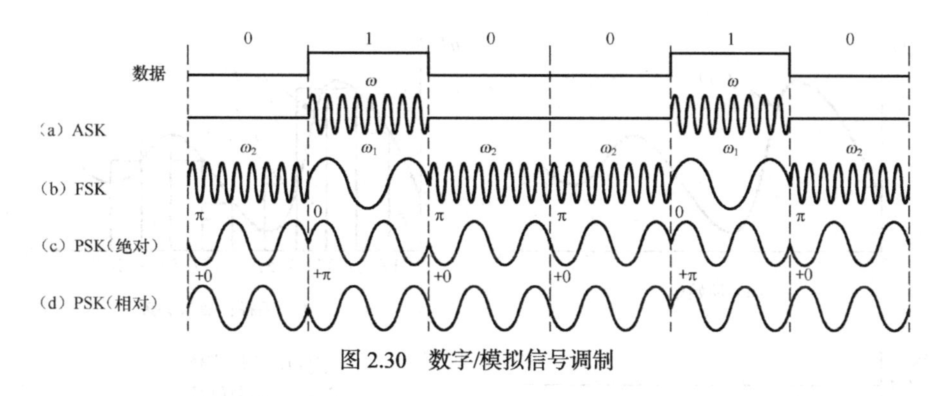

图 2.30　数字/模拟信号调制

1）幅移键控（ASK）

在 ASK 方式中，用不同幅值的正弦载波信号来分别表示数字“1”和“0”。例如，用某一幅值的正弦载波信号表示数字“1”，用零幅值（无载波信号）表示数字“0”。ASK 的技术简单、实现容易，但抗干扰能力差。

2）频移键控（FSK）

在 FSK 方式中，用不同角频率的正弦载波信号来分别表示数字“1”和“0”。FSK 的技术简单、实现容易、抗干扰能力强，是目前最常用的方法。

3）相移键控（PSK）

在 PSK 方式中，用不同初相位的正弦载波信号来分别表示数字“1”和“0”。它的抗干扰能力强，但实现技术复杂。具体的实现方法有：绝对调相（用相位的绝对值表示数字“1”和“0”）、相对调相（用相位的相对偏移值表示数字“1”和“0”）和多相调相（用不同的相位值表示“0”和“1”码组合，如用相位相差 $\pi/2$ 的相位值分别表示 00、01、10、11）。

3. 模拟信号的数字编码——脉冲编码调制技术

模拟数据的数字编码是将连续的信号波形用有限个离散（不连续）的值近似代替的过程。简单地说，就是将模拟信号用数字信号近似地代替，其中最常见的方法是脉冲编码调制（Pulse Code Modulation，PCM）技术，简称脉码调制。PCM 的基本步骤如下。

- 采样：将原波形的时间坐标离散化，得到一系列的样本值。
- 量化：对采样得到的样本值按量级分级并取整。
- 编码：将分级并取整的样本值转换为二进制码。

图 2.31 所示为 PCM 过程的一个实例。

数字化的质量取决于下列技术参数。

1）采样频率

采样频率即一秒钟内的采样次数，它反映了采样点之间的间隔大小。间隔越小，丢失的信息越少，采样后的图形越细腻、逼真。根据奈奎斯特采样定律，只要采样频率高于信号最高频率的

两倍，就可以从采样准确地重现原始信号的波形。

2）测量精度

测量精度是样本在垂直方向的精度，是样本的量化等级，它通过对波形垂直方向的等分而实现。由于数字化最终要用二进制数表示，所以常用二进制数的位数表示样本的量化等级。若每个样本用 8 位二进制数表示，则共有 2^8=256 个量级；若每个样本用 16 位二进制数表示，则共有 2^{16}=65 536 个量级。量级越多，采样精度越高。

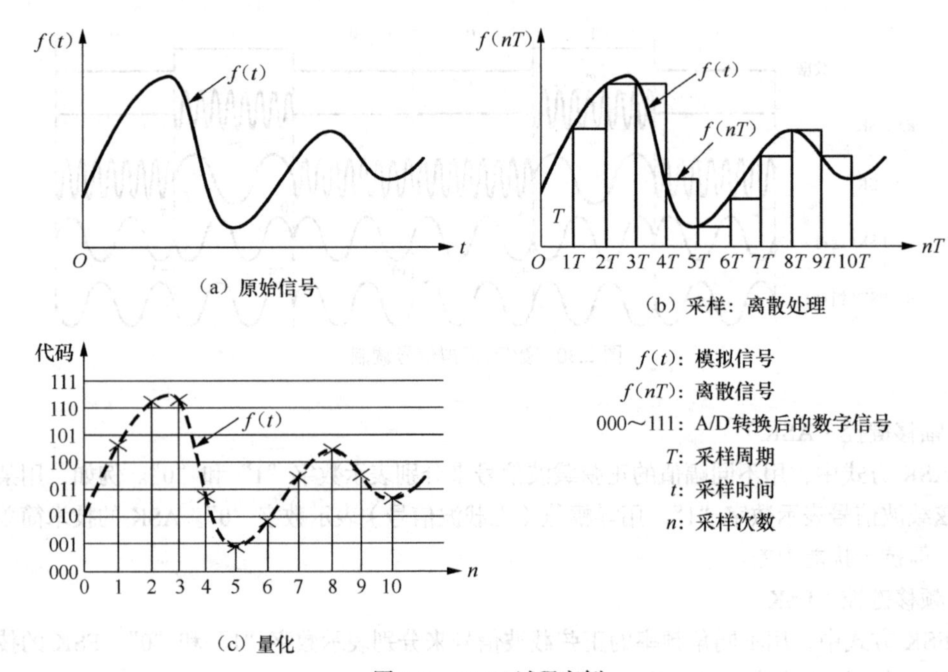

图 2.31 PCM 过程实例

应当指出，采样频率和测量精度的提高都是以存储容量为代价的。此外，当考虑通信双方的同步、信息保密、信息压缩等问题时，还要对这种基本编码进行一些变换。

4. 调制解调器

调制解调器 Modem，是 Modulator（调制器）与 Demodulator（解调器）的总称。调制就是把数字信号转换成电话线上传输的模拟信号，解调即把模拟信号转换成数字信号。

5. 光端机

目前的计算机系统都还是基于电信号工作的。光端机就是在一条光链路的两端使用的设备，主要进行光-电型号的转换。按照使用的位置，分为光发射机和光接收机：光发射机完成电/光转换，并把光信号发射出去用于光纤传输；光接收机主要是把从光纤接收的光信号再还原为电信号，完成光/电转换。

光端机实际可传输光信号的最大距离是个标称数值，取决于设备和实际环境等多种因素，双纤的光端机一般可传输 1km～120km，单纤的一般可传输 1km～80km。

按照端口数量，光端机可以分为多口光端机和单口光端机。多口光端机也称为光端机。单口光端机俗称“光 Modem”（光猫），适合于本地网中的中继传输设备及租用线路设备，一般用于用户端。按照端口类型，现有光 Modem 可以分为如下几种。

（1）单 E1 光端机：将 G.703 的 E1（2048kbit/s）信号调制到光纤上传输的设备。

（2）单 V.35 光端机：提供一个成帧 n*64kbit/s 的 V.35（2048kbit/s）数据接口。

（3）以太网光端机（2M 带宽）：2M 带宽以太网光端机提供一个 2M 带宽的以太网接口（与单 E1 光端机和 E1 转换器配合使用）。

（4）以太网光端机（10M 带宽）：10M 带宽以太网光端机提供一个以太网接口和 4 个 E1 接口。以太网接口带宽（2～10）M 可调，当带宽增加时需要占用 E1 接口，每增加 2M 带宽需要占用一个 E1 接口。当以太网带宽为 10M 时，4 个 E1 接口不可用（与 5E1 光端机和 5E1 转换器配合使用）。

2.2.3　数字信号的数字编码

虽然“1”和“0”是两个非常简单的码，但实际传输和使用的信号形式有很大的差别。图 2.32 所示为 6 种具有代表性的二进制数字信号的编码方式。

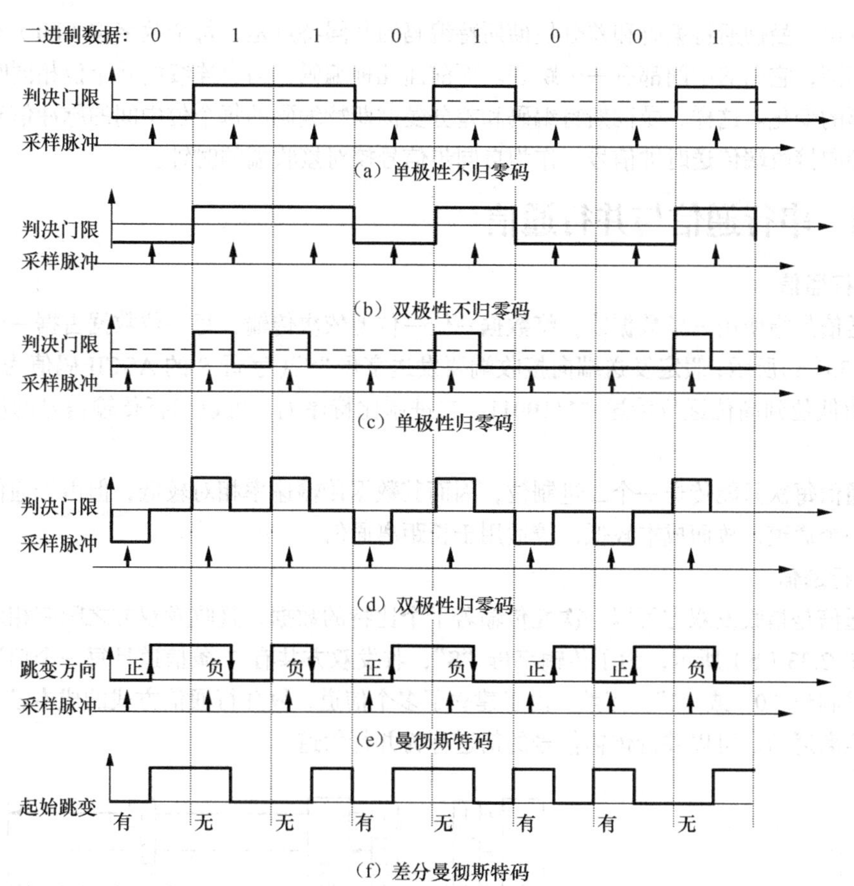

图 2.32　6 种二进制数字信号的编码方式

1. 单极性码和双极性码

图 2.32 中的（a）和（c）表示的是两种单极性码，它们的特点是只在表示“1”时才发出电流，表示“0”时不发出电流，电流只有一个极性（方向）。

图 2.32 中的（b）和（d）表示的是两种双极性码，它们的特点是表示“1”时发出正电流，表示“0”时发出负电流，电流具有两个极性（方向）。

2. 归零码和不归零码

图 2.32 中的（c）和（d）表示的是两种归零码（Return to Zero，RZ），它们的特点是每次进行 0–1 变换或 1–0 变换时，都要在无电流处停留一下。

图 2.32 中的（a）和（b）表示的是两种不归零码（Non-return to Zero，NRZ），它们的特点是，每次进行 0–1 变换和 1–0 变换都是直接的，不在无电流处停留。

3. 曼彻斯特码和差分曼彻斯特码

曼彻斯特（Manchester）码的特点是将每个比特周期分为两部分：前半个比特周期传送该比特的原码，后半个周期传送该比特的反码，于是在每个比特周期的中间产生一个电平跃变，如图 2.32（e）所示，正跃变表示为“0”，负跃变表示为“1”。

差分曼彻斯特（Different Manchester）码是对曼彻斯特码的改进，它用每一码元的开始边界处有无变化来区别“0”和“1”，如图 2.32（f）所示，有跳变表示为“0”，无跳变表示为“1”。

可以看出，曼彻斯特编码和差分曼彻斯特编码的共同特点是，每个数字位（bit）不管与前面的位是否相同，它们的中间都有一个跳变。而前面几种编码，当有连续的几个位相同时，不会产生任何波形的变化。这样，曼彻斯特编码和差分曼彻斯特编码的每个位中间的脉冲信号就可以用来从发送端向接收端传送时钟信号，作为自同步信号校对接收端的时钟。

2.2.4 串行通信与并行通信

1. 串行通信

串行通信是指使用一条数据线，将数据一位一位地依次传输，每一位数据占据一个固定时间片。如图 2.33(a)所示，假定发送端向接收端要发送字母“S”(字母 S 的 ASCII 码值为 1100111)，则传输时由低位到高位逐位传送“1110011”二进制比特序列。可以串行传输信号的信道称为串行信道。

串行通信每次只能传送一个二进制位，因而其数据传输速率相对较低，但由于通信双方之间只需建立一个通道，故而成本较低，较适用于长距离通信。

2. 并行通信

并行通信是指收发双方可以一次性传输若干个比特的数据，且收发双方之间有相应多条传输线路。如图 2.33（b）所示，为了传输字母“S”，收发双方共有 7 条信道且每一个信道都并行传递一个二进制位“0”或“1”。当然，由于建立了多个信道，故并行通信方式的成本较高，一般只适用于短距离通信。可以并行传输信号的信道称为并行信道。

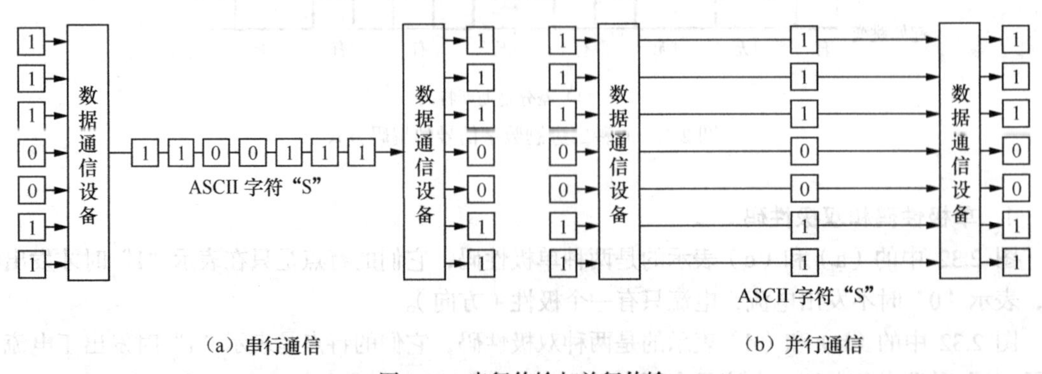

（a）串行通信　（b）并行通信

图 2.33　串行传输与并行传输

2.2.5　单工、半双工和全双工通信

在数据传输中，按照传输的方向性，可以分为如下方式。

1. 单工通信

如图 2.34（a）所示，单工通信是指在两个通信结点间，数据的传输总是单向的，只能由一方将数据传输给另一方，如数字电视，其信号只能由电视台到用户终端（电视机）传输。只适宜单工传输信号的信道称为单工信道。

2. 半双工通信

如图 2.34（b）所示，半双工通信是指数据可以在收、发双方向相互传递，但任何一个时间点上只能是单向的，如对讲机，听的时候不能说，反之，说的时候不能听。只适宜半双工传输信号的信道称为半双工信道。

3. 全双工通信

如图 2.34（c）所示，全双工通信是指数据可以在收、发双方向同时相互传递，如手机、程控电话，听的时候也能同时说，说的时候也能同时听，两者毫无影响。适宜双工传输信号的信道称为双工信道。

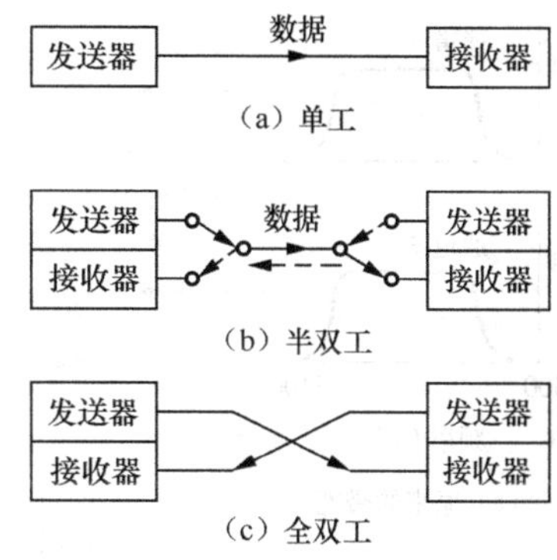

图 2.34　单工、半双工和全双工通信

4. 全双工/半双工自适应

设备具有智能性，可以根据具体环境，自动变换通信模式。

2.2.6　多路复用技术

多路复用（MUX）源于拉丁语 Multi（许多）和 Plex（混合），它指在一个物理信道上同时传送多路信号，或者说是把一个物理信道设法分成多个逻辑信道，以提高信道利用率。

1. 频分多路复用技术

频分多路复用（Frequency Division Multiplexing，FDM）是模拟传输中常用的一种多路复用技术。它把一个物理信道划分为多个逻辑信道，各个逻辑信道占用互不重叠的频带，相邻信道之间用“警戒频带”隔离，以便将不同路的信号调制（滤波）分别限制在不同的频带内，在接收端再用滤波器将它们分离，就好像在大气中传播的无线电信号一样，虽同时传送多个频率信号，但互不重叠，可以分辨。图 2.35 所示为将一个物理信道频分为 3 路进行复用的情形，每个逻辑信道分配 4 000 Hz 带宽，并只传送 3 000 Hz 左右的载波频带信号。

最典型的频分多路复用技术的应用是普通收音机和有线电视。

2. 时分多路复用技术

与 FDM 的同时发送多路信号相比，时分多路复用（Time Division Multiplexing，TDM）是一种非同时发送的多路复用技术。如图 2.36 所示，它将一个传送周期划分为多个时隙，让多路信号分别在不同的时隙内传送，形成每一路信号在连续的传送周期内轮流发送的情形。

数字信号的时分复用也称为复接，参与复接的信号称为支路信号，复用后的信号称为合路信号，从合路信号中将原来的支路信号分离出来称为分接。

通常，话音信号是用脉码调制来编码的。由于典型的电话通道是 4 kHz，按照奈奎斯特定理，为了用数字信号精确地表示一个模拟信号，对话音模拟信号的采样频率至少要达到 8 000 Hz。用一个 8 位字符来代表每个取样，则话音信号数字化的结果便是一个 8 000 × 8（位）的

数据流，数据传输速率为 64kbit/s。上述方法称为 PCM 复用。为了提高传输数码率，对 PCM 复用后的数字信号再进行时分复用，形成更多路的数字通信，这是目前广泛用来提高通信容量的一种方法。

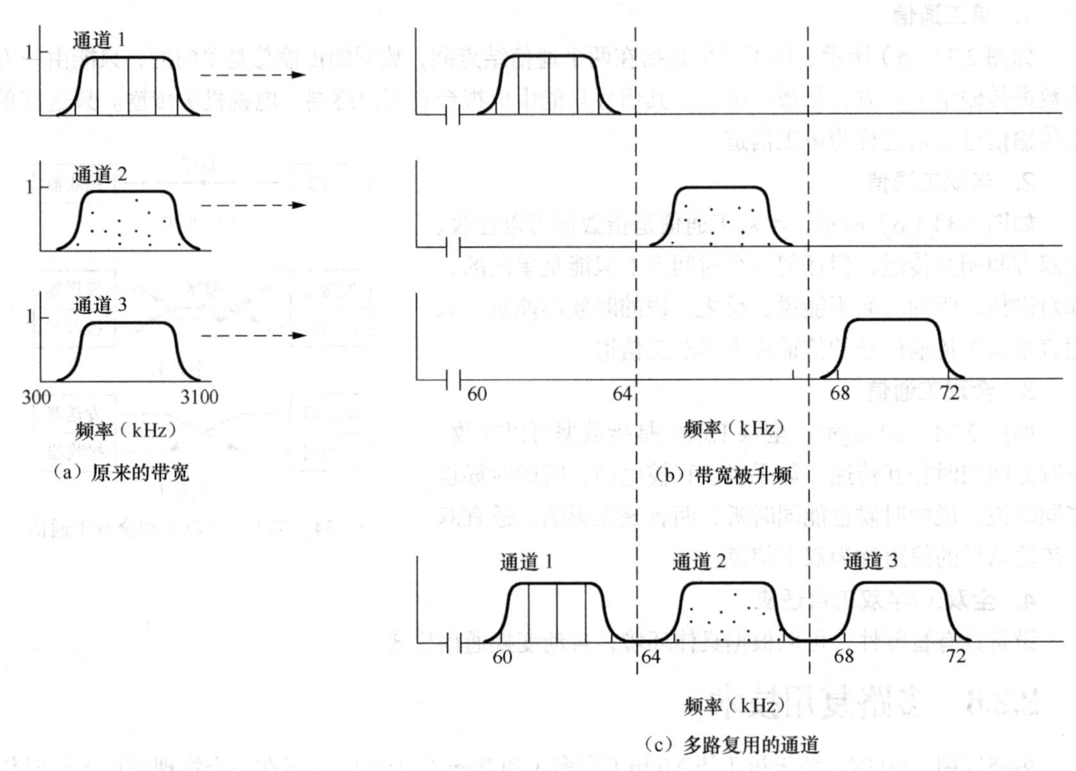

图 2.35　频分多路复用

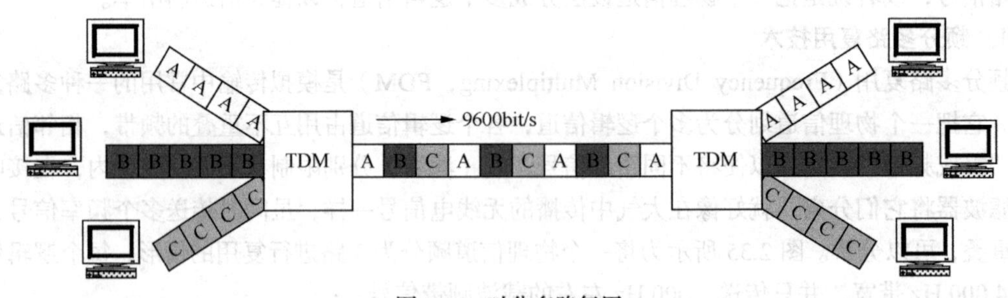

图 2.36　时分多路复用

图 2.37 所示为 ITU-T 推荐的数字速率等级和复接等级，它们都是基于传输速率 64 kbit/s（称为零次群）的数字信号的。两种等级不同之处在于，一类是用 TDM 技术将 24 路零次群复用到一条线路上，形成数据传输速率为 1.544 Mbit/s 的一次群（称为 T1 次速率，主要在北美应用），并在此基础上形成其二次群、三次群、四次群等；另一类是用 TDM 技术将 30 路零次群复用到一条线路上，形成数据传输速率为 2.048 Mbit/s 的一次群（称为 E1 次速率，主要在欧洲应用），并在此基础上形成其二次群、三次群、四次群等。

3. 光波分多路复用技术

光波分多路复用（Wavelength Division Multiplexing，WDM）技术是在一根光纤中能同时传输多个光波信号的技术。WDM 的基本原理如图 2.38 所示，它是在发送端将不同波长的光信号组合起来，复用到一根光纤上，在接收端又将组合的光信号分开（解复用），并送入不同的终端。

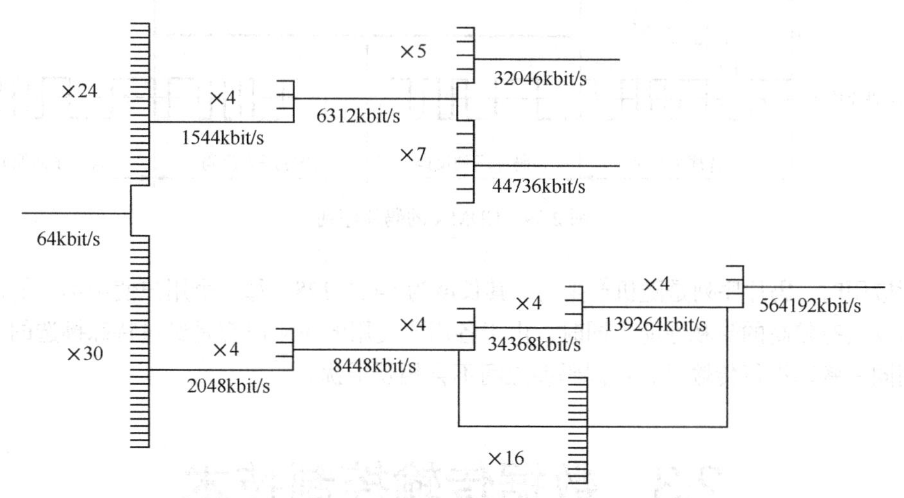

图 2.37　ITU-T 推荐的数字速率等级和复接等级

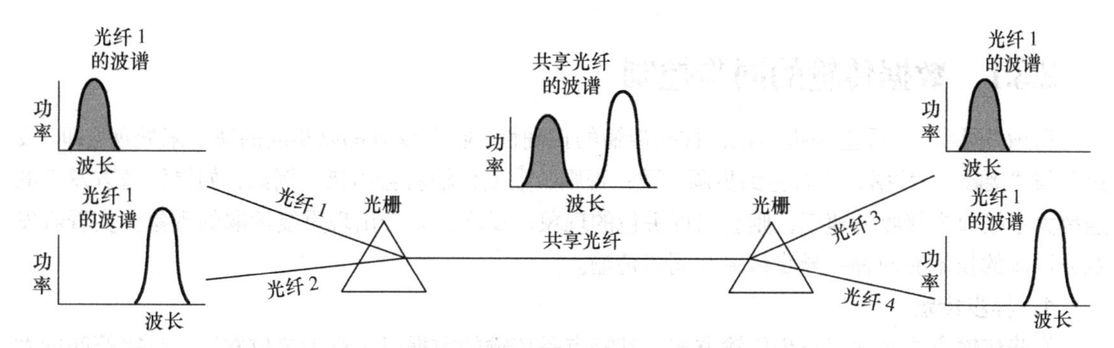

图 2.38　光波分多路复用单纤传输

在 WDM 的基础上，1998 年，人类又成功研究出了 DWDM，即密集波分多路复用技术，它可以处理传输速率高达 80 Gbit/s 的业务，并将传输速率提高到了 800 Gbit/s。目前，已经可以做到在一根光纤上传输 80 路以上的光载波信号。

4. 码分多路复用技术

码分多路复用（Code Division Multiplexing，CDM）是与码分多址（Code Division Multiple Access，CDMA）相联系的一项技术。

在 CDMA 传输时，要给每位用户分配一个 m（通常 m 取 64 或 128）比特序列，称为码片序列（Chip Sequence）或码片向量。不同的用户拥有不同的码片序列，就好像他们具有不同的地址。

CDMA 按照下面的规则进行用户数据的发送：

- 发 1，发送该站的码片序列的原码；
- 发 0，发送该站的码片序列的反码。

图 2.39 所示为一个发送用户码元比特流 1001 的例子。为了便于说明原理，假定 m=16，发送站是码片序列为 1110001101010010，其反码为 0001110010101101。于是，所发送的每一个用户比特都被扩展为 m 位的码片序列流，信号的频率带宽也被扩展了 m 倍。

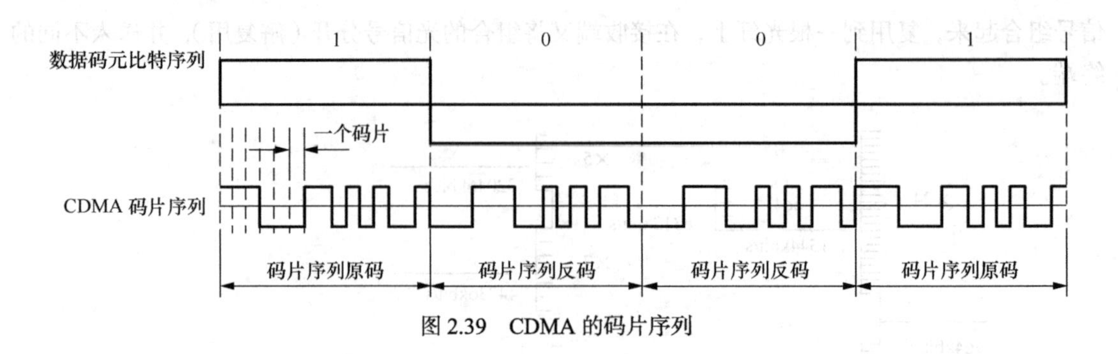

图 2.39　CDMA 的码片序列

实际应用时，码片序列是随机产生的，其长度为 64 或 128，每一个用户使用不同的码型进行通信，所以具有较高的隐私性能。同时，由于各用户使用的 PN 码都是经过特殊挑选的，在同一信道上用同一频率进行传输时，不同码型之间不会相互干扰。

2.3　数据传输控制技术

2.3.1　数据传输的同步控制

所谓“同步”实质上是指为保证数据传输的正确性，收发双方都以相同的速率来处理（即“发送”与“接收”）数据，从而达到步调一致；否则，数据传输就会出错。例如，如果发送方发送的速率大于接收方接收的速率，则会出现丢包的现象；反之，则会出现重复读取的现象。实现收发双方同步的技术有两种：异步传输和同步传输。

1. 异步传输

异步传输方式又称起止步传输方式，其特点是传输的数据以字符为单位发送，且字符间的发送时间是异步的，故称为异步传输。其帧结构（见图 2.40）由以下 4 部分组成。

- 1 个起始位：低电平——数字“0”状态。
- 5 位或 7 位数据。
- 1 位校验位，用作奇偶校验。
- 长度为 1.5 位或 2 位停止位：高电平即（不通信状态）。

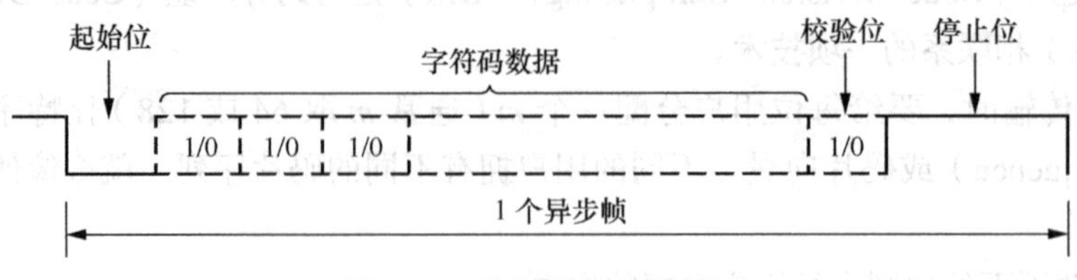

图 2.40　异步传输的帧结构

在异步传输开始前，传输线上一直处于高电平——不通信状态。当接收端突然检测到传输线上出现低电平时，表明一个字符的起始位到达，接收端利用该位实现与发送端的同步，并顺利地接收其后继的各位。在传输完一个字符之后，停止位到了，线路又恢复到高电平，直到下一个字符到来。异步方式适用于低速设备，其主要优点是实现简单，但效率低。

2. 同步传输

同步传输方式从位和帧两个方面实现同步控制。

1）位同步

位同步就是在发送端与接收端使用同样的时钟，使双方的节拍一致。从实现方法上，位同步可以通过两种方法进行：外同步法和自同步法。

外同步法在发送方和接收方之间提供单独的时钟线路，发送方在每个比特周期都向接收方发送一个同步脉冲。接收方根据这一串同步脉冲来调整自己的接收时序，把接收时钟的重复频率锁定在同步频率上，以便在接收数据的过程中始终与发送方同步。这种方法在短距离传输中比较有效，长距离传输中，会因同步信号失真而失效。

自同步法利用特殊编码（如曼彻斯特编码或差分曼彻斯特编码）让数据信号携带时钟同步信号，不断校正接收端的定时机构。

2）帧同步的实现

仅有位同步；还不能确定一个帧的开始与结束，所以同步传输要在位同步的基础上，用帧同步作为补充。

帧同步的方法是在数据块的两端加上前文（Preamble）和后文（Postamble），表示帧的起始和结束。前文和后文的特性取决于所用的协议，可以分为面向字符和面向位两大类。

在面向字符的同步传输中，帧头包含一个或多个同步字符——SYN。SYN 是一个控制字符，后面是控制信息和数据字节。接收端发现帧头，便开始接收后面的数据块，直至遇到另一个同步字符。IBM 的二进制同步规程（BSC 或 Bisync）是具有代表性的面向字符的同步传输规程。

目前，应用最普遍的面向位的同步传输规程是 ISO 制定的高级数据链路控制协议（High-level Data Link Control，HDLC）。它把数据块看作数据流，并用序列“0111110”作为开始和结束的标志。为了避免在数据流中出现序列“0111110”时引起混乱，发送方总是在其发送的数据流中每出现 5 个连续的“1”，就插入一个附加的“0”；接收方则每检测到 5 个连续的“1”并且其后有一个“0”时，就删除该“0”。图 2.41 所示为同步传输的两种帧格式。显然，同步传输的传输效率要比异步传输高。

帧头		控制信息	数据块	校验序列
SYN	SYN	SOH	字符序列	FCS

（a）面向字符的同步帧格式

帧头	控制信息	数据块	校验序列	帧尾
01111110	C	位流	FCS	01111110

（b）面向位的同步帧格式

图 2.41 同步传输的两种帧格式

2.3.2 数据传输的差错检测

1. 差错产生的原因与基本对策

在数据通信中，差错的基本应对策略有 3 个。

1）提高信道质量

- 使用高质量的信道：使用具有热噪声小、信号屏蔽能力强等优点的信道。

- 使用中继器：作用是每经过一定的传输距离将数据信号重新复制一次。

2）提高数据信号的健壮性

- 纠错码：为传输的数据信号增加冗余码，以便能自动纠正传输差错。
- 检错码：为传输的数据信号增加冗余码，以便查出是哪一位出错。

3）采用合适的差错控制协议

与检错码相比，纠错码具有自动纠错功能，但实现复杂、造价高、传输效率低。通常是采用检错码检查出差错，再由合适的差错控制协议来补救。

2. 误码检测

误码检测的基本原理是通过在数据部分附加一定数目的冗余码来提供一种检测机制，以发现传输中的错误。最简单的冗余检错码是奇偶校验码，此外还有两种校验码：校验和与循环冗余校验码。

1）校验和（Checksum）

为了说明什么是校验和，首先看一个例子：假定要传输的4个数字为1、2、3、5，它们的和为B（十六进制），则实际发送的是1235B（将和连同数据一起发送），即

0001 0010 0011 0101 1010

在接收方收到数据后，重新计算一遍数据的和。如果不是B，则说明传输中发生了错误。使用校验和，计算简单，校验和占用的位数少，但是有时可能出现漏检。如表2.7所示，虽然传输中有错误，但接收到的校验和与发送的数据的校验和保持一致。

表2.7 一个漏检的例子

发送的数据		接收到的数据	
0001	1	0010	2
0010	2	0011	3
0011	3	0101	5
0101	5	0001	1
校验和	B	校验和	B

2）循环冗余码校验（Cyclic Redundancy Check，CRC）

循环冗余码是一种能力相当强的检错码，并且实现编码和检码的电路比较简单，常用于串行传送（二进制位串沿一条信号线逐位传送）的辅助存储器与主机的数据通信和计算机网络中。

循环码通过某种数学运算实现有效信息与校验位之间的循环校验。编码步骤如下。

① 将待编码的n位信息码组$C_{n-1}C_{n-2}\cdots C_i\cdots C_2C_1C_0$表达为一个$n-1$阶的多项式$M(x)$

$$M(x)=C_{n-1}x^{n-1}+C_{n-2}x^{n2}+\cdots+C_ix^i+\cdots++C_1x^1+C_0x^0$$

② 将信息码组左移k位，形成$M(x)\cdot x^k$，即$n+k$位的信息码组

$$C_{n-1+k}C_{n-2+k}\cdots C_{i+k}\cdots C_{2+k}C_{1+k}C_k00\cdots00$$

③ 用$k+1$位的信息码组生成多项式$G(x)$对$M(x)\cdot x^k$做模2除运算，得到一个商$Q(x)$和一个余数$R(x)$。显然有：

$$M(x)\cdot x^k=Q(x)\cdot G(x)+R(x)$$

生成多项式$G(x)$是预先选定的。模2运算是指按位模2加减为基础的四则运算，运算时不考虑进位和借位。模2加减的规则：两数相同为0，两数相异为1。模2除，就是求用2整除所得到的余数，每求一位商应使部分余数减少1位。取商的原则：当部分余数最高位为1时，商取1；

当部分余数最高位为 0 时，商取 0。例如

```
                 1 0 1 0 1  ………  商
         ___________________
1 0 0 1 /  1 0 1 1 1 0 1 0
           1 0 0 1
           -------
             0 1 0 1 --------  部分余数为 010
             0 0 0 0
             -------
               1 0 1 0 -----  部分余数为 101
               1 0 0 1
               -------
                 0 1 1 1 ------  部分余数为 011
                 0 0 0 0
                 -------
                   1 1 1 0 ------  部分余数为 111
                   1 0 0 1
                   -------
                   0 1 1 1 --------  余数为 111
```

④ 将左移 k 位的待编码有效信息与余数 $R(x)$做模 2 加，即形成循环冗余校验码。

例 2.1　对 4 位有效信息 1100 做循环冗余校验码，选择生成多项式 $G(x)$为 1011（k=3）。

① $M(x)=x^3+x^2=1100$

② $M(x)\cdot x^3=x^6+x^5=1100000$　　（k=3，即加了 3 个 0）

③ 模 2 除，$M(x)\cdot x^k/G(x)=1100000/1011=1110+010/1011$，即 $R(x)=010$

④ 模 2 加，得到循环冗余校验码 $M(x)\cdot x^3=Q(x)\cdot G(x)+R(x)=1100000+010=1100010$

下面分析 CRC 的纠错原理。

由于 $M(x)\cdot x^k=Q(x)\cdot G(x)+R(x)$，根据模 2 加的规则：

$$M(x)\cdot x^k+R(x)=Q(x)\cdot G(x)+R(x)+R(x)=Q(x)\cdot G(x)$$

所以合法的循环冗余校验码应当能被生成多项式整除，如果循环冗余校验码不能被生成多项式整除，就说明出现了信息差错。并且，有信息差错时，循环冗余校验码被生成多项式整除所得到的余数与出错位有对应关系，因而能确定出错位置。表 2.8 所示为例 2.1 所得到的循环冗余校验码的出错模式。

表 2.8　　循环冗余校验码的出错模式

	D7 D6 D5 D4 D3 D2 D1	余数	出错位
正确	1 1 0 0 0 1 0	000	—
错误	1 1 0 0 0 1 1	001	1
	1 1 0 0 0 0 0	010	2
	1 1 0 0 1 1 0	100	3
	1 1 0 1 0 1 0	011	4
	1 1 1 0 0 1 0	110	5
	1 0 0 0 0 1 0	111	6
	0 1 0 0 0 1 0	101	7

进一步分析还会发现，当循环冗余校验码有 1 位出错时，用生成多项式做模 2 除将得到一个不为 0 的余数，将余数补 0 继续做模 2 除又得到一个不为 0 的余数，再补 0 再做模 2 除……于是余数形成循环。如例 2.1，最终形成 001，010，100，011，110，111，101；001，010，100，011，110，111，101……的余数循环，这也就是“循环码”的来历。

并不是任何一个多项式都可以作为生成多项式。从检错的要求出发，生成多项式应能满足下列要求。

- 任何一位发生错误都应使余数不为 0。
- 不同位发生错误应使余数不同。
- 对余数继续做模 2 运算应使余数循环。

生成多项式的选择主要靠经验。有 3 种多项式已经成为标准，具有极高的检错率，即

$$\text{CRC-12}=x^{12}+x^{11}+x^{3}+x^{2}+x+1$$
$$\text{CRC-16}=x^{16}+x^{15}+x^{2}+1$$
$$\text{CRC-ITU-T}=x^{16}+x^{12}+x^{5}+1$$

2.3.3 差错控制协议

当接收方检测出数据错误后，将不接收而应要求发送方重新传输，这种机制称为差错控制。差错控制需要接收与发送双方配合进行，为此需要运行相应的差错控制协议。在差错控制协议中，通常采用自动请求重传（Auto Repeat Request，ARQ）机制，即接收方检测出错误后，要求发送方重传出错的数据。

ARQ 的具体实现，可以采用两种不同的策略：停等 ARQ 和连续 ARQ。

1. 停等 ARQ

停等 ARQ（Stop-and-wait ARQ）的工作原理如图 2.42 所示。当主机 A 发送一个数据帧到主机 B 时，若 B 正确地收到，便会立即发一个确认应答帧 ACK 给 A，A 接到确认应答帧，就可以再发下一个数据帧；若 B 收到的数据帧不正确，便立即发一个否认应答帧 NAK 给 A，A 接到否认应答帧，就将数据帧重发一次。

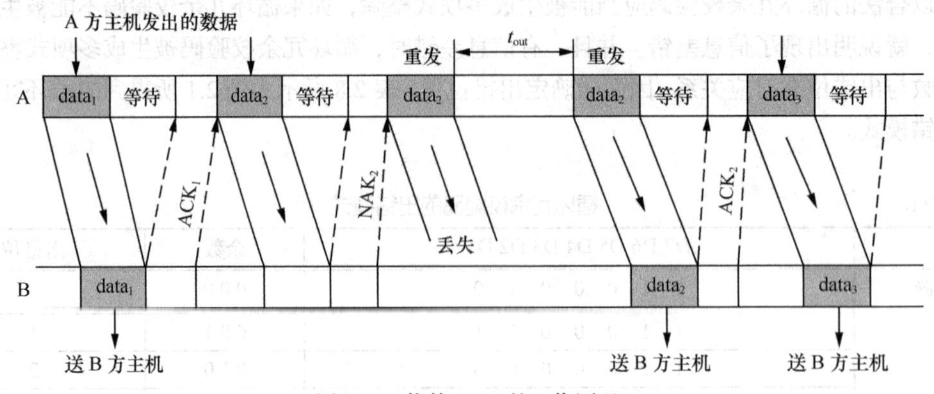

图 2.42　停等 ARQ 的工作原理

这里还有两个问题要解决。

（1）当 A 发出的数据帧丢失，B 收不到时不会发任何应答帧。这时 A 一直等待，当等待时间超过一个限度 t_{out} 时，就将数据帧重新发送一次。

（2）B 虽然收到了 A 发来的数据帧，也发出了应答帧（可能是 ACK，也可能是 NAK），A 却没有收到。这种情况下，A 等待超过一定时限时，也要将数据帧重新发送一次。

停等 ARQ 协议简单，但系统效率较低。

2. 连续 ARQ

连续 ARQ 是在发完一个数据帧后，不再等待，而是连续地发送若干个数据帧，具体实现方式有拉回（Back to N）方式和选择重发（Selective Repeat）方式。

拉回 ARQ 的工作原理如图 2.43 所示。在发送方 A 连续地发送数据帧的同时，接收方对接收到的数据帧进行连续的校验，并向 A 方发送应答帧；当 A 接收到一个数据帧对应的应答帧为 NAK 时，就从这个数据帧开始将此后所发送过的数据帧重发一遍。例如，A 方发送了 1～5 号数据帧，其中第 2 号数据帧出错，B 将其后已收到的帧（2～5 号）丢弃，A 收到 NAK_2 后，要进行拉回重发。出现超时时，也要拉回重发，如 3 号帧丢失后，要将已发送的 3～6 号帧拉回重发。

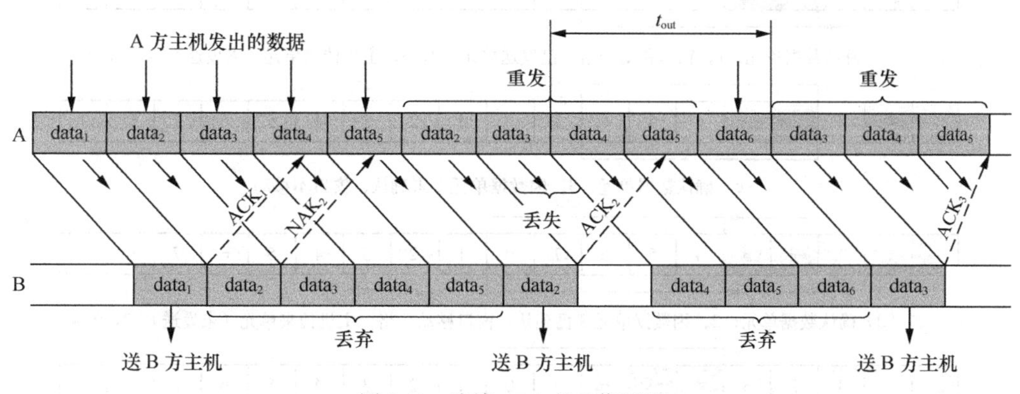

图 2.43　连续 ARQ 的工作原理

选择重发 ARQ 与拉回 ARQ 的不同之处在于它只重发出错的数据帧。

2.3.4　数据传输的流量控制与滑动窗口协议

1. 拥塞与死锁

在公路上，车流量超过一定限度，大家的速度就不得不减慢；再超过一定的限度，就会出现谁也走不动的现象。计算机网络也是如此，无论是计算机装置还是通信设备，对数据的处理能力总是有限的。当网上传输的数据量增加到一定程度时，网络的吞吐量下降，这种现象称为“拥塞”（Congestion）。传输数据量急剧增加时，丢弃的数据帧不断增加，从而引起更多的重发；重发数据所占用的缓冲区得不到释放，又引起更多的数据帧丢失。这种连锁反应将很快波及全网，使通信无法进行，网络处于“死锁”（Deadlock）状态，陷入瘫痪。

2. 滑动窗口协议

目前，典型的流量控制技术是采用滑动窗口协议。滑动窗口协议是从发送和接收两方的能力来限制用户资源需求，并通过接收方能力控制发送方的发送数量。其基本思想：某一时刻，发送方只能发送编号在规定范围内，即落在发送窗口内的几个数据单元，接收方也只能接收编号在规定范围内，即落在接收窗口内的几个数据单元。采用该协议不仅可以用于流量控制，还兼有差错控制的功能。因此，使用滑动窗口协议，要涉及两个方面的问题。

- 数据单元的编号问题（这与数据单元中用于编号的位数有关），用于差错控制。

● 窗口的大小，即缓冲区大小问题。

下面用 3bit（位）进行数据单元的编码并且使发送窗口的大小为 5、接收窗口的大小为 4，来说明滑动窗口协议的工作原理。

1）发送器窗口的工作原理

发送器窗口的大小（宽度）规定了发送方在未接到应答的情况下允许发送的数据单元数。也就是说，窗口中能容纳的逻辑数据单元数就是该窗口的大小。

图 2.44 所示说明了发送窗口移动的规则，其窗口大小为 5。

0 1 2 3 4 5 6 7 0 1 2 3 4 5 6 7 0 1
（a）经校验向主机传送单元：0；已接收单元：1、2；还可以接收单元：3、4
（b）经校验向主机传送单元：1（窗口移动 1 格）；接收新单元：3；还可以接收单元：4、5
（a）确认数据单元：0；已发送单元：1、2；未发送单元：3、4、5
（b）确认数据单元：1，窗口移动一格；已发送单元：2，3；主机传来单元（未发送）：4、5、6
（c）确认数据单元：3，因数据单元 2 未确认，窗口不移动
（d）确认数据单元：2，因数据单元 3 已确认，窗口移动 2 格；主机传来单元（未发送）：7、0
（e）发送数据单元：4、5、6，但 6 被先确认
（f）数据单元 4 超时，4、5、6 重发

图 2.44　发送器窗口的工作原理

2）接收器窗口的工作原理

图 2.45 所示说明了接收窗口的移动规则，其窗口大小为 4。

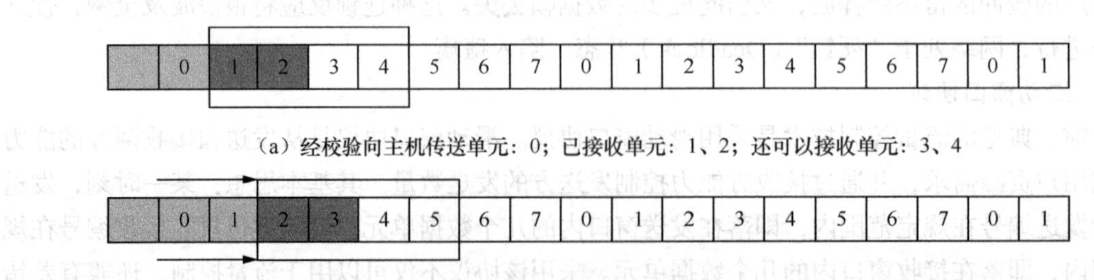

图 2.45　接收器窗口的工作原理

前面介绍了用滑动窗口进行流量控制的基本原理，具体实现时还有如下一些问题要处理。

- 窗口宽度的控制是预先固定，还是可适当调整。
- 窗口位置的移动控制是整体移动，还是顺次移动。
- 接收方的窗口宽度与发送方相同还是不同。

滑动窗口协议不仅可以进行流量控制，也同时可以进行差错控制。

2.4　计算机网络通信控制设备

通信过程是在结点上进行控制的。图 2.46 给出了计算机网络中不同结点上的控制设备及其所在的逻辑层次。

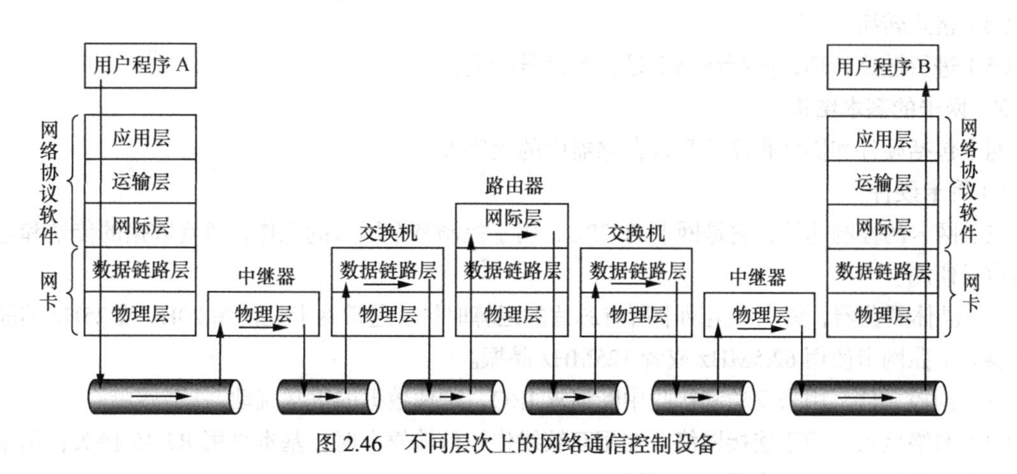

图 2.46　不同层次上的网络通信控制设备

2.4.1　网络适配器

1. 网络适配器及其功能

网络适配器（Network Adapter）又称通信适配器或网络接口卡（Network Interface Card，NIC），简称网卡，在局域网中是连接计算机与传输介质的接口联网的设备。主要功能如下。

（1）它工作在数据链路层和物理层，发送时，将上一层的分组加上首部和尾部，成为数据链路层中的帧，通过物理层发送到介质上；接收时，当有比特流传到这个网卡时，它按照字节接收，并按照数据链路层协议规定的长度送到数据链路层，对帧头中的 MAC 地址进行分析，若不是送给本机的数据，就丢弃；若是送给本机的数据，就按照帧头和帧未的其他信息分析传输的数据有无错误。若无错，就将帧中的首部和尾部剥离，交上一层。

（2）它有一个全球唯一的编码，用于作为计算机的物理地址——MAC 地址，为二层寻址提供依据。MAC 地址被烧录于网卡的 ROM 中，就像是每个人的遗传基因密码一样，即使在全世界范围也绝对不会重复。MAC 地址用于在网络中标识计算机的身份，实现网络中不同计算机之间的通信和信息交换。MAC 地址是一个 48 位的二进制数，如图 2.47 中所示的 00-50-BA-CE-07-0C（十六进制码），前面 3 个字节（00-50-BA）是厂商代码编号，后面 3 个字节（CE-07-0C）为厂商为它所生产产品的序列编号。

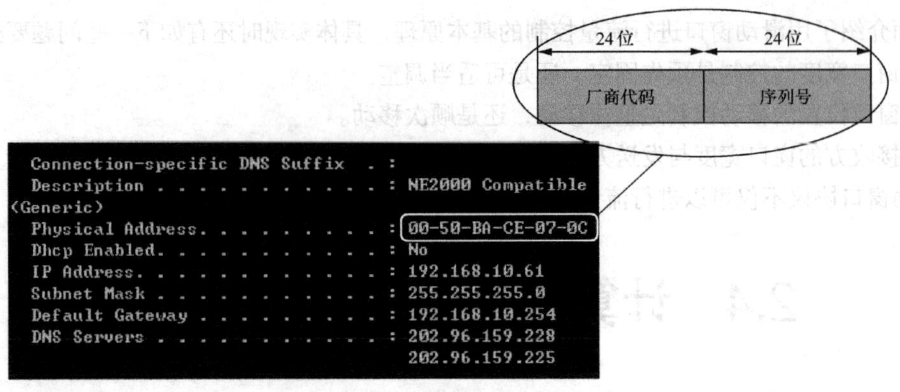

图2.47 MAC地址

（3）数据缓冲。

（4）格式转换。

（5）进行链路管理，监听链路上是否有信号冲突。

2. 网卡的基本结构

网卡包括硬件和固件程序（只读存储器中的程序）。

1）网卡硬件

（1）网卡的控制芯片，它是网卡的CPU，用于控制整个网卡的工作，负责数据的传送和连接时的信号侦测。

（2）晶体震荡器，负责产生网卡所有芯片的运算时钟。通常网卡是使用20Hz或25Hz的晶体震荡器。千兆网卡使用62.5MHz或者125MHz晶振。

（3）调控元件，用来发送和接收中断请求IRQ，指挥数据的正常流动。

（4）网络接头，用于连接网络。在用双绞线作为传输媒介时，基本采用RJ-45接头；用细同轴电缆作为传输媒介时，采用BNC接头。

（5）信号指示灯。通常有两个信号：TX代表正在送出数据，RX代表正在接收数据。通过不同的灯光变换来表示网络是否导通。

2）固件程序

固件程序可实现逻辑链路控制和媒体访问控制的功能，同时还记录MAC地址。

3）其他

（1）缓存和收发器（Transceiver）。

（2）BOOT ROM，即启动芯片等。

注意

仅安装了网卡，还不能使用，必须安装相应的网卡驱动程序（Device Driver）。网卡驱动程序是操作系统中的一个模块，它包含了网卡的有关信息。操作系统根据这些信息才能给网卡配置所需要的资源。网卡驱动程序通常由网卡厂商开发，可以在网卡厂商的官方网站下载，有些操作系统也已经包含了许多标准网卡驱动程序。

实训3 安装网卡

一、实训内容

本实验进行以太网网卡安装训练。

二、材料和工具准备

（1）一块合适的以太网网卡。

（2）一把合适的螺丝刀。

三、实训参考步骤

1. 安装网卡硬件

（1）在计算机处于关闭状态下，拔下电源插头。

（2）打开机箱，为网卡寻找合适的插槽（如果是 PCI 网卡则选择 PCI 插口）。

（3）用螺丝刀卸下下插槽后面挡板上的防尘片，露出条形窗口。

（4）将网卡垂直插入插槽，使有接头的一侧面向机箱后侧。

（5）将网卡的金属接头挡板用螺丝固定在条形窗口顶部的螺丝孔上。

（6）盖上机箱，拧好固定螺丝，硬件安装完成。

对于 USB 网卡和 PCMCIA 网卡（笔记本专用），不需要拆卸机箱。

2. 安装网卡驱动程序

计算机每安装一种硬件，都需要相应的驱动程序才能正常使用。Windows 2000 以上的操作系统已经集成了多种驱动程序。如果系统没有携带某种硬件的驱动程序，启动安装好网卡硬件的机器，Windows 会自动检测新增硬件，并启动添加新硬件向导，引导用户安装驱动程序。

打开计算机，操作系统会检测到网卡并提示用户插入驱动程序盘。插入随网卡销售的驱动程序盘，然后按照“向导”的引导单击“下一步”按钮，直至找到驱动程序，单击“完成”按钮。

四、附加实训

在笔记本上安装 PCMCIA 网卡，并安装网卡驱动程序。

五、分析与讨论

（1）如何挑选网卡？

（2）为什么安装了网卡硬件后还要安装网卡驱动程序？

2.4.2 中继器与集线器

中继器（Repeater，RP）和集线器（Hub），它们都是 OSI/RM 中物理层的连接设备，工作都与地址无关，但具体功能上略有不同。

1. 中继器

中继器是最简单的网络互连设备。所以使用中继器，是因为传输线路上总会存在损耗，这些损耗会引起线路上传输的信号功率衰减，引起信号的失真，并且这些衰减会随着线路的长度增加而增加，使失真越来越严重；当衰减到一定程度时接收产生错误。因此，当有比特流传送到中继器时，中继器只对所传送来的信号波形还原、再生，对衰减信号进行放大，然后转发到其他的端口，并不对比特流的内容进行分析，目的仅仅是扩展网段的长度，扩大网络的覆盖范围。

使用中继器后，当某一网段出现故障时，不会影响其他网段，提高了网路的可靠性。并且，还允许不同网段使用不同的通信带宽，在一定程度上提高了网络的灵活性。但是，由于中继器将收到被衰减的信号再生（恢复）到发送时的状态，并转发出去，增加了延时。这样，当网络上的负荷很重时，可能会因中继器中缓冲区的存储空间不够而发生溢出，以致产生帧丢失的现象。此外，若中继器出现故障，对相邻两个子网的工作都将产生影响。

2. 集线器

Hub 是一个多端口的转发器，它虽然也具有中继器的信号整形、再生、放大功能，但主要目的不是用来扩展网段长度，而是用来连接多个设备或网段。其特点是，当连接了多台设备或网段后，该集线器就被这些设备或网段共享。这样的一种连接，会带来如下结果。

（1）某一设备或网段发生故障，不会影响其他端口所连接的设备和网段。

（2）设备的接入或退出比较灵活、方便。

（3）集线器会把收到的来自某一端口或上层的任何信号，经过再生或放大后，将广播转发给其他所有端口，形成了一种广播发送。这种广播信号，往往会被窃听。

（4）所有端口共享上行带宽方式，使每个端口的带宽降低，例如，若两个设备共享 10Mbit/s 的集线器，每个设备就只有 5Mbit/s 的带宽；若连接了 10 个设备，每个设备就只有 1Mbit/s 的带宽了。这更增加了网络塞车风险，降低了网络执行效率。

（5）共享式网络处于一种无管理疏导的无序工作状态，每个客户端都会尽可能地抢占通信通道，所以当几个客户端一起抢占通道时就形成网络堵塞的局面，当数据和用户数量超出一定的限量时，就会造成网络性能的严重衰退。所以连接的端口数目越多，就越容易造成冲突。依据实训经验，一个 10Mbit/s 集线器所管理的计算机数不宜超过 15 个，100Mbit/s 的不宜超过 25 个。

（6）集线器在同一时刻每一个端口只能进行一个方向的数据通信，无法进行双工传输，最多只能进行半双工通信，网络执行效率低，不能满足较大型网络通信需求。

由于以上原因，随着交换机的价格降低，集线器的使用越来越少。

实训 4　用 Hub 组建对等网

一、实训内容

用 Hub 组建 10/100Mbit/s 网络。

二、实训准备

（1）已经安装有 10/100Mbit/s 网卡的计算机 3 台以上。

（2）与计算机数量相同的直通网线。

（3）一台有 8 个以上端口的 Hub。

三、预备知识

对等网也称工作组，是一种比较小而简单的网络。在对等网中，各台计算机有相同的地位，无主次之分，既可以向别的计算机提供信息服务，也可以得到其他计算机提供的信息服务。与对等网对应的网络是工作站—服务器网络。按照工作站—服务器的概念，对等网中的每一台计算机既充当工作站的角色，又充当服务器的角色。

四、实训参考步骤

（1）检测网线是否正确。

（2）检测 Hub 是否能正常工作。

（3）关闭计算机的电源，用 Hub 将计算机连接成一个小型以太网。

（4）启动计算机，打开“网上邻居”，用下面的一种方法查看本组计算机的连接情况。

- 双击“邻近的计算机”图标；

- 双击“整个网络”图标。

五、附加实训

为自己或他人组建一个对等式局域网。

六、分析与讨论

（1）为什么连接网络之前要先关闭计算机的电源？

（2）记录组网过程中出现的不正常现象，并分析出现的原因。

2.4.3　交换机

现代通信网络按照有无交换功能可以分为两大类：交换网与传输网。传输网没有交换功能，仅仅用于数据传输。例如，DDN（数字数据网）就没有交换功能，一般用于向用户提供专线传输服务。在交换网中，数据交换是由交换机实现的，图 2.48 所示为一个交换机的示例。

图 2.48　交换机

广义的交换机是完成数据交换的设备。有工作在 OSI 第 2 层的交换机，也有工作在 OSI 第 3 层的交换机。这里介绍的交换机是工作在第 2 层，即数据链路层的交换设备，所交换的对象是帧，其工作就是转发帧。

1. 交换机的功能

交换机是交换网的交通枢纽，其作用是接收数据，然后有选择地将数据转发出去，实现交换网中的数据流控制。进一步说，它的功能包括以下几个方面。

（1）“有目的地”地转发数据。当有比特流送到交换机端口时，交换机就先将其接收并保存在缓冲区内，并由数据链路层对帧头进行分析，按照帧头中的目的地址将该帧装发到可以到达目的地址的端口。

（2）分隔冲突域。所有共享同一传输介质的站点属于同一冲突域。对于交换机来说，同一端口连接的站点属于同一冲突域，不同端口连接的站点属于不同的冲突域。与集线器相比，交换机可以分隔冲突域，减少冲突。在每个端口只有一个站点的极限情况下，就可以完全避免冲突。

（3）流量控制。给不同的端口分配带宽，延缓数据的传输。例如，可以给某些端口分配带宽为 100Mbit/s，同时给另一些端口分配带宽为 10Mbit/s，而不是像集线器那样共享平均分配带宽。这使交换机能够提供更佳的通信性能。

（4）可以提供全双工通信，与半双工通信相比，可以把带宽提高一倍。

（5）其他功能。包括以下功能。

- 物理编址：定义数据帧的物理地址。
- 网络拓扑结构设定：定义设备物理连接所形成的网络拓扑结构。
- 差错验证：错误发生时发出告警。
- 数据帧整序。

2. 交换机的交换原理

交换机有两个关键部件：地址表和交换机构。地址表中记录的是有关接点的地址和交换机端口的对应关系。当交换机的输入端口接收到一个帧时，先行存储起来，然后分析该分组的目的地址，再按照这个地址从地址表中找到对应的端口，将这个帧送到这个端口的发送队列中进行发送。

交换机是交换结点上的设备，它工作在 OSI/RM 的数据链路层，最主要的作用是接收数据，然后有选择地将数据转发到另一条链路上去。如图 2.49 所示，交换机所以可以有选择地进行数据转发，是因为它维护着一张端口地址表。端口地址表是交换机上电后自动建立的，它记录了端口及其下接主机的 MAC 地址——网卡编号。

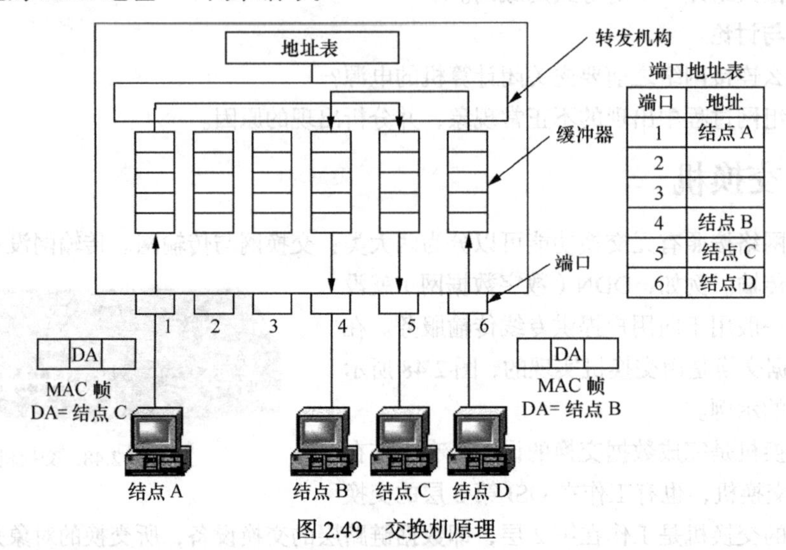

端口	地址
1	结点 A
2	
3	
4	结点 B
5	结点 C
6	结点 D

图 2.49 交换机原理

3. 交换机的分类

（1）按交换机所支持的速率和技术类型，交换机可分为以太网交换机、吉比特以太网交换机、ATM 交换机、FDDI 交换机等。

（2）按交换机的应用场合，交换机可分为工作组级交换机、部门级交换机和企业级交换机 3 种类型。

- 工作组级交换机：这是最常用的一种交换机，主要用于小型局域网的组建，如办公室局域网、小型机房、家庭局域网等。这类交换机的端口一般为 10/100Mbit/s 自适应端口。
- 部门级交换机：常用来作为扩充设备，当工作组级交换机不能满足要求时，可考虑使用部门级交换机。这类交换机只有较少的端口，但支持更多的 MAC 地址。端口的传输率一般为 100Mbit/s。
- 企业级交换机：用于大型网络，且一般作为网络的骨干交换机。企业级交换机一般具有高速交换能力，并且能实现一些特殊功能。

（3）按照带宽分类。目前，以太网的物理层协议主要对应于 10 Mbit/s、100 Mbit/s、1 000 Mbit/s 3 种传输速率，所以以太网交换机有以下几种。

- 10M 交换机：只支持 10 Mbit/s 端口。
- 100M 交换机：只支持 100 Mbit/s 端口。
- 10M+100M 交换机：一部分端口支持 10 Mbit/s，一部分端口支持 100 Mbit/s。
- 100M+1000M 交换机：一部分端口支持 100 Mbit/s，一部分端口支持 1000 Mbit/s。
- 10M+100M+1000M 交换机：一部分端口支持 10 Mbit/s，一部分端口支持 100 Mbit/s，一部分端口支持 1 000 Mbit/s。

现在，许多交换机做成了 10 Mbit/s、100 Mbit/s 和 1000Mbit/s 的自适应端口，用户使用起来更方便。

4. 交换机与集线器的区别

在现实应用中，许多人经常把交换机和集线器弄混，不知道它们的区别，这里简单介绍一下。

（1）从 OSI 体系结构来看，集线器属于 OSI 的第 1 层物理层设备，而交换机属于 OSI 的第 2 层数据链路层设备。这就意味着集线器只是对数据的传输起到同步、放大和整形的作用，对数据传输中的短帧、碎片等无法有效处理，不能保证数据传输的完整性和正确性；而交换机不但可以对数据的传输做到同步、放大和整形，而且可以过滤短帧、碎片等。

（2）从工作方式来看，集线器是一种广播模式，也就是说，集线器的某个端口工作的时候，其他所有端口都能收听到信息，容易产生广播风暴。当网络较大时，网络性能会受到很大的影响，那么用什么方法避免这种现象的发生呢？交换机就能够起到这种作用。当交换机工作时，只有发出请求的端口和目的端口之间相互响应而不影响其他端口，那么交换机就能够隔离冲突域和有效地抑制广播风暴的产生。

（3）从带宽来看，集线器不管有多少个端口，所有端口都共享一条带宽，在同一时刻只能有两个端口传送数据，其他端口只能等待；集线器只能工作在半双工模式下。而对于交换机而言，每个端口都有一条独占的带宽，当两个端口工作时并不影响其他端口的工作；交换机既可以工作在半双工模式下，也可以工作在全双工模式下。

实训 5　交换机的基本配置

一、实训目的

掌握交换机安装和配置的基本方法。

二、实训内容

（1）熟悉交换机的接口及其接线方法，弄清各指示灯的基本含义。

（2）熟悉交换机的基本配置命令。

三、器材准备

（1）思科 2950T 交换机一台及随机附带的控制台专用线一根。

（2）装有网卡和 Windows 2000（操作系统）的计算机一台。

（3）装有以太网卡的计算机及双绞线若干。

四、实训参考步骤

1. 了解交换机外部结构和功能

思科 2950T 交换机的前面板部分包括 24 个 10/100Mbit/s 端口、电源指示、连接状态指示灯、10/100Mbit/s 状态指示灯，全/半双工及冲突指使灯。各接口分布如图 2.50 所示。

图 2.50　思科 2950T 交换机前面板

2. 常用配置命令

如图 2.51 所示，将计算机与交换机连接好。

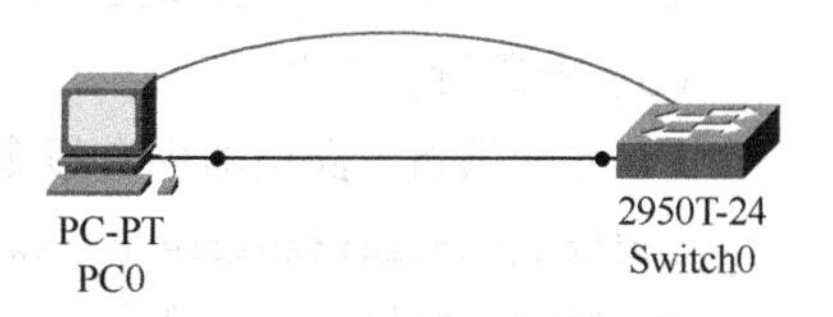

图 2.51　计算机与交换机的连接方式

（1）常见的几种命令模式

switch>（用户命令模式，只能使用一些查看命令）

switch#（特权命令模式）

switch（config）#（全局配置模式）

switch（config-if）#（端口配置命令模式）

各种配置模式的使用如下。

```
Switch>                                  //用户模式
Switch>enable                            //进入特权模式
Switch#disable                           //退回用户模式
Switch#configure terminal                //进入配置模式
Enter configuration commands, one per line.  End with CNTL/Z.
Switch(config)#hostname CoreSW           //更改主机名
CoreSW(config)#interface f0/1            //进入端口模式
CoreSW(config-if)#
```

（2）检查、查看命令

这些命令用于查看当前配置状况，通常以 show（sh）为开始。show version 表示查看 IOS 的版本，show flash 表示查看 flash 内存使用状况，show mac-address-table 表示查看 MAC 地址列表。

```
CoreSW#show version                      //显示 IOS 版本号
CoreSW#show flash                        //查看 flash 内存使用状况
CoreSW#show mac-address-table            //查看 MAC 地址列表
CoreSW#show ?                            //帮助显示所有的查看命令
  arp                   Arp table
  boot                  show boot attributes
  cdp                   CDP information
  clock                 Display the system clock
  dtp                   DTP information
  flash:                Display information about flash: file system
  history               Display the session command history
  hosts                 IP domain-name, lookup style, nameservers, and host table
  interfaces            Interface status and configuration
  ip                    IP information
  mac-address-table     MAC forwarding table
  port-security         Show secure port information
  processes             Active process statistics
  running-config        Current operating configuration
  sessions              Information about Telnet connections
  spanning-tree         Spanning tree topology
  startup-config        Contents of startup configuration
  tcp                   Status of TCP connections
  terminal              Display terminal configuration parameters
  users                 Display information about terminal lines
  version               System hardware and software status
  vlan                  VTP VLAN status
  vtp                   VTP information
CoreSW#show     interface fa0/1 //查看端口状态信息
```

（3）密码设置命令

Cisco 交换机、路由器中有很多密码，设置好这些密码可以有效地提高设备的安全性。

```
switch(config)#enable password         //设置进入特权模式进的密码
switch(config-line) #                  //可以设置通过console端口连接设备及Telnet远程登录时所需要的密码
```

配置路由器的登录密码和远程登录密码：

```
CoreSW#conf t
Enter configuration commands, one per line.  End with CNTL/Z.
CoreSW(config)#enable password able
CoreSW(config)#line console 0
CoreSW(config-line)#password line
CoreSW(config-line)#login
CoreSW(config-line)#line vty 0 4
CoreSW(config-line)#password vty
CoreSW(config-line)#login
CoreSW(config-line)#exit
CoreSW(config)#
```

以上是设置交换机的各种密码。默认情况下，这些密码都以明文的形式存储，所以很容易查看到。

（4）配置 IP 地址及默认网关

```
CoreSW(config)#interface vlan1
CoreSW(config-if)#ip address 192.168.0.253 255.255.255.0
CoreSW(config-if)#exit
CoreSW(config)#ip default-gateway 192.168.0.1
```

（5）管理 MAC 地址表

```
switch#show mac-address-table                  // 显示 MAC 地址列表
switch#clear mac-address-table dynamic         // 清除动态 MAC 地址列表
CoreSW#show mac-address-table                  // 显示 MAC 地址列表
          Mac Address Table
-------------------------------------------

Vlan    Mac Address       Type        Ports
----    -----------       --------    -----
```

设置端口的静态 MAC 地址，将端口 fa0/1 的 MAC 地址设为 001122335588。

```
CoreSW(config)#mac-address-table static 0011.2233.5588 vlan 1 interface fa0/1
CoreSW(config)#exit
%SYS-5-CONFIG_I: Configured from console by console
CoreSW#show mac-address-table
          Mac Address Table
-------------------------------------------

Vlan    Mac Address       Type        Ports
----    -----------       --------    -----

   1    0011.2233.5588    STATIC      Fa0/1
```

每个端口对应一组优先级，选择相应端口的优先级，单击“确定”按钮，完成优先级的设置。

五、附加实验

试修改交换机的主机名和登录密码。

2.4.4 路由器

路由器（Router）是工作在 OSI 模型网络层的设备。图 2.52 所示为一个路由器示例。路由器通过路由决定数据向哪个端口转发，转发策略称为路由选择（Routing）。作为不同网络之间互相连接的枢纽，路由器系统构成了基于 TCP/IP 的 Internet 的主体脉络，也可以说，路由器构成了 Internet 的骨架。路由器的处理速度是网络通信的主要瓶颈之一，它的可靠性则直接影响着网络互连的质量。因此，在园区网、地区网乃至整个 Internet 研究领域中，路由器技术始终处于核心地位，其发展历程和方向成为整个 Internet 研究的一个缩影。

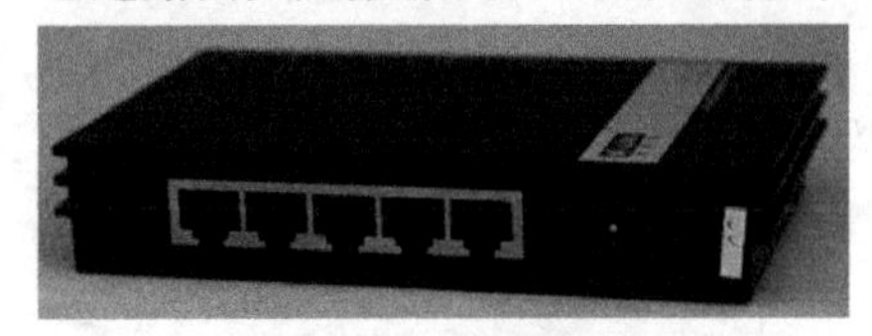

图 2.52 路由器示例

1. 路由器的基本功能

1）路由——选择信息传送的路径

路由就是路径的选择。因此，路由器工作在网络层，处理的对象是 IP 地址，可以根据 IP 数据包中的目标地址，分析要将数据包放在本地网中处理，还是通过其某个端口转发到别的网络中。简单地说，其主要工作就是为经过路由器的每个数据包寻找一条最佳传输路径，将该数据有效地传送到目的站点。所以，选择最佳路径的策略即路由算法是路由器工作的关键。为此，路由器中要保存各种传输路径的相关数据——路径表（Routing），并尽可能选择通畅快捷的捷径，以提高通信速度，减轻网络系统通信负荷，节约网络系统资源，提高网络畅通率，让网络系统发挥出更大效益。

2）连通不同的网络

一方面，路由器位于不同网络的边界处，起异种网络互连与多个子网互连的作用；另一方面，路由器也可以把一个网络连接到 Internet 或其他广域网络。图 2.53 所示为将一个园区网接入到 Internet 的实例。

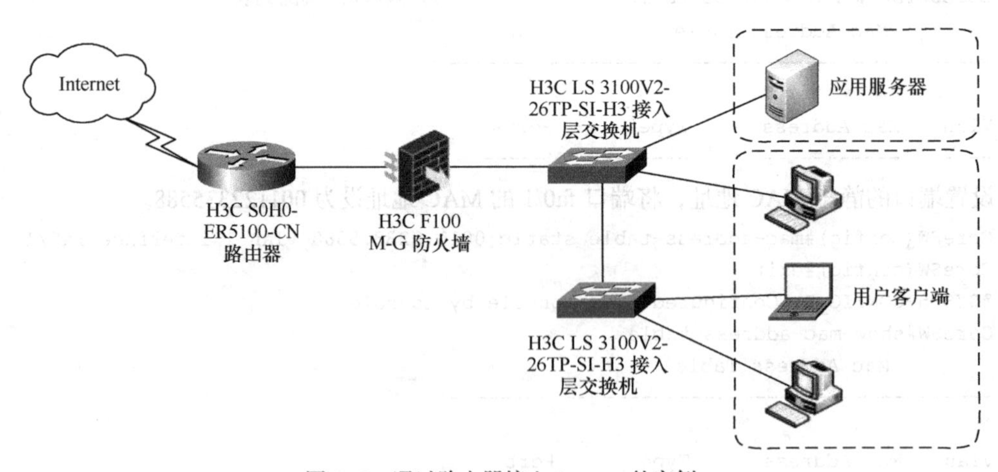

图 2.53 通过路由器接入 Internet 的实例

3）隔离广播、划分子网

在物理网中传播的帧，可以分为 3 种：单播帧、多播帧和广播帧。单播帧属于“点对点”通信；多播帧可以理解为一个人向多个人（但不是在场的所有人）说话，这样能够提高通话的效率；广播帧就是发向网内所有站的帧。目的 MAC 地址是“FF.FF.FF.FF.FF.FF”的帧就是广播帧。

广播帧并非完全人为产生，病毒、网卡损坏、网络环路等，都可能产生广播帧。当大量广播帧同时在网络中传播时，就会发生很多的数据包的碰撞。而网络为了缓解由于这些碰撞造成的发送失败，就要重传更多的数据包，导致更大量的广播流，从而使网络可用带宽减少，并最终使网络失去连接而瘫痪。这一现象称为广播风暴。

但是对于广播帧，交换机执行的操作是将之转发到所有端口。所以交换机可以分隔冲突域，减少碰撞，但不能避免或减少广播流。

抑制广播风暴的基本方法是隔离广播域。显而易见的解决方法是限制以太网上的结点，这就需要对网络进行物理分段。路由器能将不同的用户划分到各自的广播域中，或者说，将网络进行物理分段的传统方法是使用路由器。图 2.54 所示为使用路由器将一个网络划分为几个子网的实例。

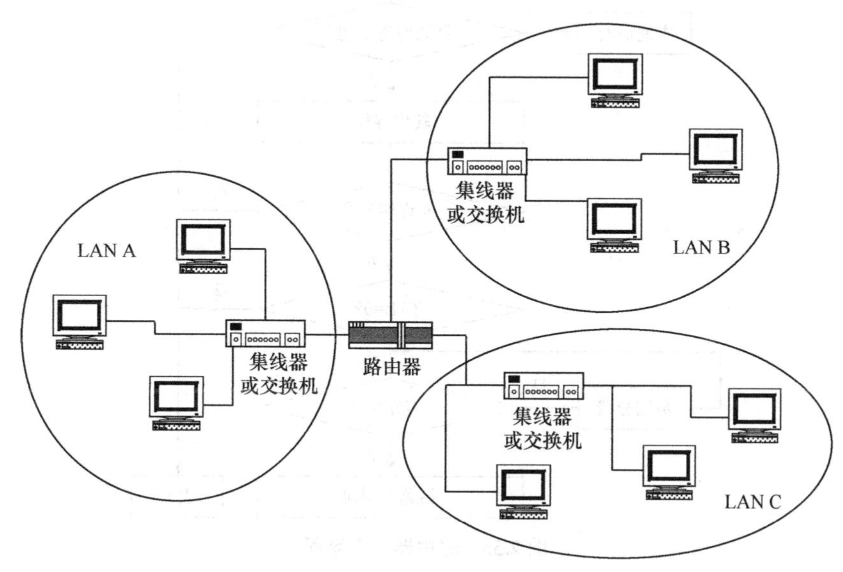

图 2.54　用路由器划分子网

2. **路由器及其工作过程**

路由器是按照 IP 地址进行数据转发的设备。这个 IP 地址是根据路由算法计算得到的，可能是一台主机的 IP 地址，也可能是下一台路由器的 IP 地址。

简单地说，路由器的主要工作有以下两个。

（1）路径判断，使用一定的路由算法选择合适路径。

（2）转发。

发送数据时，源主机知道目的主机地址和相邻路由器的地址，并在 IP 分组中用物理地址表指向路由器的地址，用协议地址指明目标主机的地址，接着按物理地址将 IP 分组发往第一个路由器。路由器收到 IP 分组后，按照路由表将物理地址修改为下一个结点的地址，直到将 IP 分组传送到目的主机。图 2.55 所示为路由器的工作流程。

3. **路由器的构成**

路由器是一种具有多输入端口和多输出端口的计算机系统。如图 2.56 所示，路由器的接口主要有串口、以太口、Console 口等。串口连接广域网；以太口连接局域网；而 Console 口用于连接计算机或终端，配置路由器（路由器在使用前必须进行相应的配置，才能正常工作。通常可以将一台计算机连接到路由器的 Console 口上，通过计算机对路由器进行相应的配置）。

路由器由交换开关、路由处理器和路由表组成。

1）交换开关

交换开关可以用多种不同的技术实现。迄今为止使用最多的交换开关技术是总线、交叉开关和共享存储器。

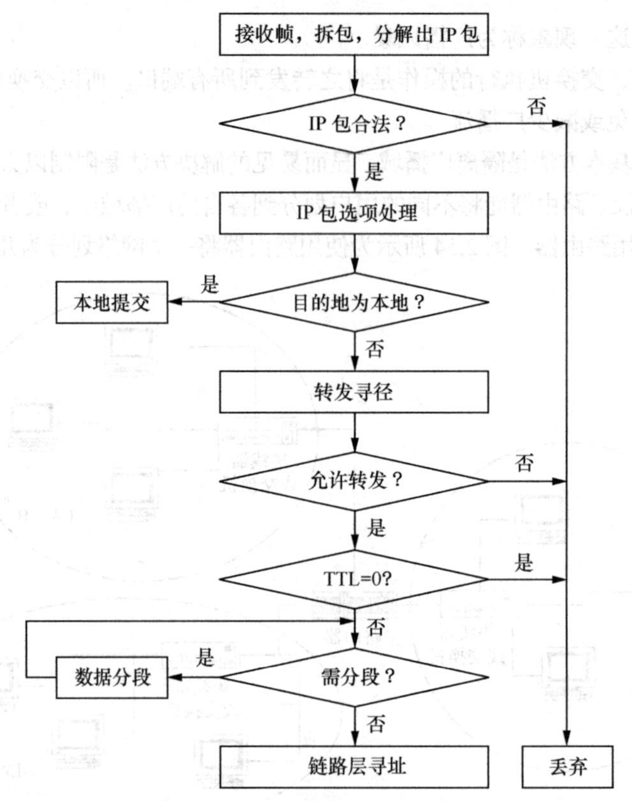

图 2.55　路由器工作流程

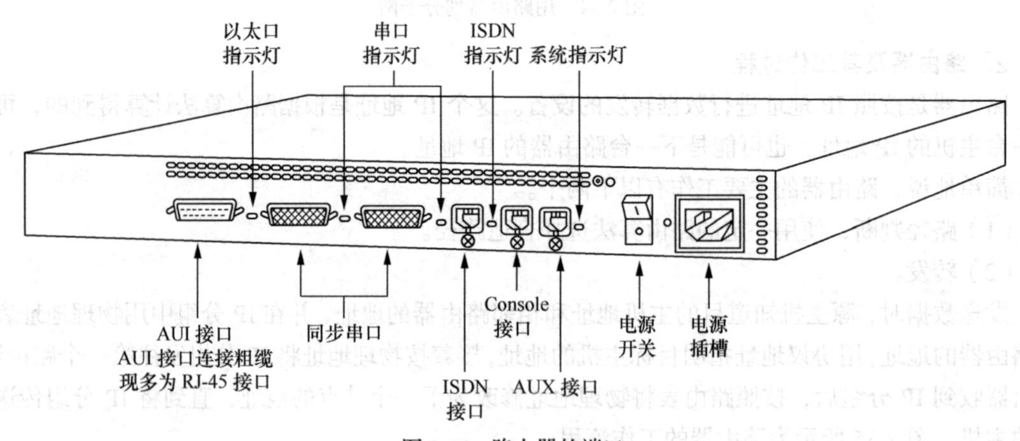

图 2.56　路由器的端口

2）路由处理器

无论在中低端路由器还是在高端路由器中，CPU 都是路由器的“心脏”。通常在中低端路由器中，CPU 的能力直接影响路由器的吞吐量（路由表查找时间）和路由计算能力（影响网络路由收敛时间）。在高端路由器中，包转发和查表通常由 ASIC 芯片完成，CPU 只实现路由协议、计算路由及分发路由表的功能。由于技术的发展，路由器中许多工作都可以由硬件实现（专用芯片），所以 CPU 性能并不完全反映路由器性能。路由器性能由路由器吞吐量、时延、路由计算能力等指标体现。

路由处理器是通过计算和交换路由信息、查找路由表及转发数据包实现路由协议，并运行对路由器进行配置和管理的软件。

3）路由表

路由器的主要工作就是为经过路由器的每个数据帧寻找一条最佳传输路径，并将该数据帧有效地传送到目的站点。为此，每个路由器中都要维护一个路由表（Routing Table），供路由选择时使用。

路由表中保存着子网的标志信息、网上路由器的个数、下一个路由器的名字等内容。以目的地址作为关键字，就可以从路由表中查出下一站路由器的地址及它所在的接口。因此，路由表就成为路由器的中枢，它决定了每个数据包的转发方向。

因为网络中每一个结点的工作都置于网络上其他结点形成的环境中，并且网络上各个结点、各条路径的工作状态往往是随机的，所以路由选择是一个极为复杂的问题。此外，当网络处于拥塞状态时，路由选择应当有利于缓解拥塞。

路由表可以是由系统管理员固定设置好的，也可以由系统动态修改，可以由路由器自动调整，也可以由主机控制。于是，将路由表分为静态路由表和动态路由表两大类。

（1）静态路由表是由系统管理员事先设置好的固定的路由表，也称为静态（Static）路径表，一般是在系统安装时就根据网络的配置情况预先设定的，它不会随未来网络结构的改变而改变。

（2）动态（Dynamic）路由表是路由器根据网络系统的运行情况而自动调整的路径表。路由器根据路由选择协议（Routing Protocol）提供的功能、自动学习和记忆网络运行情况，在需要时自动计算数据传输的最佳路径。

4. 路由器的主要类型

（1）按照路由器在自治域中的位置可分为以下两种。

- 内部路由器——在自治域内部转发数据包。
- 边界路由器——在不同自治域之间转发数据包。

（2）按所支持的协议可分为以下两种。

- 单协议路由器——仅支持单一协议。
- 多协议路由器——可以支持多种协议传送。

（3）按所连接的范围，路由器分为以下 3 种。

- 接入路由器——连接家庭或 ISP 内的小型企业客户，接入路由器不仅要提供 SLIP 或 PPP 连接，还支持诸如 PPTP 和 IPSec 等虚拟私有网络协议。
- 企业或校园级路由器——主要目标是以尽量便宜的方法实现尽可能多的端点互连，并且还要求支持不同的服务质量。
- 骨干级路由器实现企业级网络的互连，对它的要求是速度和可靠性，而代价则处于次要地位。

习 题 2

一、选择题

1. 下列传输介质中，抗干扰能力最强的是（　　）。

A. 双绞线　　B. 超五类双绞线　C. 电磁波　　D. 光缆

2. 下列选项中，不属于有线传输介质的是（　　）。

A. 红外线　　B. 双绞线　　C. 同轴电缆　　D. 光纤

3. 在常用的网络传输介质中，（　）具有更好的技术性能。

A. 双绞线　　B. 同轴电缆　　C. 光纤　　D. 无线信道

4. 通信系统必须具备的3个基本要素是（　　）。

A. 终端、电缆、计算机　　B. 信号发生器、通信线路、信号接收设备

C. 信源、通信信道、信宿　　D. 终端、通信设施、接收设备

5. 采用全双工通信方式，数据传输（　　）。

A. 可以在两个方向上同时传输　　B. 只能在一个方向上传输

C. 可以在两个方向上传输，但不能同时传输　　D. 以上均不对

6. 同步和异步两种通信方式，传送效率（　　）。

A. 同步方式更高　　B. 异步方式更高

C. 两种方式相同　　D. 无法比较

7. 调制解调器的种类很多，最常用的调制解调器是（　　）。

A. 基带　　B. 宽带　　C. 高频　　D. 音频

8. 调制解调器的主要功能是（　　）。

A. 模拟信号的放大　　B. 数字信号的整形

C. 模拟信号与数字信号的转换　　D. 数字信号的编码

9. 调制解调器中的调制器的作用是（　　）。

A. 将不归零信号转换为归零信号　　B. 将数字数据转换为模拟信号

C. 将模拟信号转换为数字数据　　D. 将模拟数据转换成数字信号

10. 发送端将数字信号变换为模拟信号的过程叫作（　　）。

A. 编码　　B. 解码　　C. 调制　　D. 解调

11. 将一条物理信道按时间分成若干个时间片轮换地给多个信号使用，每一个时间片由其中一个信号占用，可以在一条物理信道上传输多个数字信号，这是（　）复用。

A. 频分多路　　B. 时分多路　　C. 波分多路　　D. 空分多路

12. 下列差错校验方法中，（　　）的检错能力最强。

A. 奇校验　　B. 偶校验　　C. 方阵校验　　D. 循环冗余校验

13. 下列不属于通信设备的是（　　）。

A. 路由器　　B. 交换机　　C. 麦克风　　D. 集线器

14. 下列设备中，不属于网络连接设备的是（　　）。

A. 路由器　　B. 交换机　　C. 视频卡　　D. 集线器

15. 现在常用的网络操作系统是（　　）。

A. Windows 2000和UNIX　　B. Windows 2000和Web

C. Windows 2000和IE 8　　D. Windows 2000和IP

16. 下列选项中，不属于网络操作系统的是（　　）。

A. Windows 2003　　B. Linux　　C. UNIX　　D. Windows 98

二、填空题

1. 在信道上传输的信号分为两大类：＿＿＿＿＿＿和＿＿＿＿＿＿。

2. 允许信号同时在两个方向上流动的数据传输方式叫作________。
3. 常用的多路复用技术为________、________、________和波分多路复用。
4. 在反馈重发差错控制机制中，连续工作方式又分为________和________。
5. 将模拟信号转换成数字信号的具体步骤有________、________和量化。
6. 数字信号转换成模拟信号的方法有________、________和________。
7. 集线器的主要作用是____。
8. 填写下表，完成跳接线线序标准。

	1	2	3	4	5	6	7	8
一端线序	白橙	橙	白绿	蓝	白蓝	绿	白棕	棕
另一端线序								

三、简答题

1. 试简述蓝牙技术的特点。
2. 什么是信道？按不同分法，信道可以分成哪些类？
3. 数据、信息、信号有什么不同？
4. 什么是串行通信？什么是并行通信？它们各有什么特点？
5. 请举例说明单工、半双工和双工通信。
6. 什么是同步传输和异步传输？
7. 多路复用有哪些形式？各有什么特点？
8. 什么是数据交换？
9. 为什么要进行差错控制？有哪些原因会造成传输出错？
10. 请简述 CRC 校验原理。
11. 网络适配器的作用是什么？

第3章 TCP/IP与网络互连

TCP/IP协议栈可以分为应用层、运输层、网际层和网络接口层4层。这一章从应用的角度，分为TCP/UDP、IP、ICMP、路由协议和网络接口5部分介绍。关于应用层协议放在第4章介绍。

3.1 TCP/UDP

3.1.1 协议端口

传输层是网络中非常关键的一层。传输层的下面是网络级通信，传输层上面是主机级通信，即进程级通信。由于每个进程都与一个相应的应用协议相联系，因此，在TCP/UDP协议簇中使用2B的协议端口号（通常也简称端口号）来标识一台机器上的多个进程。端口可以分为以下3大类。

1. 公认端口

公认端口（Well Known Ports）也称为统一分配（Universal Assignment）端口、众所周知端口、公认端口、保留端口，是由中央管理机构分配——用静态分配方式的端口号。这些端口号是固定的、全局性的，所有采用TCP/IP协议的标准服务器都必须遵从。TCP与UDP的标准端口号是各自独立编号的，范围在0~1023。

2. 注册端口

注册端口（Registered Ports）号在1024~49151。它们被松散地绑定一些服务，可用于许多目的。

3. 动态和/或私有端口

动态和/或私有端口（Dynamic And/or Private Ports）号在49152~65535，主要用于一些个别或特殊情况。

表3.1列出了一些当前分配的TCP和UDP的端口号。

表3.1　一些当前分配的TCP和UDP的协议端口号

端口号	关键字	UNIX关键字	说明	UDP	TCP
7	ECHO	echo	回显		Y
13	DAYTIME	daytime		Y	Y
19	CHARACTER GENERATOR	Character generator		Y	Y
20	FTP_DATA	ftp_data	文件传输协议（数据）		Y
21	FTP_CONTRAL	ftp	文件传输协议（命令）		Y
22	SSH	ssh	安全命令解释程序		Y

续表

端口号	关键字	UNIX 关键字	说明	UDP	TCP
23	TELNET	telnet	远程连接		Y
25	SMTP	smtp	简单邮件传输协议		Y
37	TIME	time	时间	Y	Y
42	NAMESERVER	name	主机名服务器	Y	Y
43	NICNAME	whois	找人	Y	Y
53	DOMAIN	nameserver	DNS（域名服务器）	Y	Y
69	TFTP	tftp	简单文件传输协议	Y	
70	GOPHER	gopher	Gopher		Y
79	FINGER	finger	Finger		Y
80	WWW	www	WWW 服务器		Y
101	HOSTNAME	hostname	NIC 主机名服务器		Y
103	X400	x400	X.400 邮件服务		Y
104	X400_SND	x400_snd	X.400 邮件发送		Y
110	POP3	pop3	邮局协议版本 3		Y
111	RPC	rpc	远程过程调用	Y	Y
119	NNTP	nntp	USENET 新闻传输协议	Y	Y
123	NTP	ntp	网络时间协议	Y	Y
161	SNMP	snmp	简单网络管理协议	Y	
179	BGP		边界网关协议		Y
520	RIP		路由信息协议	Y	

3.1.2　TCP 的特征

TCP 是传输层的一个主要协议，图 3.1 所示说明了 TCP 与 IP 的关系。图中，两台主机通过两个网络和一个路由器进行通信。从 TCP 来看，只是两台主机间的一种连接，两台主机间的数据传输是通过调用 IP 来完成的。TCP 除了提供多个端口保证多进程通信外，主要提供端到端的面向连接的可靠的流服务。

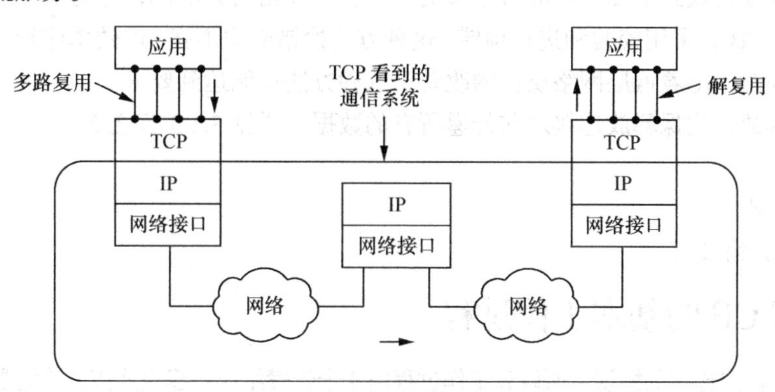

图 3.1　TCP 与 IP 的关系示例

从应用程序的角度看，TCP 提供的服务有如下特征。

1. 端对端的通信

TCP 是在网络层提供的服务基础上，提供一个直接从一台计算机上的应用到另一台远程计算机上的应用的连接。由于每一个 TCP 连接有两个端点，所以是一种端对端的协议。

2. 虚电路连接

TCP 提供面向连接的服务，其传输过程由 3 个步骤组成：建立连接、传输数据和释放连接。即一个应用程序必须首先请求一个到目的地的连接，然后才能使用该连接传输数据。由于该连接是通过软件实现的，所以是虚连接（Virtual Connection）。

3. 全双工通信

一个 TCP 连接允许任何一个应用程序在任何时刻发送数据，使数据在该 TCP 的任何一个方向上流动，并可以在传输数据包时搭载应答信息。

4. 面向数据流的传输

当两个应用程序（用户进程）传输大量数据时，是以 8 位一组的数据流形式进行的。这种数据流是无结构的，既不提供记录式的表示法，也不确保数据传递到接收端应用进程时保持与发送端有同样的尺寸。因此，使用数据流的应用程序必须在开始连接之前就了解数据流的内容并对格式进行协商。

5. 有缓冲的传输

当建立一个 TCP 连接时，连接的每一端分配一个缓冲区来保存输入的数据。通常把缓冲区中的空闲部分称为窗口。TCP 采用可变滑动窗口协议，并且当交付的数据不够填满一个缓冲区时，流服务提供“推（Push）”机制，应用程序可以用其进行强迫传送。

6. 可靠传输

完全可靠性包括以下内容。

（1）可靠连接的建立：当两个应用创建一个新连接时，两端必须遵从该新连接，旧的连接不影响新的连接。详见 3.1.3 节之 1。

（2）确认和超时重传机制：TCP 在发送一段报文时，要同时在自己一侧存放该报文的一个副本。若收到确认，则删除该副本；若在超时之前没有收到确认，则重传该报文段。

（3）字节编号：TCP 是面向字节的，它将所要传送的报文看成字节流。为了便于对字节的确认，需要为每个字节编号（在数据链路层中是为帧进行编号）。另外，字节序号并不是从 0 或 1 开始的。初始的序号是通信开始时双方商定的。为了便于确认，TCP 接收方送向发送方的确认是接收到的最后一个序号+1——期待接收的数据的编号，表示前面的字节都已经正确收到。例如，接收端已经正确地接收到了 201~300 号字节的数据，则发给对方的确认号为 301。

（4）校验和。TCP 采用校验和进行检错。这种方法检错能力不强，但效率比较高，符合 TCP/IP 的设计原则。同时，随着低层网络质量的改善，这种方法也能达到要求。

（5）从容释放：确保释放连接之前传递所有的数据。详见 3.1.3 节之 2。

7. 其他

- 流量控制。
- 滑动窗口协议等。

3.1.3 TCP 的基本工作过程

TCP 是一种面向连接的协议，所以其工作过程由 3 个步骤组成：建立连接、传输数据和释放连接。

1. 建立 TCP 连接

TCP 的建立应当是可靠的。TCP 建立可靠连接的方法是采用三次握手（Three-way Handshaking）方法。握手也称联络，是在两个或多个网络设备之间通过交换报文序列以保证传输同步的过程。图 3.2 所示为用三次握手方式建立 TCP 连接的过程。

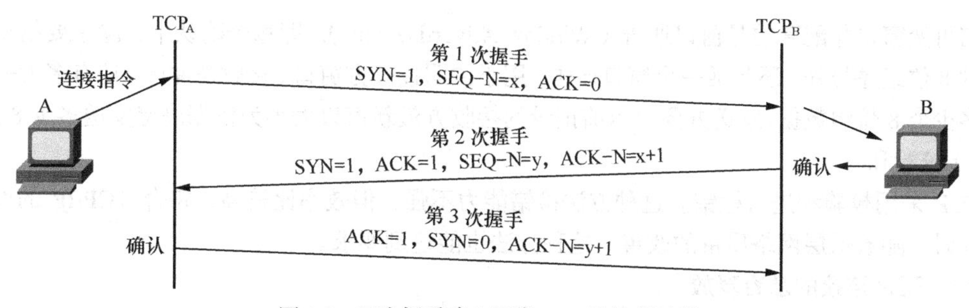

图 3.2 三次握手建立可靠 TCP 连接的过程

第 1 次握手：主机 A 发出主动打开（Active Open）命令，TCP_A 向 TCP_B 源主机发出请求报文，内容如下。

- SYN=1，ACK=0：表明该报文是请求报文，不携带应答。
- SEQ-N=x：自己的序号为 x，后面要发送的数据序号为 x+1。

第 2 次握手：TCP_B 收到连接请求后，如同意连接，则发回一个确认报文，内容如下。

- SYN=1，ACK=1：该报文为接收连接确认报文，并捎带有应答。
- ACK-N=x+1：确认了序号为 x 的报文，期待接收序号以 x+1 为第一字节的报文。
- SEQ-N=y：自己的序号为 y，后面要发送的数据序号为 y+1。

这时，TCP_A 和 TCP_B 会分别通知主机 A 和主机 B，表示连接已经建立。

到此为止，似乎就可以正式传输数据报文了。但是，问题没有这么简单。因为虽然 B 端同意了接收由 TCP_A 发起的连接，准备好了接收由 TCP_A 发来的数据，而 A 端还没有同意由 TCP_B 发起的连接。所以这时的连接仅仅是全双工通信中的半连接——TCP_A 到 TCP_B 的连接，TCP_B 到 TCP_A 连接并没有建立起来。

所以，只有两次握手的连接是不可靠的。为了避免这种情况，必须再进行一次握手。

第 3 次握手：TCP_A 收到含两次初始序号的应答后，再向 TCP_B 发一个带两次连接序号的确认报文，内容如下。

- ACK=1，SYN=0：该报文是单纯的确认报文，但不携带要传输数据的序号。
- ACK-N=y+1：确认了序号为 y 的报文，期待第 1 字节序号为 y+1 的数据字段。

这样，双方才可以开始传输数据，并且不会再出现前面的问题。

2. TCP 数据传输

经过三次握手，已经可靠连接，双方就可以传输数据了。下面介绍数据传输过程中的一些关键技术。

1）确认和超时重传机制

TCP 传输的可靠性在于其使用了序号和确认：发送方通知发送序号，接收方在此基础上确认（用期望序号表示）。同时，为了防止发送后接收方收不到的情况，TCP 每发送一个报文，就在自己的重发队列中存放一个该报文的副本，并对此报文设置一个计时器，为超时重发做准备。如果一个 TCP 段在规定的时间片内收不到确认（接收端没有收到报文或报文错误，都不发确认），就重传该报文。

2）流量与拥塞控制

TCP 采用滑动窗口进行流量和拥塞控制。TCP 的流量控制“窗口”是一种可变窗口。当接收方用户没有及时取走滞留在 TCP 缓冲区的数据时，由于占用了系统资源，窗口将变小；当接收方用户取走在 TCP 缓冲区中的数据时，由于释放了系统资源，窗口将变大。也就是说，TCP 允许随时改变窗口大小，这样不仅可以提供可靠传输，还可以提供很好的流量控制。

与可变窗口相配套的是窗口通告（Window Advertisement），即每个确认中，除了要指出已经收到的8位组序号外，还包括一个窗口通告，用于说明接收方窗口（接收缓冲区）还有多大——能接收多少个8位组数据。发送方要以当前记录的接收方最新窗口大小为依据决定发送多少8位组。

3）校验和

TCP采用校验和进行检错。这种方法检错能力不强，但效率比较高，符合TCP/IP的设计原则。同时，随着低层网络质量的改善，这种方法也能达到要求。

3. TCP连接的从容释放

TCP连接是在硬件连接的基础上通过软件实现的，所以称为软连接。软连接后就要占用硬连接的资源。连接释放就是释放一个TCP连接所占用的资源。

正常的释放连接是通过断连请求及断连确认实现的。但是，在某些情况下，没有经过断连确认，也可以释放连接，但若断连不当就有可能造成数据丢失。图3.3所示为一种断连不当引起数据丢失的情形：A方连续发送两个数据后，发送了断连请求；B方在收到第1个数据后，先发出了断连请求，结果第2个数据丢失。

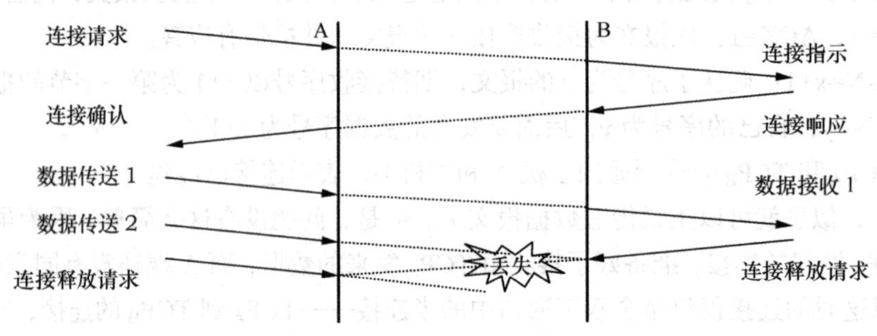

图3.3 断连不当引起数据丢失

为了防止因断连不当引起的数据丢失，断连应选择在确信对方已经收到自己发送的数据并且自己和对方不再发送数据时。由于TCP连接是双工的，它包含了两个方向的数据流传送，形成两个“半连接”。在撤销时，一方发起撤销连接但连接依然存在，要在征得对方同意之后，才能执行断连操作。

下面分两种情况考虑连接释放问题：传输正常结束释放和传输非正常结束释放。

1）传输正常结束释放

数据传输正常结束后，就应当立即释放这次TCP连接所占用的资源，所以连接的双方都可以发起释放连接。图3.4所示为一个由A方先发起的连接可靠释放过程。

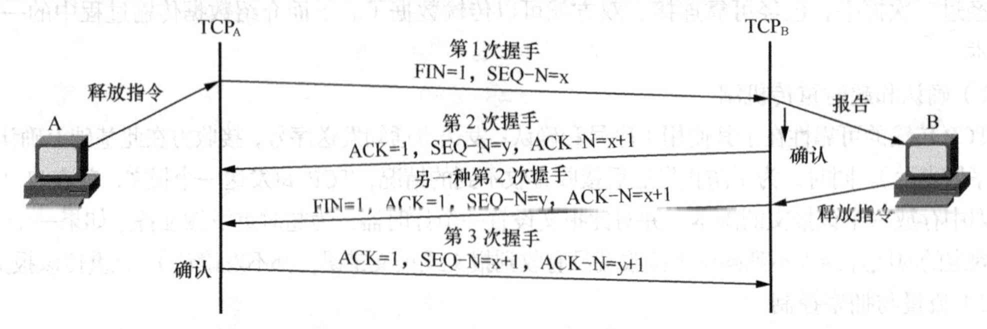

图3.4 A方先发起的连接可靠释放过程

第1次握手：主机A先向T_{CPA}发出连接释放指令，并不再向传输层发送数据；T_{CPA}向T_{CPB}发送释放通知报文，内容如下。

- FIN=1：A已经没有数据发送，要求释放从A到B的连接。

- SEQ-N=x：本次连接的初始序列号（即已经传送过的数据的最后一个字节的序号加 1）为 x。

第 2 次握手：T_{CPB} 收到 T_{CPA} 的连接释放通知后，向 T_{CPA} 发确认报文，内容如下。

- ACK=1：确认报文。
- ACK-N=x+1：确认了序号为 x 的报文。
- SEQ-N=y：自己的序号为 y。

这时，从 T_{CPA} 到 T_{CPB} 的半连接就被释放。而从 T_{CPB} 到 T_{CPA} 的半连接还没有释放，从 T_{CPB} 还可以向 T_{CPA} 传送数据，连接处于半关闭（Half-close）状态。如果要释放从 T_{CPB} 到 TCP_A 的连接，还需要进行类似的释放过程。这一过程可以在第 1 次握手后开始，即选择另一种第 2 次握手。

另一种第 2 次握手：T_{CPB} 收到 T_{CPA} 的连接释放通知后，即向主机 B 中的高层应用进程报告，若主机 B 也没有数据了，主机 B 就向 T_{CPB} 发出释放连接指令，并携带对于 T_{CPA} 释放连接通知的确认。报文内容如下。

- FIN=1，ACK=1：释放连接通知报文，携带了确认。
- SEQ-N=y，ACK-N=x+1：确认了序号为 x 的报文，自己的序号为 y。

第 3 次握手：T_{CPA} 对 T_{CPB} 的释放报文进行确认。报文内容如下。

- ACK=1：确认报文。
- SEQ-N=x+1，ACK-N=y+1：本报文序列号为 x+1；确认了 T_{CPB} 传送来的序号为 y 的报文。

这时，从 T_{CPB} 到 T_{CPA} 的连接也被释放。

2）传输非正常结束释放

在有些情况下，希望 TCP 传输立即结束。为了提供这种服务，当一方突然关闭时，TCP 会立即停止发送和接收，清除发送和接收缓冲区，同时向对方发送一个 RST=1 的报文，要求重新建立连接。接收方收到紧急数据并处理完后，TCP 就通知应用程序恢复到正常工作。

3.1.4　TCP 报文格式

TCP 的报文段由首部和数据部两部分组成。图 3.5 所示为 TCP 报文段的首部格式。TCP 的数据部为应用层报文。

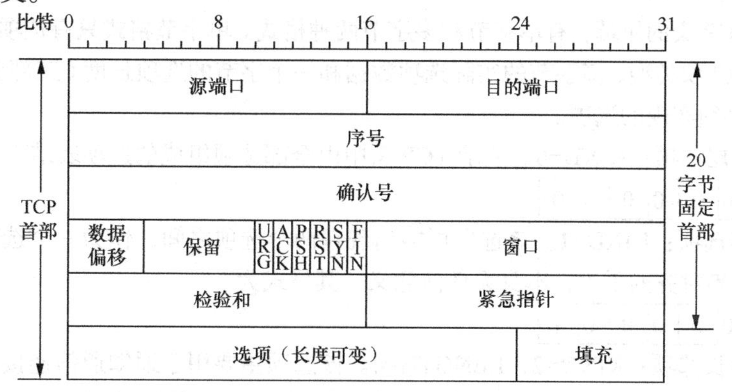

图 3.5　TCP 报文段的格式

下面分别介绍相关概念。

1）源端口（Source Port）

源端口即本地通信端口，支持 TCP 的多路复用机制。

2）目的端口（Destination Port）

目的端口即远地通信端口，支持 TCP 的多路复用机制。

3）序号（Sequence Number）

序号是数据段的第 1 个数据字节（除含有 SYN 的段外）的序号。在 SYN 段中，该域是 SYN 的序号，即建立本次连接的初始序号，在该连接上发送的第 1 个数据字节的序号为初始序号+1。

4）数据偏移（Data Offset）

数据偏移用于指出该段中数据的起始位置，以 4 字节为单位（TCP 头总以 32 位边界对齐）。

5）6 个控制位（Control Bits）

- URG——紧急指针域有效。URG=1 表示即该段中携有紧急数据。
- ACK——ACK=1，确认序号有效；ACK=0，确认序号无效。
- RST——连接复位，RST=1 表示 TCP 连接中出现严重差错，必须释放连接。
- SYN——建立连接时用来同步序号：SYN=1，ACK=0，表明这是一个连接请求报文段；SYN=1，ACK=1，表明这是一个连接请求或连接请求接收报文段。
- FIN——发送方字节流结束。FIN=1 表明本端数据已经发送完，请求释放连接。
- PSH——本报文段请求“推（Push）”操作，即认定该段为“推进”段，段中数据是发送方当时发送缓冲区中的全部数据。对于收到这种数据的接收方来讲，应当把“推进”段中的数据尽快交给用户，并结束一次用户接收请求。

6）确认号（Acknowledgment Number）

当 TCP 段头控制位中的 ACK 置位时，确认号域才有效。它表示本地希望接收的下一个数据字节的序号。对于收到有效确认号的发送者来说，其值表示接收者已经正确接收到了该序号以前的数据。

7）窗口（Window）

窗口表明该段的接收方当前能够接收的从确认号开始的最大数据长度，该值主要向对方通告本地接收缓冲区的使用情况。

8）校验和（Checksum）

校验对象包括协议伪头、TCP 报头和数据。

9）选项（Options）

选项位于 TCP 头的尾端，有单字节和多字节两种格式。单字节格式只有选项类型；多字节格式由一个字节的选项类型、多字节的实际选项数据和一个字节的选项长度（三部分的长度）组成。下面说明 TCP 必须实现的选项。

（1）选项表尾选项：KIND=0。表示 TCP 头中由全部选项组成的选项表结束。其格式为

0	0	0	0	0	0	0	0

（2）无操作选项：KIND=1。该选项可能出现在两个选项之间，作为一个选项分隔符，或提供一种选项字边界对齐的手段，本身无任何意义。其格式为

0	0	0	0	0	0	0	1

（3）最大段长选项：KIND=2，LENGTH=4。该选项主要用于通知通信连接的对方，本地能够接收的最大段长。它只出现在 TCP 的初始建链请求中（SYN 段）。如果在 TCP 的 SYN 段中没有给出该选项，就意味着本地有能力接收任何长度的段。其格式为

0	0	0	0	0	0	1	0	0	0	0	0	0	1	0	0	最大段长

10）填充（Padding）

当 TCP 头由于含有了选项而无法以 32 位边界对齐时，将会在 TCP 头的尾部出现若干字节的全 0 填充。

11）URG 位和紧急指针（Urgent Pointer）

传输层协议使用带外数据（Out-of-Band，OOB）机制来传输一些重要数据，如通信的一方有重要的事情通知对方，需要加速传送这些通知数据。TCP 支持一个字节的带外数据，并提供了一种紧急模式：在数据分组中设置 URG = 1，表示进入紧急模式，同时用紧急指针表明从该段序号开始的一个正向位移，指向紧急数据的最后一个字节。

3.1.5　UDP

UDP 是一个无连接的协议，在发送时无需建立连接，仅仅向应用程序提供一种发送封装的原始 IP 数据报的方法。图 3.6 所示为 UDP 数据报格式，其中校验和是可选的，当不进行校验时，这个域为 0。

UDP 源端口	UDP 目的端口
UDP 数据报长度	UDP 校验和
UDP 数据区	

图 3.6　UDP 数据报格式

由于 UDP 是一个基于不可靠通信子网的不可靠传输层协议，因此基于 UDP 的应用程序必须自己解决可靠性问题，如报文丢失、报文重复、报文失序、流量控制等。

应用程序可以使用 UDP 进行通信。不同的进程用不同的端口号进行标识。端口号分为公认（众所周知）端口号和自由端口号两种。

在 UNIX 系统中，一个 UDP 端口是一个可读和可写的软件结构，UDP 为每个端口维护一个接收缓冲区。发送数据时，UDP 将数据内容生成一个 UDP 数据报，然后交给网络层的 IP 发送；接收数据时，UDP 从网络层 IP 接收到 UDP，然后根据目的端口号将其放在相应的接收缓冲区中。如果没有匹配的端口号，UDP 将丢弃该数据报，并向发送主机返回一个“不可到达”的 ICMP 消息；如果匹配端口号已满，UDP 也丢弃该数据报，但不回送错误消息，该数据报要靠超时重发。

UDP 的优点在于高效率，通常用于交易型应用，一次交易只有一来一往两次报文交换。

实训 6　使用 TCP/UDP 吞吐量测试工具 TTCP

以往测试网络性能吞吐量的时候，通常采用 FTP 的测试方法，即在测试路径的两端分别运行 FTP 服务器和客户端软件，传送一个很大的文件，记录转送完成之后软件显示的速率统计。这种测试方法有个很大的问题，就是测试结果受到测试机器的磁盘读写速度的影响，使用也不方便。而 TTCP（Test TCP）则可以直接从内存生成要传送的数据，通过网络传送后收下来无需写到磁盘，直接丢弃。

TTCP 时间，就是在两个系统中间利用 UDP 和 TCP 协议传输和接收数据的时间。TTCP 既可以用 TCP 也可以用 UDP，而通常的测量方法不允许在远程 UDP 传输的终端进行测量。这也是 TTCP 与其他测试工具相比较的优点。

一、TTCP 安装

Linux 下的安装文件有两个版本，一个是基于 Java 的，另一个就是基于 C 的。

下载一个 rpm 包和 **ttcp.c**，安装过程如下：

```
    [root@localhost  root]#  rpm  -ihv  /home/neo/fastweb/ttcp-1.12-7.i386.rpm
Preparing...                ###########################################[100%]
1:ttcp               ########################################### [100%] [root@localhost
root]# rpm -qil ttcp
Name        : ttcp                          Relocations: (not relocateable)
[...]
```

安装完成后，包含以下文件。

（1）主文件路径

```
/usr/bin/ttcp
```

（2）说明文档路径

```
    /usr/share/doc/ttcp-1.12
/usr/share/doc/ttcp-1.12/README
/usr/share/man/man1/ttcp.1.gz
```

编译 ttcp.c

```
    [root@dido root]# gcc -O3 -o ttcp ttcp.c
ttcp.c:539: warning: static declaration for gettimeofday' follows non-static
```

二、启动 TTCP

（1）启动 TTCP 发送端进程

```
    ttcp  -t  [-u]  [-s]  [-p port]  [-l buflen]  [-b size]  [-n numbufs] [-A align] [-O offset] [-f format] [-D] [-v] host [<in]
```

（2）启动 TTCP 接收端进程

```
    ttcp  -r [-u] [-s] [-p port] [-l buflen] [-b size]  [-A align]  [-O offset]  [-f format] [-B] [-T] [-v] [>out]
```

三、参数选项

-t：指定传送模式。

-r：指定接收模式。

-u：指定使用 UDP（默认使用 TCP）来发送数据。

-s：发送一个字符串作为传送包的有效负载。不使用-s，则默认情况是传送发送方的终端窗口（stdin）的数据，以及将接收到的数据显示到接收方的终端窗口。

-l：指定缓冲区长度为 buflen（默认是 8 192 字节）。对于 UDP，是显示每个报文的数据字节。系统限制最大的 UDP 报文长度。这个限制能被-b 选项来改变。

-b：设置接口缓冲区长度 size。这个变量影响 UDP 包的最大长度。在有些系统上不能设置这个变量（如 4.2BSD）。

-n：设置要传送的用户数据的块数量 numbufs（默认值为 2 048）。

-p：指定发送或者被侦听的端口号 port（默认值是 2 000）。发送方端口号与接收方端口号必须相同。

-D：禁用 TCP 的数据缓冲区，强迫立即传送 TTCP 发送方中的数据。只用于 TTCP 上下文中，在有些系统上不能设置这个变量（如 4.2BSD）。

-B：接收数据时完全使用了大小被指定为-l 的块。

-A：设置排列缓冲区的初始地址为 align（默认值为 16 384）。

-T：测量缓存性能的数据。

-v：详细，可以打印更多的统计表。

-d：调试，可以设置 SO_DEBUG 接口选项。

四、测试过程

运行 TTCP 工具需要设置一台主机为 TTCP 接收方，然后设置一台主机为 TTCP 发送方，传输端寄发 TCP 或者 UDP 信息的指定的编号到接收端。一旦发送方启动，它就会尽可能快速地向接收方发送指定数量的数据。因此，做一个测试，至少要两个主机，一个作为传送方，另一个作为接收方。

测试网络之前，务必先测试一下所用的测试机器（如用交叉线将两台机器直连起来测试）一下，保证测试涉及的两个设备之间的 IP 连通性。

（1）接收端的终端窗口（stdout）通过-r 选项、-v 选项和选项-s 三个选项接收发送方终端窗口（stdin）数据，本例中默认的侦听端口为 5001。

```
    [root@nefertiti root]# ttcp -r -v -s
ttcp-r: buflen=8192, nbuf=2048, align=16384/0, port=5001  tcp
ttcp-r: socket
```

（2）发送方通过-t 选项，将数据放入接收方的清单并且通过网络管道完成接收功能，接收方的 IP 为 192.168.1.2。

```
    [root@pippo root]# ttcp -t -v -s 192.168.1.2
ttcp-r: accept from 192.168.1.5
ttcp-t: 16777216 bytes in 408.85 real seconds = 40.07 KB/sec +++
ttcp-t: 16777216 bytes in 0.00 CPU seconds = 1638400000.00 KB/cpu sec
ttcp-t: 2048 I/O calls, msec/call = 204.42, calls/sec = 5.01
ttcp-t: 0.0user 0.0sys 6:48real 0% 0i+0d 0maxrss 0+2pf 0+0csw
ttcp-t: buffer address 0x8050000
```

五、举例

```
[root@pippo root]# ttcp -rvs | ttcp -tvs 192.168.1.5
ttcp-r: socket
ttcp-t: buflen=8192, nbuf=2048, align=16384/0, port=5001  tcp  -> 192.168.1.5
ttcp-t: socket
ttcp-t: connect
```

在这个例子中，发送方通过端口 5001 将数据发送到 IP 为 192.168.1.5 的接收端。

3.2　IP 协议

3.2.1　IPv4 地址

IP 提供整个 Internet 通用的地址格式。为了确保一个 IP 地址对应一台主机，网络地址由 Internet 注册管理机构网络信息中心（NIC）分配，主机地址由网络管理机构负责分配。如图 3.7 所示，IPv4 地址占用 32 位，并被分为 A、B、C、D、E 五类，分别用 0、10、110、1110 和 11110 标识。

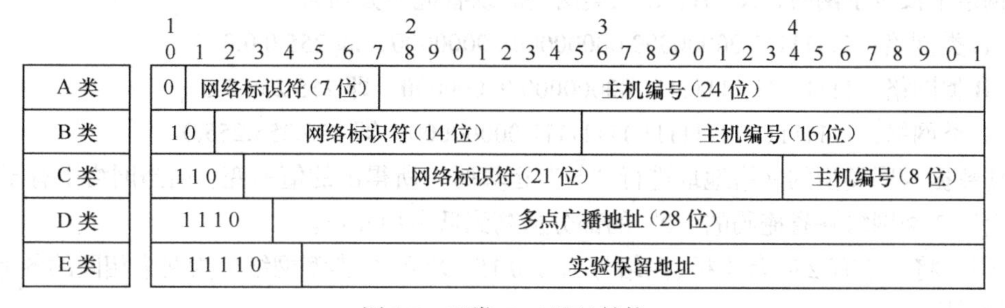

图 3.7　五类 IPv4 地址结构

如某地址为

10000000 00001010 00000010 00011110

由于它以“10”开头，所以是一个 B 类地址。从图 3.8 中可以看出，IP 地址太长，而且不便于记忆，因而常用 4 个十进制数分别代表 4 个 8 位二进制数，在它们之间用圆点分隔，以 X.X.X.X 的格式表示，称为点分十进制计数法（dotted decimal notation）。

上述地址可以写为

128.10.2.30

其网络地址为 128.10，网络内主机地址为 2.30。

A、B、C 是 3 类基本地址类型，都由 3 个部分 IP 数据组成：类型标志、网络标识符（NetID）和主机编号（HostID）。这 3 类基本地址类型的区别仅在于网络大小不同。

A 类地址是给巨型网络分配的 IP 地址，它用 1 位“0”作为类型标志，HostID 占 24 位，网内主机可达 1 600 万个；NetID 占 8 位（实际有效位是 7 位），因而在 Internet 中，可以有 126 个（除去 127）具有 A 类地址的网络，如 ARPANet、NSFNet 等。

B 类地址是给大型网络分配的 IP 地址，它用“10”作为标志，HostID 占 16 位，网内主机最多为 65 534 个；NetID 占 16 位（实际有效位是 14 位），取值范围为 128.1～191.254，最多网络数为 16 384 个。

C 类地址是给小型网络分配的 IP 地址，它用“110”作为标志，HostID 占 8 位，网内主机最多可达 254 个；NetID 占 24 位（实际有效位是 21 位），一般可以选用 211.1.1～223.253.254 之间的数，最多网络数达 200 万个。

D 类地址是一种多址广播地址格式，用 4 位的“1110”作为标志。

E 类地址是为实验保留的地址。

3.2.2 子网划分与子网掩码

任何一个 A、B、C 类地址都对应着一定规模（主机数目）的网络。当实际的网络规模接近 IP 地址的主机 ID 上限时，该 IP 地址就得到充分利用。例如，一个实际网络中的主机数为 250 台左右时，申请一个 C 类地址最为合理。若实际的网络规模较小，如只有 30 台左右的主机时，独自占用一个 C 类地址会造成地址资源的浪费，较合理的做法是将一个 C 类地址分给若干个小的网络共同使用。具体办法是将这些较小的网络看作一个网络的子网，并从 HostID 域中借用某几位高位作为子网的 SubnetID 域。于是，网关（连接物理网络的路由器）的路由表就被分成两级：先识别由 NetID 标识的路由，以确定一个逻辑的网络；再在该逻辑的网络内部用 SubnetID 来确定具体的子网。

网络管理员使用子网掩码来借用 HostID 域中的某几位高位作为子网的 SubnetID 域，即用一个与 IP 地址格式相同的屏蔽码对网络 IP 地址进行“与”操作，用来限定一个网络的 IP 地址范围。利用子网掩码，可以把一个大的网络划分为几个子网。

当网络中没有子网时，A、B、C 三类网络的缺省掩码分别为

- A 类网络：11111111 00000000 00000000 00000000，即 255.0.0.0。
- B 类网络：11111111 11111111 00000000 00000000，即 255.255.0.0。
- C 类网络：11111111 11111111 11111111 00000000，即 255.255.255.0。

这些数据与同类型的网络地址进行“与”运算时，所得出的值不变。而当网络中有子网时，就要在上述 3 类网络缺省掩码的“0”的部分从高到低占用几位。

例 3.1 将一个有 256 台主机、网络号为 200.15.192 的 C 类型网络分为两个相同的各拥有 128 台主机的子网。

在网络号为 200.15.192 的 C 类网络中，主机的编号为 200.15.211.0～200.15.211.256。由于要将一个 C 类网络分为两个子网，因而要在其 HostID 域中借用最高一位，子网掩码由 C 类的缺省掩码 255.255.255.0 变为 255.255.255.128，即

11111111.11111111.11111111.10000000

依此类推，要划分为 4 个子网，应借用 2 位；要划分为 8 个子网，应借用 3 位……

例 3.2 对于一个 C 类网络 202.113.240，可以使用子网掩码 255.255.255.224 划分为 8 个子网，每个子网有 32 个 IP 地址：

202.113.240.0　～202.113.240.31

202.113.240.32　～202.113.240.63

⋮

202.113.240.224～202.113.240.255

应当注意，不管如何划分，一个网络中可容纳的主机总数不会增多。

3.2.3 IPv4 分组格式

1. IP 分组的形成

在 IP 层要对运输层的数据进行分片，并进一步加上 IP 头，封装 IP 分组。如图 3.8 所示，每个分组都是一个两层封装：外封装的是 IP 头，内封装的是从运输层传来的 TCP 或 UDP 头。

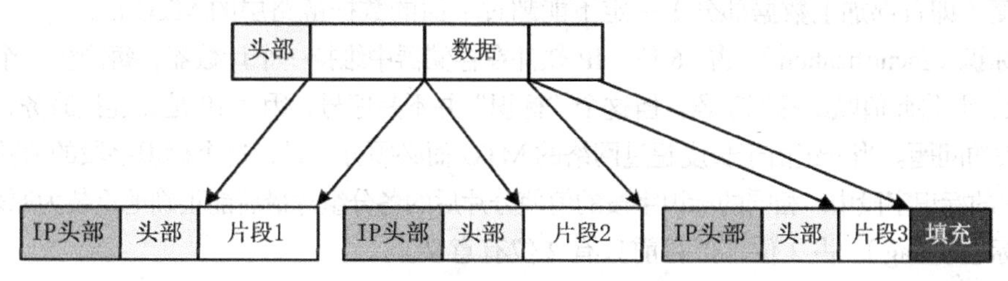

图 3.8 IP 数据分组的形成

在 IP 分组中，对于数据部分规定了一定的长度。最后一个分组中的数据是前面分片剩余的数据，长度往往不是规定的长度，不足部分需要填充。

2. IPv4 分组格式及各部分含义

图 3.9 所示为 IPv4 分组格式。

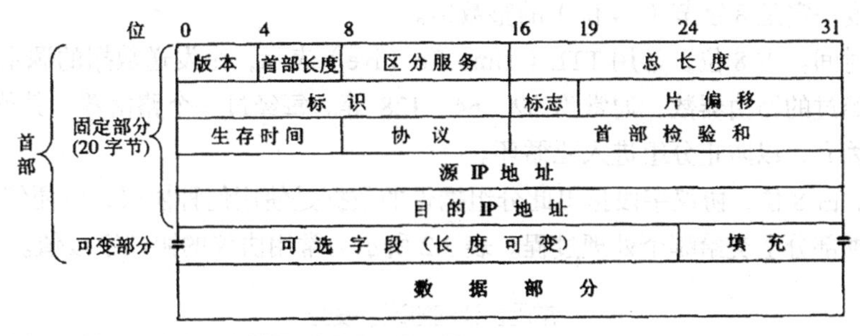

图 3.9 IPv4 分组格式

下面介绍 IP 分组首部固定部分各字段的意义。

（1）版本。占 4 位，指 IP 协议的版本。通信双方使用的 IP 协议版本必须一致。目前广泛使用的 IP 协议版本号为 4（即 IPv4）。关于 IPv6，目前还处于试用阶段。

（2）首部长度。占 4 位，可表示的最大十进制数值是 15。请注意，这个字段所表示数的单位是 32 位字长（1 个 32 位字长是 4 字节），因此，当 IP 的首部长度为 1111（即十进制的 15）时，首部长度就达到 60 字节。当 IP 分组的首部长度不是 4 字节的整数倍时，必须利用最后的填充字段加以填充。因此数据部分永远在 4 字节的整数倍开始，这样在实现 IP 协议时较为方便。首部长度限制为 60 字节的缺点是有时可能不够用，但这样做是希望用户尽量减少开销。最常用的首部长度就是 20 字节（即首部长度为 0101），这时不使用任何选项。

（3）区分服务。占8位，用来获得更好的服务。这个字段在旧标准中叫做服务类型，被分为以下3个部分。

- 优先级子字段（3bit），前3位，用0～7表示优先级别高低。但现在已经不用。
- 第8位保留未用。
- TOS，中间4bit，分别代表：最小时延、最大吞吐量、最高可靠性和最小费用。每种服务类型中只能置其中1bit为1。也可以全为0，若全为0则表示一般服务。

（4）总长度。总长度指首部和数据之和的长度，单位为字节。总长度字段为16位，因此分组的最大长度为$2^{16}-1=65535$字节。

在IP层下面的每一种数据链路层都有自己的帧格式，其中包括帧格式中的数据字段的最大长度，称为最大传送单元（Maximum Transfer Unit，MTU）。当一个分组封装成链路层的帧时，此分组的总长度（即首部加上数据部分）一定不能超过下面的数据链路层的MTU值。

（5）标识（Identification）。占16位。IP软件在存储器中维持一个计数器，每产生一个分组，计数器就加1，并将此值赋给标识字段。但这个“标识”并不是序号，因为IP是无连接服务，分组不存在按序接收的问题。当分组由于长度超过网络的MTU而必须分片时，这个标识字段的值就被复制到所有的分组的标识字段中。相同的标识字段的值使分片后的各分组片最后能正确地重装为原来的分组。

（6）标志（flag）。占3位，但目前只有2位有意义。

- 标志字段中的最低位记为MF（More Fragment）。MF=1即表示后面“还有分片”的分组。MF=0表示这已是若干分组片中的最后一个。
- 标志字段中间的一位记为DF（Don’t Fragment），意思是“不能分片”。只有当DF=0时才允许分片。

（7）片偏移。占13位，片偏移指出较长的分组在分片后，某片在原分组中的相对位置。也就是说，相对于用户数据字段的起点，该片从何处开始。片偏移以8个字节为偏移单位。这就是说，每个分片的长度一定是8字节（64位）的整数倍。

（8）生存时间。占8位，常用TTL（Time To Live）表示，由发送数据的源主机设置，限制分组最多可以经过的路由器数，通常为32、64、128等。每经过一个路由器，其值减1，直到0时该数据报被丢弃，以防止分组进入死循环。

（9）协议。占8位，协议字段指出此分组携带的数据是使用何种协议，以便使目的主机的IP层知道应将数据部分上交给哪个处理过程。表3.2所示为常用协议的协议字段值。

表3.2　常用协议的协议字段值

协议名	ICMP	IGMP	特殊IP	TCP	EGP	IGP	UDP	IPv6	ESP	OSPE
协议字段值	1	2	4	6	8	9	17	41	50	89

注：表中的“特殊IP”指被封装到IP分组中的IP。

（10）首部检验和。占16位。这个字段只检验分组的首部，不包括数据部分。这是因为分组每经过一个路由器，路由器都要重新计算一下首部检验和（一些字段，如生存时间、标志、片偏移等都可能发生变化）。不检验数据部分可减少计算的工作量。

（11）源IP地址、目标IP地址字段。各占32bit，用来标明发送IP数据报文的源主机地址和接收IP报文的目标主机地址。

3. IPv4分组首部的可变部分

IPv4首部的可变部分就是一个可选字段。选项字段用来支持排错、测试及安全等措施，内容很丰富。此字段的长度可变，从1个字节到40个字节不等，取决于所选择的项目。某些选项项目只需要1个字节，它只包括1个字节的选项代码。但还有些选项需要多个字节，这些选项一个个拼接起来，中间不需要有分隔符，最后用全0的填充字段补齐成为4字节的整数倍。

增加首部的可变部分是为了增加IPv4分组的功能，但这同时也使得IPv4分组的首部长度可变，这就增加了每一个路由器处理分组的开销，实际上这些选项很少被使用，故新的IP版本IPv6就将IP分组的首部长度做成固定的。

目前，这些选项字段定义如下。

（1）安全和处理限制（用于军事领域）。

（2）记录路径（让每个路由器都记下它的IP地址）。

（3）时间戳（让每个路由器都记下它的IP地址和时间）。

（4）宽松的源站路由（为分组指定一系列必须经过的IP地址）。

（5）严格的源站路由（与宽松的源站路由类似，但是要求只能经过指定的这些地址，不能经过其他地址）。

这些选项很少被使用，并非所有主机和路由器都支持。

3.2.4 IPv6

1. 基于IPv4的Internet面临的问题

Internet最先出现在20世纪60年代，它的发展非常迅速，应用领域也非常广泛，与此同时，Internet也面临着无法回避的严重问题。

1）IPv4地址空间问题

随着Internet的广泛应用和用户数量的急剧增加，只有32位（地址数量为4.3×10^9）的IPv4（IPv1～IPv3从来没有被正式使用过，IPv5仅用来命名Internet面向连接的协议STP）地址危机已经展现在人们眼前。有人估计，过不了几年，IPv4的地址资源将会枯竭。

2）QoS保证问题

服务质量（Quality of Services，QoS）通常是指通信网络在承载业务时为业务提供的品质保证。不同的通信网络对于QoS的定义不同。数据网络的QoS通常用业务传输的延迟、延迟变化、吞吐量和丢包率来衡量。

IPv4采用无连接的分组转发方式传输数据。它的分组转发采取了“尽力而为”的机制。这样的机制，对于流量较少、对实时性要求不高的应用来说，没有多大问题。但是，随着数据流量的增加（如多媒体数据），传输延迟就会明显，信息传输就会出现中断现象。图3.10所示表明当A和B都有数据要通过Internet传输到C时，分组就会出现间断现象。

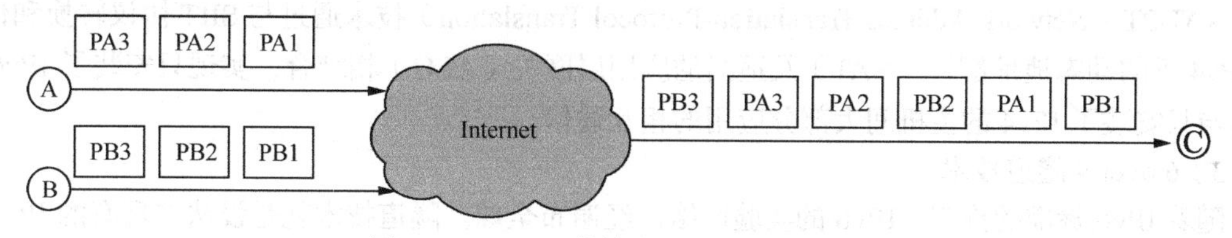

图3.10 Internet传输出现的分组间断现象

早期的Internet主要用于数据传输。随着多媒体业务的兴起，语音和视频传输也开始在Internet上使用。而语音和视频业务要求一定的连续性、相关性和实时性，对网络的QoS有较严格的要求，这是目前的Internet难以保证的。

3）与新标准、新协议兼容问题

当初的 Internet 以高效率为目标，为了提高结点处理数据包的速度，网络结点根据数据包头的内容对数据包进行一致性处理。而 IP 数据包的包头中虽然有几个可选项，但基本上是固定的。这虽然简化了结点的协议处理，却增加了兼容新标准、新协议的困难度。

4）移动通信设备的连接问题

目前的 Internet 中，主机的 IP 地址与其地理位置（网络）有关，这就为移动设备的连接带来困难。

5）安全问题

当初的 Internet 主要面向教育、科研服务，并且以信息共享为宗旨，对管理和安全考虑不足。随着其应用范围的扩大，安全的脆弱性迅速暴露。

为了解决上述问题，IETF 提出了新一代 IP，即 IPv6。

2. IPv6 地址结构

IPv6 的地址是一个 128 位二进制数组成的地址。这个地址量是非常大的，正如有人形容的：可以为地球上每一粒沙子分配一个 IP 地址。但是其书写起来很长，即使用点分十进制写，也是相当长的。例如：

10.220.136.100.255.255.255.255.0.0.18.128.140.10.255.255

为了减少地址的书写长度，便于记忆，IPv6 的设计者们建议使用一种更紧凑的书写格式——冒分十六进制表示法（Colon Hexadecimal Notation）。这样，上述地址就可以记为

69DC:8864:FFFF:FFFF:0:1280:8C0A:FFFF

在此基础上，人们又提出压缩零（Zero Compression）表示法。如地址：

69DC:0:0:0:0:0:0:B1

可以压缩地表示为

69DC::B1

3. 从 IPv4 向 IPv6 的过渡

随着 IPv4 地址即将枯竭，如何从 IPv4 向 IPv6 过渡的问题越来越突出。但是由于 IPv6 与 IPv4 不兼容，这一转换过程有许多困难。目前，IETF 中研究从 IPv4 向 IPv6 过渡的专门工作组已经提出了许多方案，这些方案主要有以下几类。

1）双协议栈技术

<table>
<tr><td colspan="2">应用程序</td></tr>
<tr><td colspan="2">TCP/UDP</td></tr>
<tr><td>IPv4</td><td>IPv6</td></tr>
<tr><td colspan="2">物理网络</td></tr>
</table>

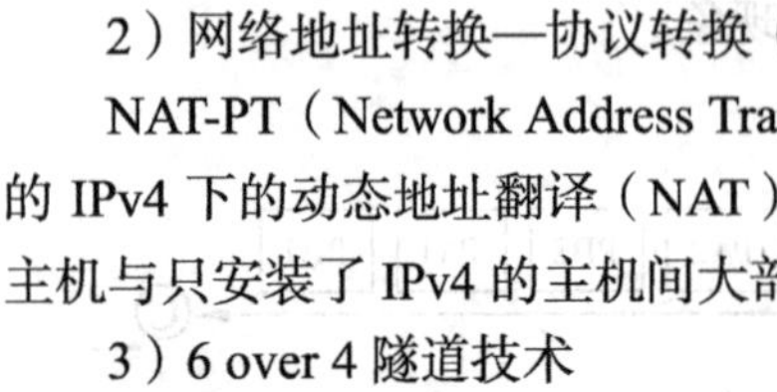

图 3.11　IPv4/v6 双协议栈的协议结构

如图 3.11 所示，IPv6 与 IPv4 虽然格式不兼容，但它们具有功能相近的网络层协议，都基于相同的物理平台，而且加载于其上的 TCP 和 UDP 完全相同。因此，如果一台主机能同时运行 IPv4 和 IPv6，就有可能逐渐实现从 IPv4 向 IPv6 过渡。

2）网络地址转换—协议转换（NAT-PT）技术

NAT-PT（Network Address Translation-Protocol Translation）技术通过与 SIIT 协议转换和传统的 IPv4 下的动态地址翻译（NAT）及适当的应用层网关（ALG）相结合，实现只安装了 IPv6 的主机与只安装了 IPv4 的主机间大部分应用的相互通信。

3）6 over 4 隧道技术

随着 IPv6 标准的推广，IPv6 的实验网络已经遍布全球。隧道技术就是设法在现有的 IPv4 网络上开辟一些“隧道”将这些局部的 IPv6 网络连接起来。具体方案是，将 IPv6 数据分组封装入 IPv4，送入隧道，IPv4 分组的源地址是隧道入口，IPv4 分组的目的地址是隧道出口。IPv4 分组穿过隧道后，在出口处再取出 IPv6 分组转发给目的站点。由于隧道技术只在隧道入口和出口处进行修改，因此实现起来比较容易。但无法实现 IPv6 主机与 IPv4 主机间的直接通信。

4）6 to 4 隧道技术

6 to 4 隧道技术简称 6 to 4 技术，它是一种自动构造隧道的技术。它在 IPv4 NAT 协议中加入对 IPv6 和 6 to 4 的支持，成为一个非常吸引人的方案。6 to 4 的关键是它可以自动从 IPv6 地址的前缀中提取一个 IPv4 地址。这样，当用隧道将一个 IPv6 的出口路由器与其他 IPv6 域建立连接时，IPv4 隧道的末端就能从 IPv6 的地址中自动提取出来，从而在 IPv4 的“海洋”中将各个 IPv6“孤岛”相互连接。

如果说由于微型计算机的普及，出现了若干台计算机相互连接，从而产生了局域网的话，那么由于网络的普遍应用，为了在更大范围内实现相互通信和资源共享，网络之间的互连便成为一种信息快速传达的最好方式。网络互连时，必须解决如下问题：在物理上如何把两种网络连接起来；一种网络如何与另一种网络实现互访与通信；如何解决它们之间协议方面的差别；如何处理速率与带宽的差别。要解决这些问题，协调转换机制的部件就要包含中继器、网桥、路由器、接入设备、网关等。

3.3 ICMP 协议

IP 虽然实现了各种不同网络的互连，但由于它提供的是一种不可靠的无连接分组服务，关注的重点是如何将数据传输到目的地，至于传输过程中是否有丢失数据包、数据包是否被篡改、IP 分组的顺序是否正确、超时等问题，使用 IP 是无能为力的。然而，这些问题又必须处理，为此，在 IP 层引入了一个子协议：网际控制消息协议（Internet Control Message Protocol，ICMP）。

3.3.1 ICMP 提供的服务

ICMP 是一种差错报告机制，它为路由器或目标主机提供了一种方法，使它们能把遇到的差错报告给源主机。具体地说，ICMP 提供如下服务。

- 测试目的主机可到达性和状态，如接收设备接收 IP 分组时缓冲区是否够用。
- 将不可到达的目的主机报告给源主机。
- 进行 IP 分组流量控制。
- 向路由器发送路由改变请求。
- 检测循环（由此会引发“广播风暴”）或超长路由。
- 报告错误 IP 分组头。
- 获取网络地址。
- 获取子网掩码。

3.3.2 ICMP 应用举例

ICMP 作为 IP 的补充，使一个路由器或一台目的主机可以通知源主机有关数据分组处理中的错误，并可以进行必要的处理。下面介绍它的两种简单而广泛的应用。

1. ping

ping 是 TCP/IP 网络中一个最简单而又非常有用的 ICMP 应用程序。它使用 ICMP 回应请求/应答，测试一台主机的可达性，验证一个 IP 安装是否正确，具体可以用于下列场合。

- 验证基础 TCP/IP 软件的操作。
- 验证 DNS 服务器的操作。
- 验证一个网络或网络中的设备是否可以被访问。

ping在不同的实现中语法格式有所不同。下面是在UNIX中的应用格式：

```
ping [-switches] host
```

其中，host：目的主机的名字或其IP地址；

switch：参数选项，它是下列可选项的组合：

```
[-dfnqrvR][-c count][-i wait][-l preload][-p pattern][-s packtssize]
```

表3.3所示为这些可选参数的意义。

表3.3　　ping的可选参数及意义

选项	意义
-d	设定后面的测试参数
-f	洪泛ping——快速发出测试分组。只有超级用户可以选用此项
-n	只输出数字
-q	不显示任何传输分组的信息，只显示最后结果
-r	绕过正常的路由表，通过附加网络直接到达一台主机
-v	详细输出
-R	报告路由
-c	发送指定数目的分组后停止
-i	设定发送测试分组的时间间隔（秒数），预设值为1（每秒发送一个分组）
-l	预设在故障进入常规行为模式前，ping能够尽快送出的分组数量。此项仅超级用户可用
-p	规定填充字符
-s	指定分组的数据部分大小（字节数）。预设值为56（加上8字节的ICMP头，共64字节）

2. Traceroute

Traceroute程序用来确定通过网络的路由IP数据分组。它先把一个TTL=1的IP分组发送给目的主机，在经过第1个路由器时把TTL减到0，遂丢弃该分组并把ICMP超时消息返回给源主机，从而标识了第1个路由器。以后，不断增加TTL值重复上述过程，就可以依次标识出通向目的主机的路径上各路由器。

实训7　利用ping命令测试网络的连通性

一、实训内容

利用ping命令测试IP网络的连通性。

二、实训准备

获得要测试主机的IP地址。

三、ping命令介绍

1. 命令格式

ping [-t] [-a] [-n count] [-l length] [-f] [-i ttl] [-v tos] [-r count] [-s count] [-j computer-list] | [-k computer-list] [-w timeout] destination-list

2. 参数说明

-t：使当前主机不断向目的主机发送数据，直到按Ctrl+C组合键中断。

-a：将地址解析为域名。

-n count：发送 count 指定的 Echo 数据包数。默认值为 4。

-l length：发送包含由 length 指定的数据量的 Echo 数据包。默认为 32 字节；最大值是 65 527。

-f：在数据包中发送“不要分段”标志，数据包就不会被路由上的网关分段。

-i TTL：用 TTL 指定“生存时间”字段的值。

-v TOS：用 TOS 指定服务类型。

-r count：在“记录路由”字段中记录传出和返回数据包的路由。最少 1 台，最多 9 台计算机。

-s count：用 count 指定跳点数的时间戳。

-j computer-list：利用 computer-list 指定的计算机列表路由数据包。连续计算机可以被中间网关分隔（路由稀疏源），IP 允许的最大数量为 9。

-k computer-list：利用 computer-list 指定的计算机列表路由数据包。连续计算机不能被中间网关分隔（路由严格源），IP 允许的最大数量为 9。

-w timeout：指定超时间隔，单位为 ms，默认值为 1000。

destination-list：指定要 ping 的远程计算机。

四、实训参考步骤

（1）单击“开始”→“运行”命令，弹出如图 3.12 所示的“运行”对话框。

（2）在命令行中键入 ping 命令，格式为

ping <某主机 IP 地址>

例如，键入网关 IP 地址，单击“确定”按钮。如果能得到回应，表示本机到这台主机（如网关）连通。图 3.13 所示为对上述命令的回应情况。

图 3.12　在“运行”对话框内键入 ping 命令

```
C:\WINDOWS\system32\ping.exe

Pinging 10.192.0.1 with 32 bytes of data:

Reply from 10.159.254.106: TTL expired in transit.
Reply from 10.159.254.106: TTL expired in transit.
Reply from 10.159.254.106: TTL expired in transit.
```

图 3.13　测试结果显示

五、分析与讨论

（1）分析 ping 命令的工作原理。

（2）对 ping 命令的其他用法进行测试。

（3）ping 命令能对没有连接到 Internet 的局域网进行连通性测试吗？

3.4　路由协议与路由器配置

路由器间相互交换网络信息的规范由路由协议定义。在 Internet 中运行着大量的路由协议，这些协议基本上属于动态自适应、分布式路由选择协议。

3.4.1　自治系统与路由协议分类

由于各 ISP 有自己的利益，不愿意提供自身网络详细的路由信息，因而整个 Internet 不适合跑单一的路由协议。为了保证各 ISP 利益，便于进行路由选择，Internet 按运营方被划分成许多较

小的单位——自治系统（Autonomous System，AS）。每个 AS 通常由一个组织中的互联网络构成，由一个单独的管理机构管理（即由一个 ISP 运营），有权自主地决定本系统内部的路由协议。

划分了自治系统后，就可以把 Internet 中使用的路由协议分为以下两大类。

（1）内部网关协议（Interior Gateway Protocol，IGP）：在一个自治系统内部使用的路由选择协议与其他自治系统中采用什么路由选择协议无关，主要有 RIP、OSPF 等。

（2）外部网关协议（External Gateway Protocol，EGP）：当两个自治系统中使用不同的路由选择协议时，在两个自治系统之间进行数据报文的转换路由选择协议，主要有 BGP。

硬路由使用专门的设备进行路由管理，是硬为主、软为副的路由技术。

3.4.2 路由算法举例

路由表的建立和维护是路由器技术的关键。建立和维护路由的算法称为路由算法。下面介绍几种常用的路由选择算法，它们分别用来建立和维护静态路由或动态路由。

1. 洪泛（Flooding）算法

洪泛算法也称扩散式算法。它的基本思想是每个结点收到分组后，即将其发往除分组来的结点之外的其他各相邻结点。可以想象，按照这种算法，网络上的分组会像洪水一样泛滥起来，造成大量的分组冗余，导致网络出现拥塞现象。因此，要限制分组复制的数目。可以有 3 种方法：一是在每个分组的头部设一个计数器，用来统计分组到达结点的数量，当计数器超过规定值（如端到端最大段数）时，将之丢弃；另一种方法是，在每个结点上建立一个分组登记表，不接收重复的分组；还有一种方法是只选择距目标结点近的部分结点发送分组。

洪泛算法具有很好的健壮性和可靠性，适用于规模较小、可靠性要求较高的场合。

2. 热土豆（Hot Potato）算法

通常每个结点要为其连接的相邻结点各建一个分组队列，热土豆算法是在结点收到一个分组后，为了尽快脱手，将其放在最短的队列中，而不管该分组的目标结点是什么。

3. 固定路由算法

固定路由算法也称查表法，它是在网络的每个结点上都存放一个预先计算好的路由表，给出本结点到所有可能的目标结点的最短路径。图 3.14 所示为一个固定路由算法的例子。这样，一个结点每收到一个分组，通过查表就可找出相应的转发出口。

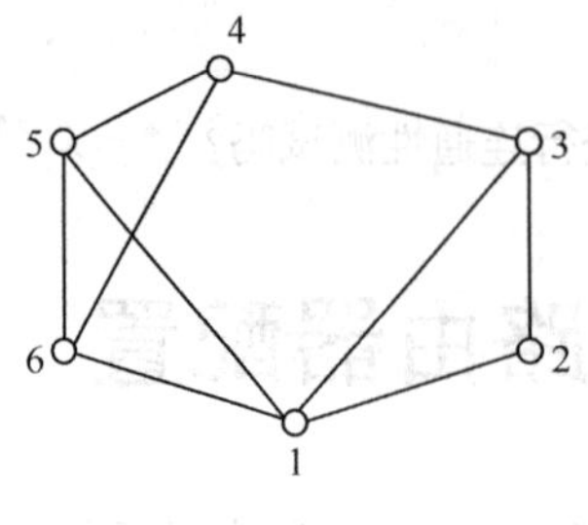

（a）通信子网

后继结点	当前结点					
目标结点	1	2	3	4	5	6
1	/	1	1	5/6	1	1
2	2	/	2	3	1	1
3	3	3	/	3	1/4	1/4
4	3/6	3	4	/	4	4
5	5	1	1/4	5	/	5
6	6	1	1/4	6	6	/

（b）全路由表

图 3.14　一个固定路由算法的例子

固定路由算法简单、实现容易，选择的是最短路径，但是不适应网络的拓扑变化，当被选路由出现故障时，会影响正常传送。改进的方法是为每个结点提供一个次佳路由，当第一路由失效时，使用次佳路由。

固定的路由是静态路由。当网络的拓扑结构发生变化时，要由网络管理员手工修改路由表中的相关路由。静态路由信息在缺省情况下是私有的，不会传递给其他的路由器，不过，网络管理员也可以将其设置为共享的。

静态路由适合比较简单的网络环境。在这样的环境中，网络管理员易于清楚地了解网络的拓扑结构，设置正确的路由信息以网络拓扑变化时进行路由信息的调整不需太多的精力。此外，静态路由具有较高的安全保密性。

4. 距离向量（Distance Vector）算法

距离向量算法的原理非常简单：它把每经过一个路由器称为一跳。一条路由上的跳数称为“距离”，然后动态地选择最短距离作为路径。图 3.15 所示为一个简单的距离向量路由表示的例子，图中给出了 R2、R3 和 R4 3 个路由器的距离向量路由表。

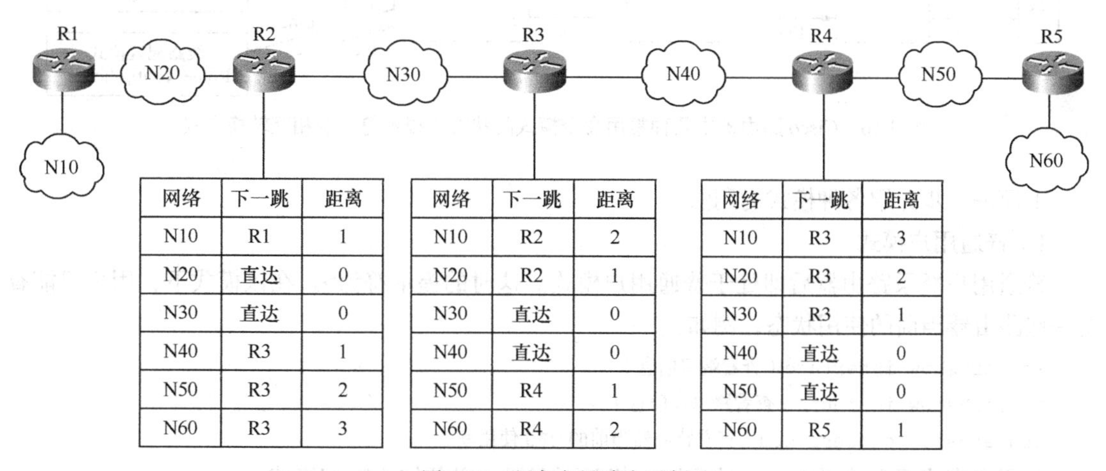

网络	下一跳	距离
N10	R1	1
N20	直达	0
N30	直达	0
N40	R3	1
N50	R3	2
N60	R3	3

网络	下一跳	距离
N10	R2	2
N20	R2	1
N30	直达	0
N40	直达	0
N50	R4	1
N60	R4	2

网络	下一跳	距离
N10	R3	3
N20	R3	2
N30	R3	1
N40	直达	0
N50	直达	0
N60	R5	1

图 3.15 距离向量路由示例

距离向量算法的主要优点是易于实现和调试，主要用于小型网络中。

不同型号的路由器进行配置的方法不同。

3.4.3 路由器配置

1. 路由器的端口

路由器有各种不同的连接对象。对于不同的连接对象，有不同的配置方法。常用端口如表 3.4 所示。

表 3.4 路由器常用端口

端口类型	名称	标准
异步串口	async	EIA/TIA RS-232
同步串口	serial	V.24、V.35、EIA/TIA-499、X.21、EIA-530
以太网口	Ethernet	IEEE 802.、3RFC894
快速以太网口	FastEthernet	IEEE 802.、3RFC894

2. 路由器命令模式

一般的路由器是在命令方式下进行配置和使用的。为了满足不同的使用并保证使用的安全，路由器提供了不同的命令模式，包括用户模式（User Mode）、特权模式（Privileged Mode）、全局配置模式（Configuration Mode）等。其中，全局配置模式又包括了一些子配置模式。图 3.16 所示为 Cisco 路由器中几种常用命令模式的状态（提示符）及相互转换方式。

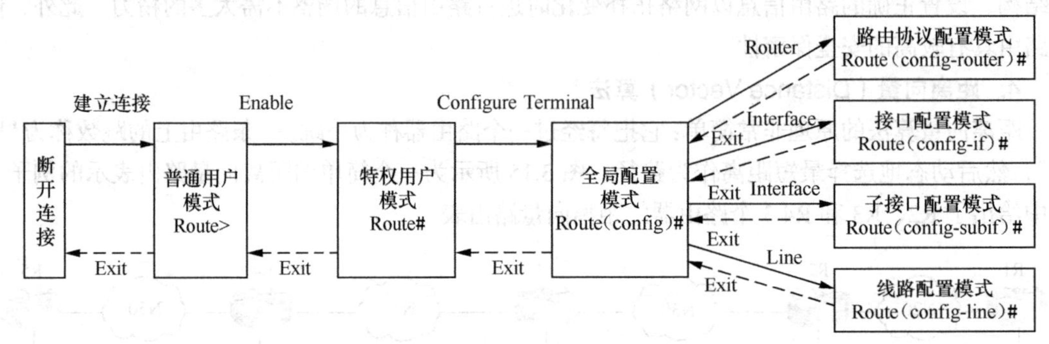

图 3.16　Cisco 路由器中几种常用命令模式的状态（提示符）及相互转换方式

下面进一步介绍各种模式的用法。

1）普通用户模式

普通用户登录路由器后即处于普通用户模式。这时的提示符为>。在该模式下，用户只能查看一些路由器当前的使用状态，例如：

```
router>show interface（查看端口信息）
router>show ip route（查看路由表信息）
router>show process cpu（查看路由器当前的CPU使用率）
```

在用户模式下无法做进一步的配置。若要再配置，必须转入特权模式。

2）特权用户模式

在普通用户模式下，输入命令：

```
router>enable
```

再输入相应的口令。如果口令正确，就进入了特权模式。这时，提示符变为#。

注意　这个 enable 口令是进入修改路由器配置的通行证，一定要保存好。

在特权模式下，用户可以使用更多的命令，查看更多的信息，例如：

```
router#show config（查看配置文件内容）
router#debug ip rip（跟踪RIP的路由信息交换）
```

3）全局配置模式

在特权模式下输入命令：

```
router#config terminal
```

提示符变为

```
router(config)#
```

即进入了全局配置模式。在此模式下，根据不同的用途，键入相应的命令，进入相应的子配置模式，就可以进行配置了。

实训 8 路由器的端口配置

一、实训内容

（1）路由器的端口配置。

（2）路由器端口配置后的连通性测试。

二、实训准备

（1）本次实训使用的网络接线图如图 3.17 所示。

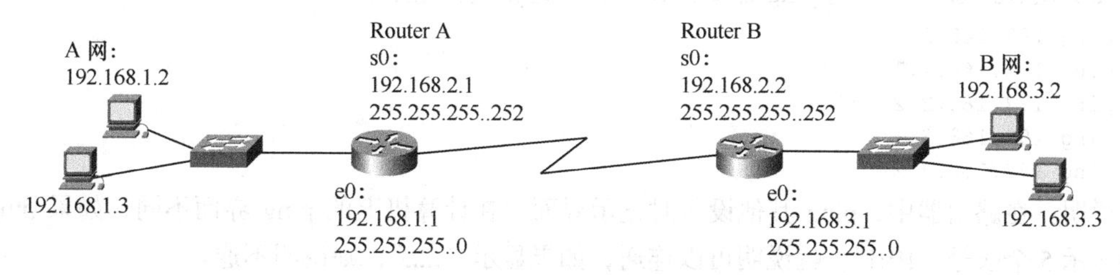

图 3.17 参考的实训用网络接线图

（2）设备配置。

- Cisco 路由器两台。
- 交换机两台。
- 实训用计算机 4 台以上。
- 网线若干条。

三、实训参考步骤

1. 网络连接

按照实训线路图连接网络，路由器的连接要特别注意以下两点。

- 路由器的串口（s0）之间用广域网线互连，其中，Router A 连接 DCE 端，Router B 连接 DTE 端。
- 路由器的以太网口（e0）与交换机连接。

2. Router A 的端口配置

端口配置的目的是将端口的物理地址与分配的 IP 地址绑定。配置方法如下。

（1）路由器加电→进入普通用户模式→进入特权（超级）用户模式：Router A#→进入全局配置模式：Router A（config）#

（2）配置 Router A 的 e0 端口：

```
Router A(config)#interface e0                           //进入 e0 的端口配置模式
Router A(config-if)#ip address 192.168.1.1 255.255.255.0 //设置 e0 的 IP 地址和子网掩码
Router A(config-if)#no shutdown                         //开启 e0 端口的配置
RouterA#show ip interface e0                            //验证 e0 的 IP 地址已经配置和开启
```

（3）配置 Router A 的 s0 端口：

```
Router A(config)#interface s0                             //进入 s0 的端口配置模式
Router A(config-if)#ip address 192.168.2.1 255.255.255.252 //设置 e0 的 IP 地址和子网掩码
Router A(config-if)#clock rate 64000                      //设置时钟频率(DCE 端要求)
Router A(config-if)#no shutdown                           //开启 s0 端口
```

3. Router B 的端口配置

方法同 Router B 的端口配置，但不需再设置时钟频率。

4. 连通性测试

（1）在 A 网的一台计算机上，用 ping 命令测试下面地址的连通性：

```
ping 192.168.2.1
ping 192.168.1.1
ping 192.168.2.2
ping 192.168.3.1
ping 192.168.3.2
```

（2）在 Router A 上，用 ping 命令测试下面地址的连通性：

```
ping 192.168.1.2
ping 192.168.1.1
ping 192.168.2.2
ping 192.168.3.1
ping 192.168.3.2
```

说明：在路由器中，ping 其他设备时显示界面与在计算机上的 ping 界面不同，如果 ping 结果中显示 5 个叹号“!!!!!”，就说明可以连通；如果显示“.....”，则说明不通。

四、分析与讨论

（1）为什么在 A 网的一台计算机上，可以 ping 通 router A 的 e0 端口和 router A 的 s0 端口，但不能 ping 通 router B 和 B 网中的计算机?

（2）为什么在 router A 上，可以 ping 通 A 网中的计算机和 router B，但不能 ping 通 router B 的 e0 端口和 B 网中的计算机?

实训 9 静态路由配置

一、实训内容

（1）路由器的静态路由配置。

（2）静态路由配置后的网络连通性测试。

二、实训准备

（1）本次实训使用的网络接线图如图 3.18 所示。

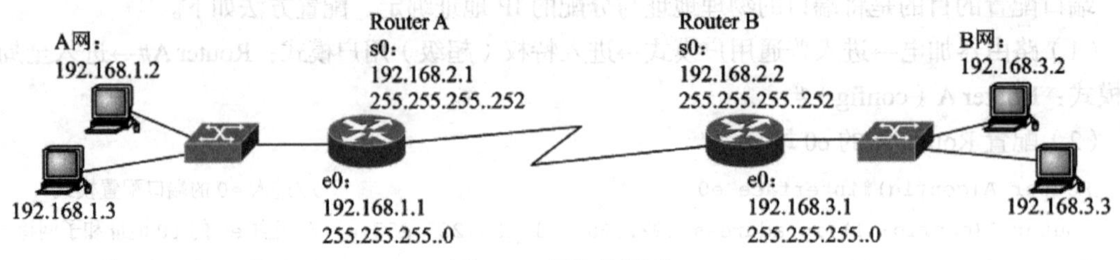

图 3.18 网络接线图

（2）网络已经连接，路由器的端口已经配置。

（3）路由协议没有配置，或已经清除了已有的路由配置。

三、实训参考步骤

1. 在 Router A 上进行静态路由配置

（1）进入全局配置户模式：Router A（config）#

（2）进行静态路由配置，命令如下：

```
Router A(config)#ip route 192.168.3.0 255.255.255.0 192.168.2.2
! 目标网段地址为192.168.3.0，子网掩码为255.255.255.0，下一跳经过的端口IP地址为192.168.2.2
```

按回车键后生效。

（3）连通性测试：

在A网的一台计算机上用ping命令测试下面地址的连通性：

```
ping 192.168.2.1
ping 192.168.1.1
ping 192.168.2.2
ping 192.168.3.1
ping 192.168.3.2
```

在Router A上用ping命令测试下面地址的连通性：

```
ping 192.168.1.2
ping 192.168.1.1
ping 192.168.2.2
ping 192.168.3.1
ping 192.168.3.2
```

在B网的一台计算机上用ping命令测试下面地址的连通性：

```
ping 192.168.2.2
ping 192.168.3.1
ping 192.168.2.1
ping 192.168.1.1
ping 192.168.2.2
```

在Router B上用ping命令测试下面地址的连通性：

```
ping 192.168.3.2
ping 192.168.3.1
ping 192.168.2.1
ping 192.168.1.1
ping 192.168.1.2
```

2. 在Router B上进行静态路由配置

方法同在Router B上进行静态路由配置，并进行同样的连通性测试。

3. 删除静态路由

（1）删除Router A上的静态路由配置：

```
Router A(config)#no ip route 192.168.3.0 255.255.255.0  192.168.2.2
```

（2）连通性测试。

（3）删除Router B上的静态路由配置，并进行同样的连通性测试。

四、分析与讨论

（1）对于上述操作后测试的结果列表进行比较，找出规律。

（2）什么情况下要进行删除静态路由的操作？

实训10　动态路由配置

一、实训内容

（1）路由器的动态路由配置。

（2）动态路由配置后的网络连通性测试。

二、实训准备

（1）本次实训使用的网络接线图如图3.17所示。

（2）网络已经连接，路由器的端口已经配置。

（3）路由协议没有配置，或已经清除了已有的路由配置。

三、实训参考步骤

1. RIP路由配置

（1）配置RIP路由

在Router A上，进入全局配置模式Router A（config）#，执行如下命令：

```
Router A(config)#router rip                        //启动RIP路由协议
Router A(config-router)#network 192.168.1.0        //声明相邻网络
Router A(config-router)#network 192.168.2. 0       //声明相邻网络
```

在Router B上配置RIP路由，方法同上。

（2）连通性测试，参照静态路由配置后的测试。

（3）删除RIP路由，方法是可以在Router A和Router B上，分别执行下面的命令：

```
Router A(config)#no router rip
```

2. IGRP路由配置

（1）配置

在Router A上，进入全局配置模式Router A（config）#，执行如下命令：

```
Router A(config)#router igrp 100                    //启动IGRP路由协议，100为进程号
Router A(config-router)#network 192.168.1.0        //声明相邻网络
Router A(config-router)#network 192.168.2.0        //声明相邻网络
```

在Router B上，进入全局配置模式Router B（config）#，执行如下命令：

```
Router B(config)#router igrp 100                    //启动IGRP路由协议，100为进程号
Router B(config-router)#network 192.168.2.0        //声明相邻网络
Router B(config-router)#network 192.168.3.0        //声明相邻网络
```

（2）连通性测试，参照静态路由配置后的测试。

（3）删除配置，参照RIP的删除。

四、分析与讨论

比较RIP与IGRP路由协议。

习 题 3

一、选择题

1. 运输层的作用不包括（　　）。

   A. 建立运输站　　B. 拆除运输站

   C. 把信息组装成包　　D. 负责数据传输

2. Internet的核心协议是（　　）。

   A. X.25　　B. TCP/IP　　C. ICMP　　D. UDP

3. TCP/IP体系结构中的TCP和IP所提供的服务分别为（　　）。

A. 链路层服务和网络层服务　　B. 网络层服务和传输层服务
C. 传输层服务和应用层服务　　D. 传输层服务和网络层服务

4. 下列关于 TCP 和 UDP 的说法，正确的是（　　）。
A. 两者都是面向无连接的　　B. 两者都是面向连接的
C. TCP 是面向连接而 UDP 是无连接的　　D. TCP 是无连接而 UDP 是面向连接的

5. 下列 4 个选项中，是合法 IP 地址的是（　　）。
A. 202.96.266.2　　B. 10.1. .8　　C. 192.168.1.A　　D. 192.168.1.1

6. 按 IP 地址分类，地址 168.201.64.2 属于（　　）类地址。
A. A　　B. C　　C. B　　D. D

7. 下列（　　）地址可分配给主机作为 C 类 IP 地址使用。
A. 127.0.0.1　　B. 192.12.25.255　　C. 202.96.96.0　　D. 162.3.5.1

8. 如果一个 C 类网络用掩码 255.255.255.192 划分子网，那么会产生（　　）个可用的子网。
A. 16　　B. 6　　C. 2　　D. 4

9. C 类 IP 地址是指（　　）。
A. 每个地址的长度为 48 位
B. 可以表示 16 382 个网络
C. 每个 C 类网络最多可以有 254 个节点
D. 编址时第一位为 0

10. 用户数据报协议（User Datagram Protocol，UDP）是（　　）。
A. 一种面向连接的协议
B. 一种简单的、面向数据报的传输层协议
C. 主要用在要求数据发送确认或者通常需要传输大量数据的应用程序中
D. 一种可靠的传输方式

二、简答题

1. 某 IP 地址的十六进制表示为 C22F1588，请将其转换成带点十进制表示。
2. IP 地址的作用是什么？IPv4 和 IPv6 的 IP 地址有什么不同？
3. 什么是子网掩码？C 类地址的默认子网掩码是多少？
4. 比较你所知道的几种路由协议的特点。

第4章 Internet应用

TCP/IP协议栈中没有定义应用层的实现，这反而给应用层提供了巨大灵活性和不断扩充的条件。这一章介绍已经开发出来的一些应用。

4.1 TCP/IP网络中的应用层

4.1.1 客户机/服务器模式与对等模式

1. 客户机/服务器模式与对等模式的概念

现代计算机在操作系统的管理下允许多个程序并发地工作，包括一个程序多次运行。每个程序的一次运行，需要一次的活动环境——资源。为此，在操作系统中把程序关于某数据集合上的一次运行活动称为进程（Process），以其作为资源分配和调度的基本单位。

在计算机工作时，就会出现进程与进程之间的通信与连接，形成呼叫与响应的关系。按照这种关系可以把网络的工作模式分为对等模式和服务器—客户机模式两大类。

1）客户-服务器模式

按照客户-服务器（Client-Server，C/S）模式工作时，通信的双方被分为客户进程与服务器进程：客户进程是主动方，只能先发起通信请求，服务器进程是被动方，只能响应请求、提供服务。如果一台计算机专门运行服务器程序，就称这台计算机是服务器；而主要运行客户程序的计算机就称为客户端计算机。按照这样的方式组建的计算机网络，就称为C/S网络。它适合于一台服务器为多个客户端服务的系统。这时，客户端只是提出请求，大量计算要由服务器完成。所以，客户端不需要配置很高的硬件和复杂的操作系统，而服务器端要有较高的软硬件配置，并且服务器端要一直工作，等待客户请求。

2）对等模式

在对等（Peer-to-Peer，P2P）式模式中，任何一方都可以作主动方，也可以作被动方。或者说，在这种网络中，任何一方都可以先发起请求，所以设备调度配置也基本相当，适合于连接的用户数比较少，且要共享的数据、资源不多的情况。

（1）在C/S模式下，发起通信的主动方是客户，但并非只有一方可以发送另一方只能接收地单工通信，只要通信关系建立，通信就是双向的。哪一方都可以发送，也可以接收。

（2）并非客户端没有计算功能，只有发送请求功能。只是说，服务器端可以提供一些公共服务，如数据库检索等。

2. 客户机/服务器计算模式的优点

目前的计算机网络基本上都是采用 C/S 模式的，原因就是它能带来如下一些益处。

1）增强了系统的稳定性和灵活性

C/S 模式将应用与服务相分离，使得系统具有即插即用的特点，减少了因系统变更带来的影响，模块易于替换、增减、移植，增强了系统的稳定性和灵活性。

2）能够为作业配备较佳资源

C/S 模式可以针对应用和服务的不同要求，以及针对不同的处理要求来配置相应的资源，取得最佳的性能/价格比，提高了服务质量、集成水平和事务处理能力。

3）大大减低了系统的开发成本和风险

C/S 模式便于类似系统的开发，它提供了一个开发框架，缩短了解决问题的时间，减少了风险，能将开发过程中的重复劳动减少到最少。同时，它可以在较低廉的工作站上完成开发，然后移植到较昂贵的产品系统中，大大减少了开发费用。

4）便于维护和应用

C/S 模式为系统人员提供了一个共同的后台（服务器）环境，为用户提供了一个友好的操作环境，便于维护和使用。

综上所述，由于 C/S 模式可以进行系统的合理配置，也便于维护，所以特别适合计算机网络中各种应用，如域名服务、E-mail 服务、Web 服务等。到了 20 世纪 90 年代中期，客户端逐渐变成了只运行浏览器，并把这种模式称为 B/S（Browser-Sever，浏览器—服务器）模式。

4.1.2　应用层协议

1. 应用层协议的概念

计算机网络应用是一系列网络应用的总称。每一种网络应用都有自己的应用层协议，用来规定这种网络应用所应当遵守的通信规则，其内容包括如下几点。

① 通信双方交换信息时所用的报文类型，如请求报文和响应报文。

② 各种报文的语法，即报文的组成及每个字段的长度和表示方法。

③ 报文中各字段的语义，即各字段中所存信息的含义。

④ 通信过程中的时序关系。

所以，学习一种网络应用的核心是了解其协议。

2. 网络应用层协议需要的服务

应用层是网络中的最高层。在 TCP/IP 网络中，应用层协议的工作需要 TCP/UDP 层为其提供服务支持。表 4.1 所示为几种主要 Internet 应用所需要的 TCP/UDP 支持。简单地说，TCP 服务就是面向连接的服务，UDP 服务就是数据报服务。

表 4.1　几种主要 Internet 应用所需要的 TCP/UDP 支持

Internet 应用	应用层协议	TCP/UDP 支持
文件传输	FTP	TCP
超文本传输	HTTP	TCP
电子邮件	SMTP	TCP
远程终端访问	TELNET	TCP
IP 电话	专用协议	通常 UDP
流媒体	专用协议	UDP/TCP

4.2 域名服务系统

随着 TCP/IP 成为网络的实际标准，IP 地址的记忆问题便浮现出来，成为 Internet 广泛应用的瓶颈。人们迫切希望能用容易记忆的名字串代替 IP 地址，于是开发了域名系统（Domain Name System，DNS）来实现域名管理及其与 IP 地址之间的转换，域名系统为广大 Internet 用户提供了极大便利。

4.2.1 域名空间

1. 域名空间及其结构

DNS 将域名数据分类，并采用分布式与层次式方式进行处理。这个树形结构的域名系统，组成了图 4.1 所示的域名空间。

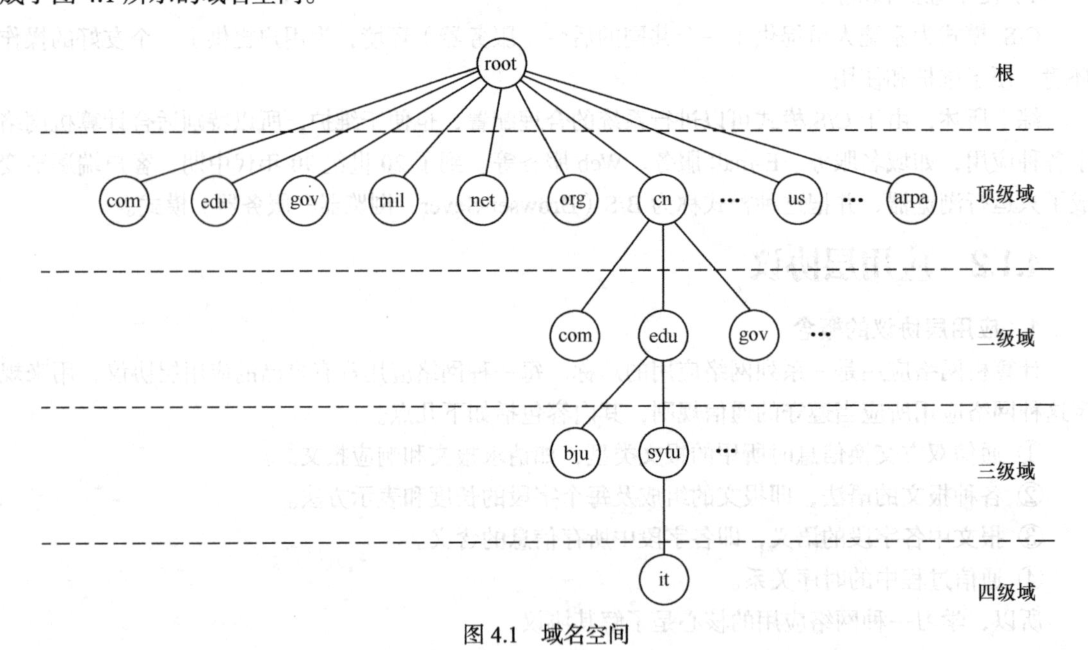

图 4.1 域名空间

目前，国际域名管理的最高机构是 Internet 域名和地址管理公司（Internet Corporation for Assigned Names and Numbers，ICANN），它负责管理全球 Internet 域名及地址资源，其下的域名由 3 个大的网络信息中心进行管理。

- INTERNIC：负责美国及其他地区。
- RIPENIC：负责欧洲地区。
- APNIC：负责亚太地区。

NSI（美国的 Network Solutions Inc.）、CNNIC（中国互联网络信息中心）均是更下一级的机构。类似的机构还有很多，分布在全球各地，负责不同区域的域名注册服务。

2. 顶级域名

Internet 源于美国，DNS 也是由美国开发的。最初开发时并没有考虑到要跨出国家的范围，因而定义的顶级机构域也只指美国的机构。随着 Internet 在全球迅速发展，INTERNIC 不得不扩充顶级域名空间。域名空间的扩充部分称为地理域（国家域）。所以顶级域名空间主要有两部分，即机构域和地理域。

最常使用的机构域有表 4.2 所示的 7 个。

表 4.2 最常使用的机构域

域	描述
com	商业机构（Commercial Organization）
edu	教育机构（Education Institution）
gov	政府机构（Government Agencies）
int	国际组织（International Orgnization）
mil	军事机构（Military Agencies）
net	网络服务机构（Network Support Center）
org	非营利机构（Non-profit Organization）

地理域采用 ISO3166 中定义的国家或地区代码，如表 4.3 所示。

表 4.3 地理域

域名	含义	域名	含义	域名	含义
aq	南极大陆	fi	芬兰	my	马来西亚
ar	阿根廷	fr	法国	nl	荷兰
at	奥地利	gr	希腊	no	挪威
au	澳大利亚	hk	中国香港地区	nz	新西兰
be	比利时	hu	匈牙利	pl	波兰
bg	保加利亚	ie	爱尔兰	pr	波多黎各
br	巴西	il	以色列	pt	葡萄牙
ca	加拿大	in	印度	se	瑞典
ch	瑞士	is	冰岛	sg	新加坡
cl	智利	it	意大利	th	泰国
cn	中国	jp	日本	tw	中国台湾地区
de	德国	kr	韩国	uk	英国
dk	丹麦	kw	科威特	us	美国
ec	厄瓜多尔	lt	立陶宛	ve	委内瑞拉
eg	埃及	lu	卢森堡	za	南非
es	西班牙	mx	墨西哥		

4.2.2 域名规则

1. 英文域名规则

1）域名的组成

- 26 个英文字母。
- 数字 0～9。
- 英文中的连词符“-”（不得用于开头及结尾处）。

2）域名中字符组合规则

- 在域名中不区分英文字母的大小写。
- 空格及符号，如 ？、∧;、:、@、#、$、%、^、～、_、=、+、,、.、。、<、>等，都不能用在域名中。
- 英文域名命名长度限制介于 2～46 个字符，三级域名长度不得超过 20 个字符。
- 各级域名之间用实点（.）连接。

3）域名使用的限制

不得使用或限制使用以下名称。

- 注册含有“China”“Chinese”“CN”“National”等需经国家有关部门（指部级以上单位）正式批准。
- 公众知晓的其他国家或者地区名称、外国地名、国际组织名称不得使用。
- 县级以上（含县级）行政区划名称的全称或者缩写需相关县级以上（含县级）人民政府正式批准。
- 行业名称或者商品的通用名称不得使用。
- 他人已在中国注册过的企业名称或者商标名称不得使用。
- 对国家、社会或者公共利益有损害的名称不得使用。

其中，经国家有关部门（指部级以上单位）正式批准和相关县级以上（含县级）人民政府正式批准是指，相关机构要出具书面文件表示同意××××单位注册×××域名。例如，要申请 beijing.com.cn 域名，则要提供北京市人民政府的批文。

2. 中文域名

英文域名不太符合汉语习惯，随着 Internet 用户爆炸式地增长，这一文化冲突也日益受到重视。1998 年 12 月，第一个中文域名“中国青年报”出现，用户只需在浏览器的地址栏中填入“中国青年报”即可访问《中国青年报》主页。

2000 年 1 月，CNNIC 中文域名系统开始试运行。2000 年 5 月，美国 I-DNS 公司也推出中文域名注册服务。2000 年 11 月 7 日，CNNIC 中文域名系统开始正式注册。2000 年 11 月 10 日，美国 NSI 公司的中文域名系统开始正式注册。这些都为汉语为母语的人群提供了方便。

中文域名的使用规则基本上与英文域名相同，只是它还允许使用 2～15 个汉字的字词或词组，并且中文域名不区分简繁体。CNNIC 中文域名有以下两种基本形式。

- “中文.cn”形式的域名。
- “中文.中国”等形式的纯中文域名。

在 http://www.cnnic.net.cn/cdns/reg-manage.shtml 上可以查阅到“中文域名注册管理办法（试行）”。

4.2.3 域名解析

DNS 所提供的服务就是域名与 IP 地址之间的映射——域名解析。

1. 域名服务器

Inetrnet 上的主机成千上万，并且还在随时不断增加。每个主机具有一个 IP 地址，又有一个域名，从而形成了巨大的名字空间。把巨大的名字空间存放在一个数据库中，由一个服务器进行解析，将会使名字解析的效率低到几乎无法进行的程度。因此，Interent 中的名字信息实际被存储在分布式域名数据库中。这些分布在全球 Internet 中的域名数据库，称为域名服务器或名字服务器（Name Server）。各域名服务器分布式地存储各自管理的域名信息。

为了管理上的方便，全球的域名服务按照域名空间的层次关系进行组织，并把具有某一后缀的所有计算机组成一个 Zone（区域，网上的结点群）。一个域名服务器可以管理一个或多个 Zone；一个 Zone 管理员必须为所管辖的 Zone 提供一个主域名服务器和至少一个辅域名服务器，以便当主域名服务器出现故障时，不会影响所管辖的 Zone 的服务。

在 DNS 系统中，向域名服务器提出查询请求的 DNS 工作站称为域名解析器（Resolver）。为了减少 Internet 上的 DNS 通信量，所有的域名服务器都使用了高速缓存。域名服务器每次收到有关域名的映射信息（主机名和 IP 地址），都会将它们存放在高速缓存中。当有域名解析器提出相同的查询请求时，就可以在高速缓存中直接得到结果，而无需通过域名服务器。只有得到高速缓存中没有要查询的请求时，才去向域名服务器发出查询报文。

同时，所有的域名服务器都是相互链接的。这样，才能让用户快速地找到正确的域名服务器。

2. 域名解析的基本过程

DNS 服务器的工作流程称为域名解析过程，它实际上就是一个查询过程。DNS 查询可以根据具体情况采用不同的方式。查询的过程如下。

① 客户机首先从以前查询获得的缓存信息中查询，查询不到，进入下一步。

② DNS 服务器从自身的资源记录信息缓存中查询，查询不到，进入下一步。

③ DNS 服务器代表请求客户机去查询或联系其他 DNS 服务器，这个过程是递归的，以便完全解析该名称，并随后将应答返回至客户机。

3. 域名解析的正向搜索和反向搜索

正向搜索是把一个域名解析成一个 IP。反向搜索正好相反，它是把一个 IP 地址解析成一个域名，常见的诸如 Windows 2003 下的 nslookup 命令工具。由于 DNS 服务是按域名而不是按 IP 地址索引的，一旦进行反向搜索就会搜索所有的信息，很消耗资源。为了避免这种情况，DNS 服务创建了一个叫 in-addr.arpa 的特殊二级域，它使用与其他域名空间结构相同的方法，但它不采用域名，而是采用 IP 地址。

实训 11 DNS 服务器配置

一、实训说明

DNS 服务器提供域名服务，可实现 IP 地址和域名之间的转换。通常人们使用容易记忆的域名来访问站点，但网络传输使用的是 IP 地址，因此，要想用域名来访问站点，需要先配置 DNS 服务器。

二、实训目的

（1）掌握在 Windows 上进行 DNS 服务器配置的方法。

（2）加深对客户机/服务器模式的理解。

（3）熟悉服务器配置向导的使用方法。

三、实训内容

（1）安装 DNS 服务器。

（2）创建区域。

（3）创建域名。

（4）设置 DNS 客户端。

（5）删除 DNS 服务器。

四、实训准备

安装有 Windows 2008 Server 并连接在网络中的计算机。

五、实训参考步骤

1. 安装 DNS 服务器

在默认情况下，安装 Windows Server 2008 系统时并不包括安装 DNS 服务器。安装 DNS 服务器的基本过程如下。

（1）依次单击“开始”→“管理工具”→“服务器管理器”，打开“服务器管理器”窗口。在该窗口中单击“角色”，然后单击“添加角色”，弹出“添加角色向导”对话框。在该对话框的复选框中找到 DNS 服务器，选中后单击“下一步”按钮，如图 4.2 所示。

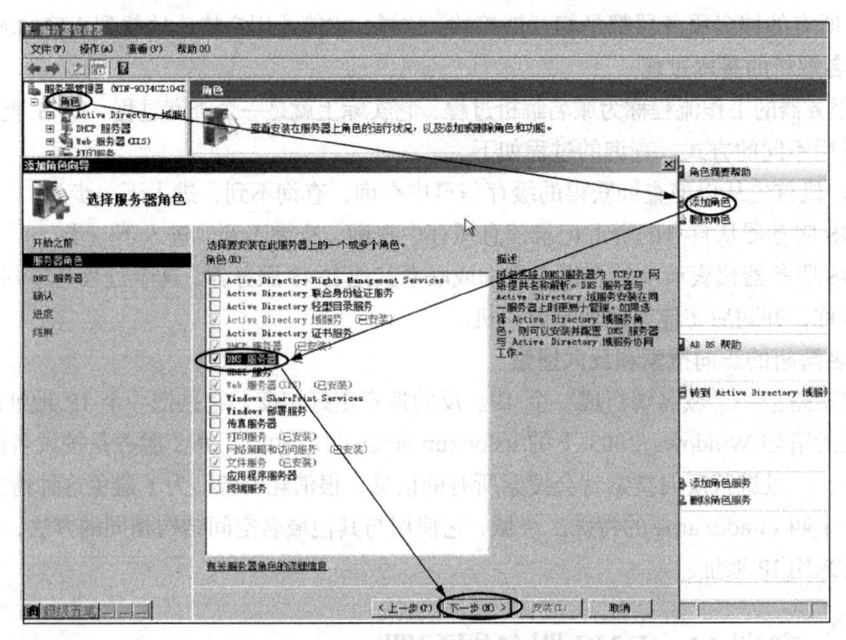

图 4.2 “添加角色向导”窗口一

（2）根据“添加角色向导”的提示，连续单击“下一步”按钮，最后单击“安装”按钮，如图 4.3 所示。

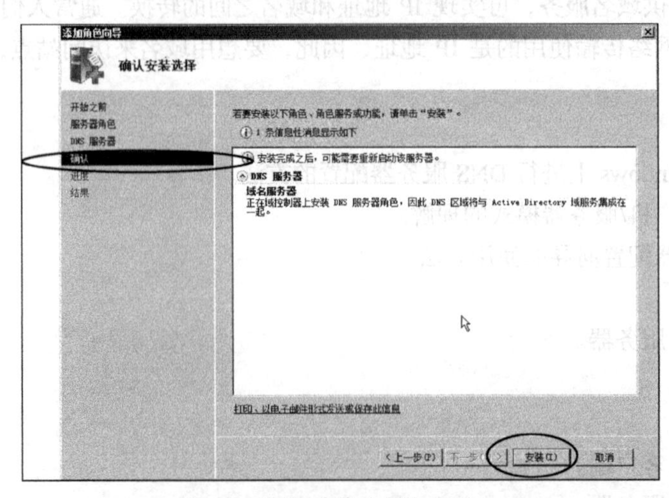

图 4.3 “添加角色向导”窗口二

（3）等待一段时间后，安装成功。

2. 创建区域

创建一个 DNS 服务器，除了必需的计算机硬件、服务器软件外，还需要一个数据库——一个新的区域来存储供局部用的 DNS 名称与 IP 地址或有关服务数据。因此，选定了主机之后，就要创建一个新的区域，具体过程如下。

（1）创建正向查找区域

① 依次单击“开始”→“管理工具”→“DNS”，打开“DNS 管理器”窗口，右键单击“正向查找区域”，选择“新建区域”，如图 4.4 所示。

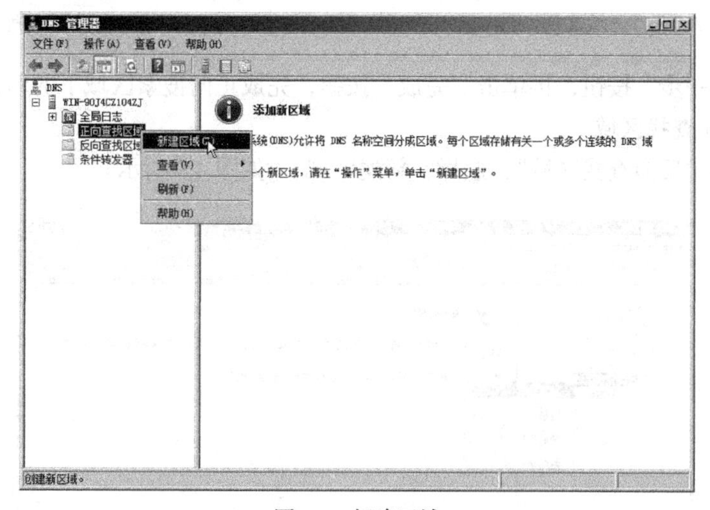

图 4.4　新建区域

② 打开“区域类型”对话框，如图 4.5 所示。在“选择您要创建的区域的类型”多选项中有 3 个选项：“主要区域”“辅助区域”和“存根区域”。用户可以根据区域存储和复制的方式选择一个区域类型。这里选择“主要区域”。

③ 单击“下一步”按钮，在“区域名称”对话框中依照规范为新区域命名，这里命名为“test.com”，如图 4.6 所示。

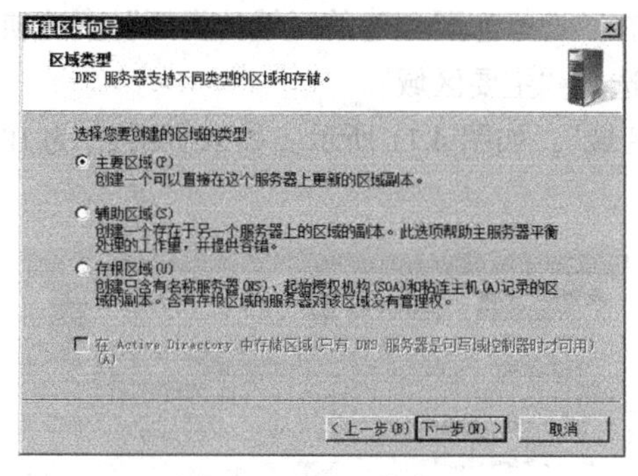

图 4.5　选择区域类型

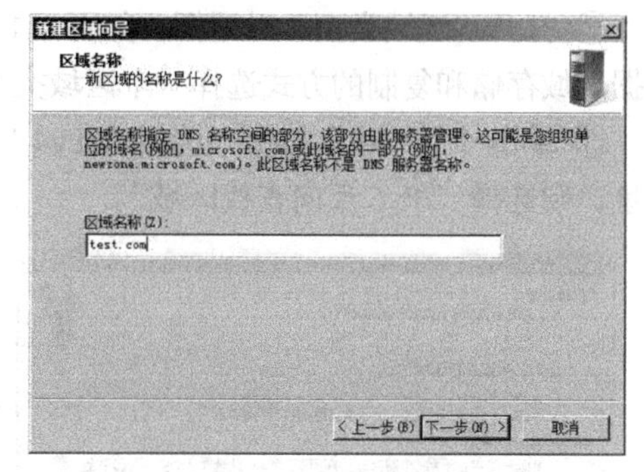

图 4.6　填写区域名称

④ 单击“下一步”按钮，在“区域文件”对话框中可以选择“创建新文件”或“使用此现存文件”单选按钮。这里选择“创建新文件”，文件名为默认，如图 4.7 所示。

⑤ 单击“下一步”按钮，弹出“动态更新”对话框，用户可以选择“允许非安全和安全动态更新”或“不允许动态更新”单选按钮。这里选择“不允许动态更新”，如图 4.8 所示。

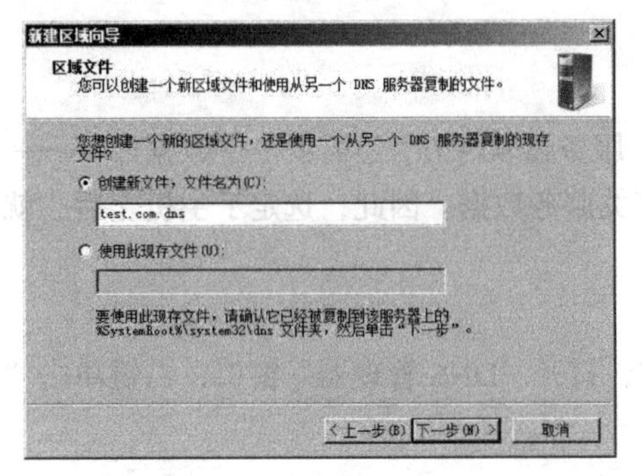

图 4.7 选择区域文件

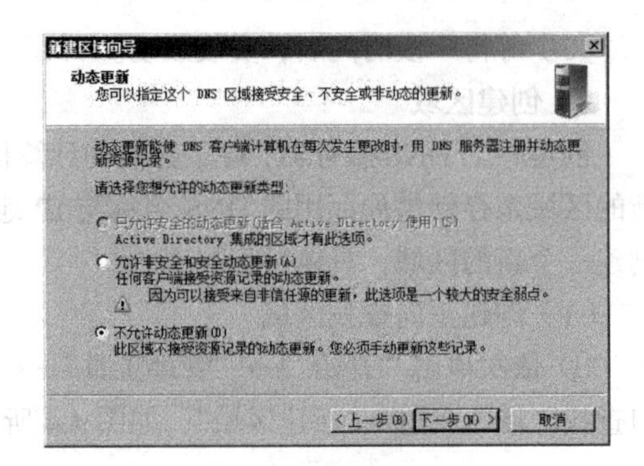

图 4.8 动态更新选项

⑥ 单击“下一步”按钮，再单击“完成”按钮，完成正向搜索区域下的新建区域的配置。

（2）创建反向查找区域

① 右键单击“反向查找区域”，选择“新建区域”，如图 4.9 所示。

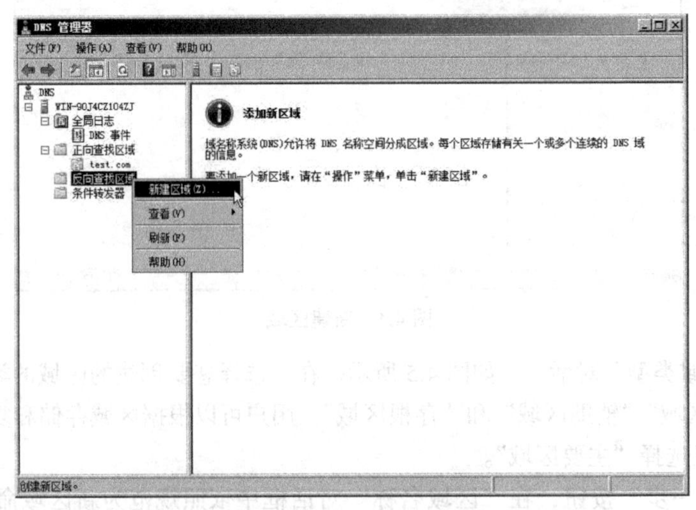

图 4.9 创建反向查找区域

② 打开“区域类型”对话框，如图 4.10 所示。在“选择您要创建的区域的类型”多选项中根据区域存储和复制的方式选择一个区域类型。这里选择“主要区域”。

③ 单击“下一步”按钮，选择“IPv4 反向查找区域”，如图 4.11 所示。如果所用 IP 为 IPv6 地址，则选择“IPv6 反向查找区域”。

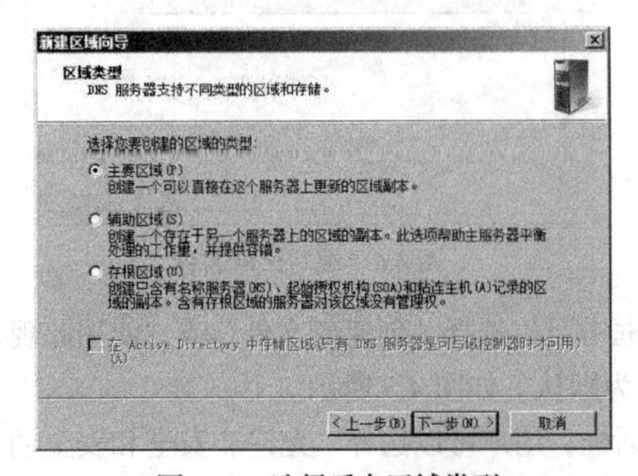

图 4.10 选择反向区域类型

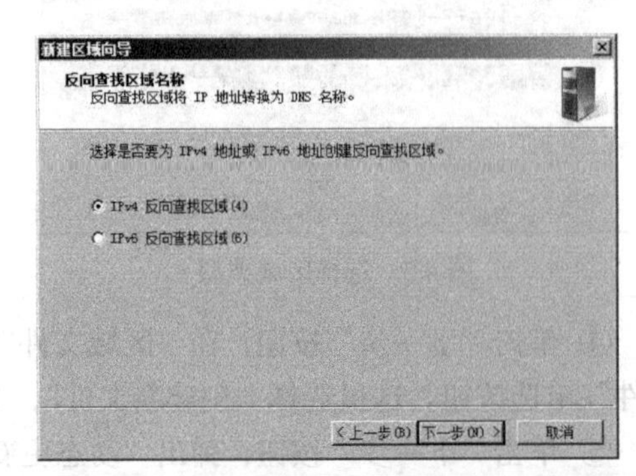

图 4.11 为 IPv4 或 IPv6 创建反向查找区域

④ 单击“下一步”按钮，输入“网络 ID”。这里输入“172.16.18”，如图 4.12 所示。

⑤ 单击“下一步”按钮，在“区域文件”对话框中可以选择“创建新文件”或“使用此现存文件”单选按钮。这里选择“创建新文件”，文件名为默认，如图 4.13 所示。

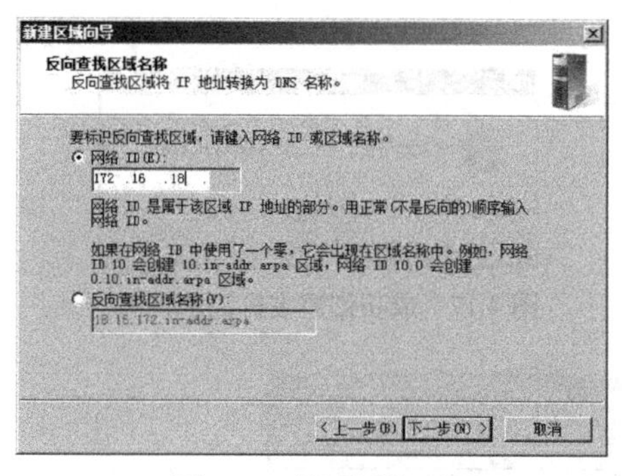

图 4.12　设置网络 ID

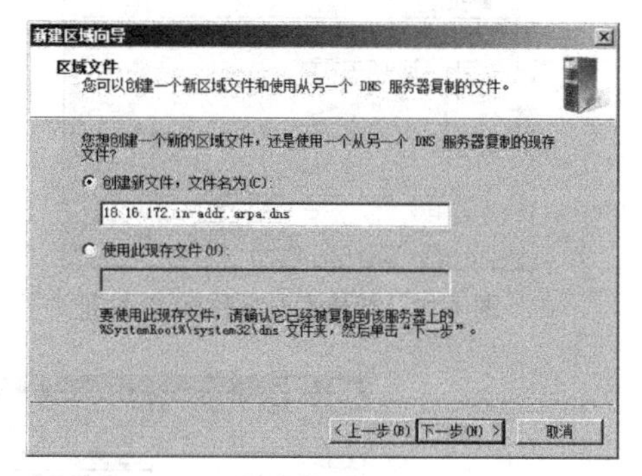

图 4.13　创建区域文件

⑥ 单击“下一步”按钮，弹出“动态更新”对话框，用户可以选择“允许非安全和安全动态更新”或“不允许动态更新”单选按钮。这里选择“不允许动态更新”，如图 4.14 所示。

⑦ 单击“下一步”按钮，再单击“完成”按钮，完成反向搜索区域下的新建区域的配置。

（3）创建主机

① 右键单击“test.com”区域，选择“新建主机”，如图 4.15 所示。

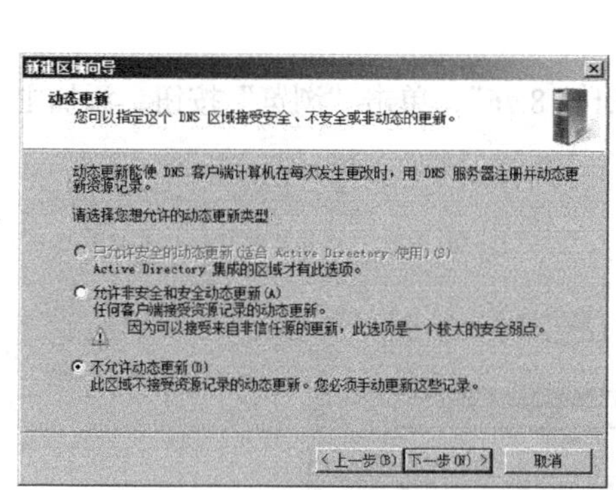

图 4.14　动态更新选项

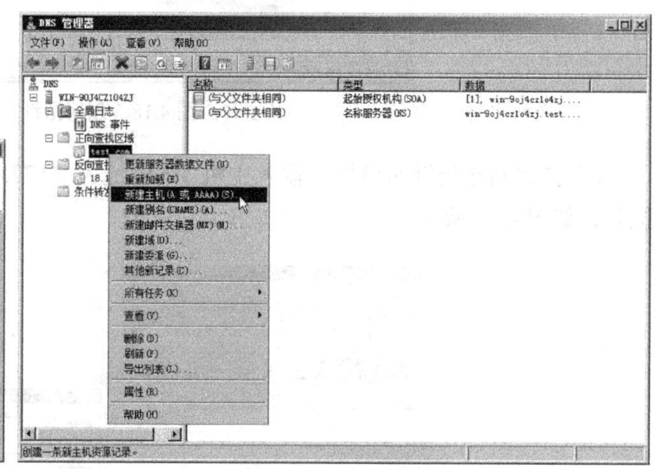

图 4.15　创建主机

② 弹出“新建主机”对话框，在“名称”文本框中输入主机名为“www”，这里输入可以标识主机意义的名称。在“IP 地址”文本框中输入“172.16.18.76”（本计算机的 IP 地址），如图 4.16 所示。如果勾选“创建相关的指针记录”复选框，则在反向区域中自动创建一条指针记录；如果不勾选，则手动在反向区域中创建一条指针记录。这里不勾选（要想自动在反向区域创建一条指针记录，勾选“创建相关的指针记录”的同时，反向查找区域必须已经创建）。

③ 单击“添加主机”按钮，弹出成功创建主机记录对话框，主机创建完成，如图 4.17 所示。

（4）创建指针记录

① 右键单击“反向查找区域”，选择“新建指针”，如图 4.18 所示。

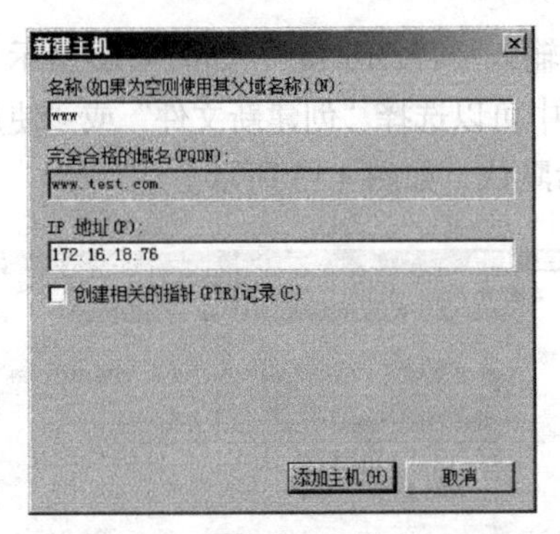

图 4.16　新建主机名称和 IP 地址

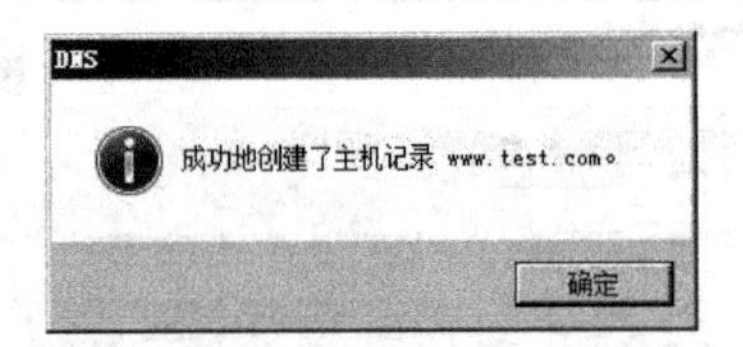

图 4.17　成功创建主机记录对话框

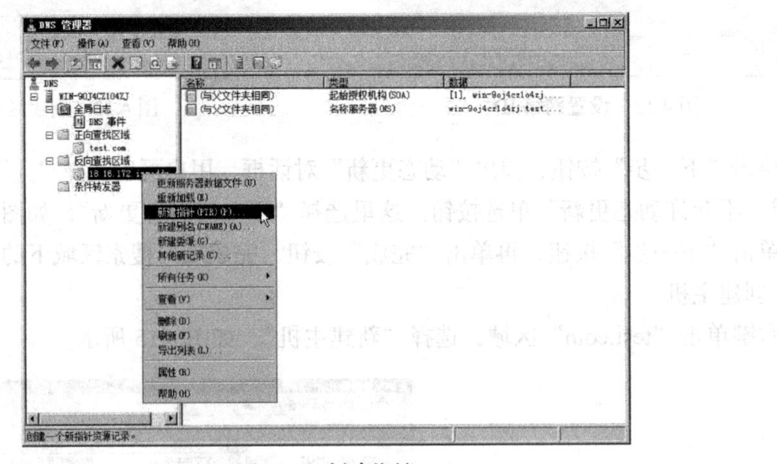

图 4.18　创建指针

② 弹出新建指针对话框，输入主机 IP 地址为“172.16.18.76”，单击“浏览”按钮，添加主机名，如图 4.19 所示。

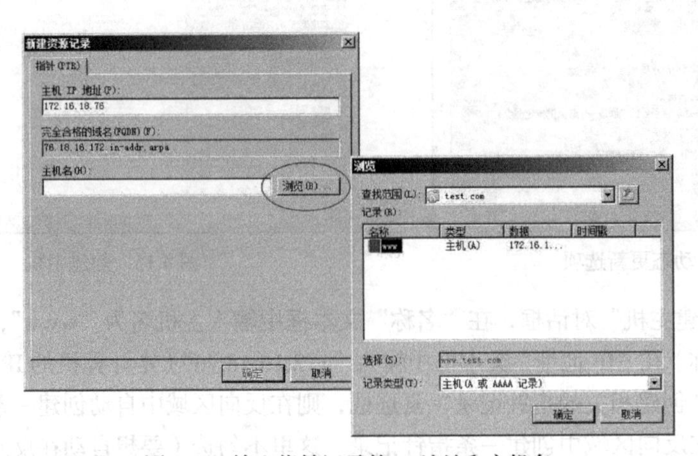

图 4.19　输入指针记录的 IP 地址和主机名

③ 单击“确定”按钮，完成指针的创建。

3. 验证 DNS 服务器

（1）设置 DNS 客户端

在客户机“Internet 协议版本 4（TCP/IPv4）属性”对话框中的“首选 DNS 服务器”编辑框

中设置刚刚部署的 DNS 服务器的 IP 地址（本例为“172.16.18.76”），如图 4.20 所示。

（2）用 nslookup 命令验证

打开“命令提示符”界面，输入 nslookup www.test.com 测试。

4. 删除 DNS 服务器

配置好服务器的各项功能后，若遇创建的 DNS 服务器不能正常运行的情况，需要将它删除以便创建新的 DNS 服务器。删除 DNS 服务器的方法是在如图 4.21 所示的“DNS 管理器”窗口中，右键选择服务器，所选择服务器即可删除。

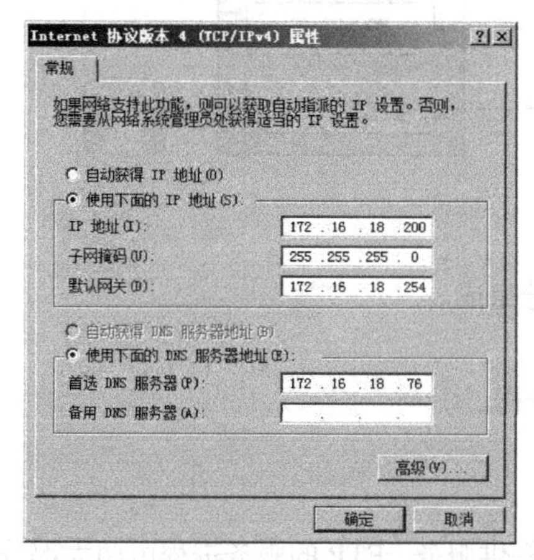

图 4.20　设置客户端 DNS 服务器地址

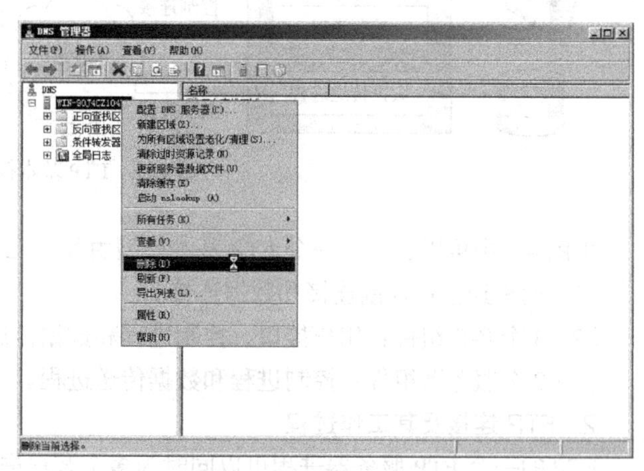

图 4.21　删除 DNS 服务器

六、附加实训

配置 DNS 服务器，实现多个域名解释。

七、分析与讨论

（1）安装 DNS 的服务器端与安装 DNS 的客户机端的作用各是什么？

（2）安装 DNS 的服务器端最关键的操作是什么？

4.3　文件传输协议

文件传输协议（File Transfer Protocol，FTP）是 TCP/IP 提供的标准机制，用来从一个主机将文件复制到另一个主机。它提供交互式的访问，允许客户指明文件的类型、格式（如是否用 ASCII 等）、存取权限（授权、口令等）。

在网络环境中，由于众多计算机厂商研制的文件系统存在差异，给文件传输带来许多困难，主要体现在以下几方面。

- 数据存储原型不一致。
- 文件命名规定不一致。
- 对于同一功能，操作命令因操作系统而异。
- 访问控制方法不一致。

FTP 的功能就是减少或消除在不同操作系统下处理文件的不兼容性。

4.3.1 FTP 模型

1. FTP 模型概述

FTP 采用 C/S 模式，图 4.22 所示为 FTP 的基本模型。

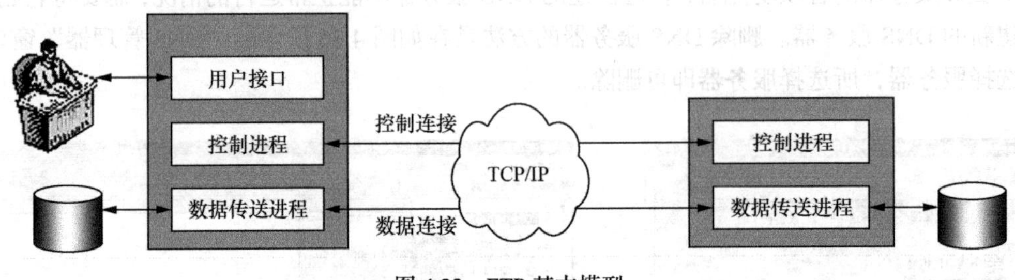

图 4.22　FTP 基本模型

由图 4.4 中可以看出，一个 FTP 基本模型由如下几部分组成。

（1）两种连接：控制连接和数据连接。

（2）3 个客户组件：用户接口、控制进程和数据传送进程。

（3）2 个服务器组件：控制进程和数据传送进程。

2. FTP 连接及其工作过程

FTP 的一个 FTP 服务器进程可以同时为多个客户进程提供服务。FTP 的服务进程由两大部分组成：一个负责接收新请求的主进程，多个处理单个请求的从进程。主进程工作时，要先打开公认端口（21），使客户进程能够连接。然后，主进程与从进程并行地工作，主进程等待并接收客户进程发出连接请求；从进程处理收到的请求，从进程对客户进程的请求处理完后即终止，但从进程在运行期间可能会创建其他子进程。

FTP 的一个技术特点是具有两条连接：一条用于数据传送，使用公认端口 20；另一条用于控制信息（命令和响应）的传送，使用公认端口 21。将命令和数据传送分开，将使 FTP 的传送效率更高，并且控制连接与数据连接不会发生混乱。

4.3.2 FTP 文件传输过程

1. 数据连接过程

控制进程接收到客户机的文件传输请求后，即创建数据传送进程，并同时创建数据连接。数据连接创建过程如下。

① 客户机使用临时端口发出传送文件命令。

② 客户机将该端口号发给服务器。

③ 服务器发出主动打开命令，建立公认端口 20 与客户机使用的临时端口之间的连接。

此后便由数据传送进程完成文件的传送。传送结束后关闭数据传送连接并结束运行。

2. 文件属性

在数据传输之前，必须通过控制连接定义要传送文件的 3 个属性。

1）文件类型

- ASCII 文件：这是传送正文文件的默认格式，每一个字符使用 NVT ASCII 进行编码。
- EBCDIC 文件。

- 图像文件：作为连续的比特流传送，没有解释和编码，是二进制文件的默认格式。

若文件为 ASCII 或 EBCDIC 编码，则还要定义文件的可打印性。

2）数据结构

- 文件结构（默认）：无结构的字节流文件。
- 记录结构：记录型文件，用于正文文件。
- 页面结构：页面可以顺序地存取。

3）传输方式

- 流方式（默认）：数据以字节流方式由 FTP 交给 TCP，由 TCP 将数据划分为合适大小的报文块。对记录结构，每一记录要增加一个 EOR（记录结束符），文件最后增加一个 EOF（文件结束符）；对文件结构，不需要文件结束符。
- 块方式：数据以块方式由 FTP 交给 TCP。每块前增加 3 字节用作块描述和指示块大小。
- 压缩方式。

3. 文件传输方式

- 读取文件：从服务器将一个文件复制到客户机。
- 存储文件：从客户机将一个文件复制到服务器。
- 从服务器将目录列表或文件名以文件形式发送到客户机。

4. 控制连接上的通信

FTP 控制连接上的通信方法与 Telnet 相同，都使用 NVT ASCII 字符集，并通过命令和响应完成，系统在创建从进程（控制进程）时随之创建控制连接。该控制连接的创建过程如下。

① 服务器在公认端口 21 发出被动打开命令，等待客户机连接，如图 4.23（a）所示。

② 客户机使用临时端口发出主动打开命令，如图 4.23（b）所示。

（a）服务器在公认端口 21 发出被动打开命令

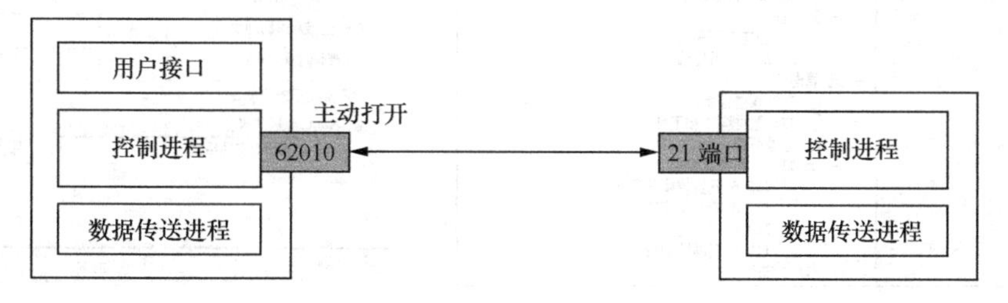

（b）客户使用临时端口发出主动打开命令

图 4.23 创建控制连接

控制连接在整个会话期间一直打开，随时准备接收客户机的文件传输请求。

在控制连接上传送的是命令与响应。命令由客户发向服务器；响应由服务器发回客户。每一个命令产生至少一个响应。

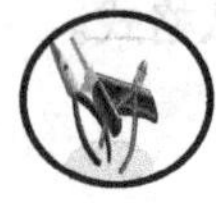

实训12　FTP服务器配置

一、实训说明

FTP服务器是在互联网上提供存储空间的计算机，它们依照FTP提供服务。FTP的全称是File Transfer Protocol（文件传输协议），即专门用来传输文件的协议。简单地说，支持FTP协议的服务器就是FTP服务器。

二、实训目的

（1）掌握在Windows上进行FTP服务器配置的方法。

（2）加深对客户机/服务器模式的理解。

（3）熟悉服务器配置向导的使用方法。

三、实训内容

（1）FTP站点的规划。

（2）管理默认的FTP站点。

（3）添加新的FTP站点。

（4）FTP站点的设置和访问。

四、实训准备

安装有Windows 2008 Server并连接在网络中的计算机。

五、实训参考步骤

1. 添加FTP角色功能

选择安装FTP的角色服务，如图4.24所示。

2. 配置默认FTP站点

（1）打开默认FTP站点的属性对话框，如图4.25所示。

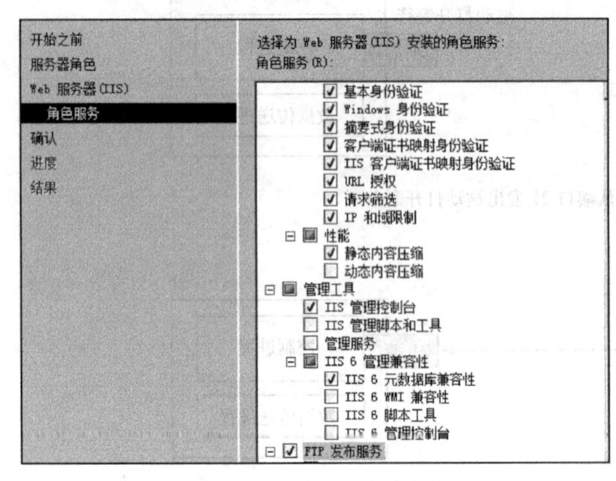

图4.24　安装FTP角色服务

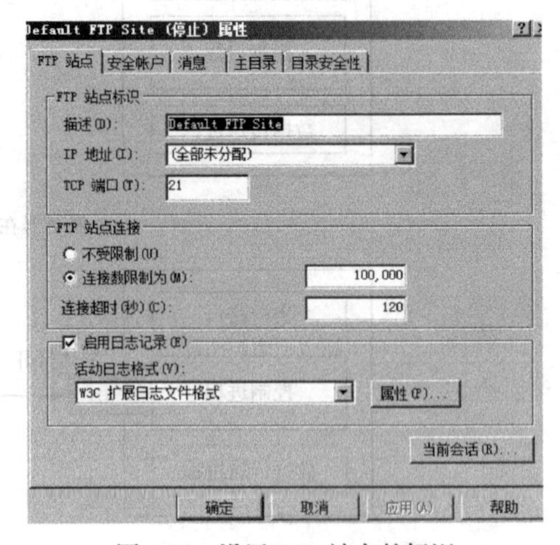

图4.25　设置FTP站点的标识

（2）设置默认FTP站点的安全账户，取消“允许匿名连接”复选框，如图4.26所示。

（3）设置FTP站点的主目录路径，并设置用户在本目录下读取和写入的权限，如图4.27所示。

3. 在客户机上访问FTP站点

在客户机上，打开浏览器，在地址栏输入ftp://172.16.0.1，访问FTP站点，如图4.28所示。

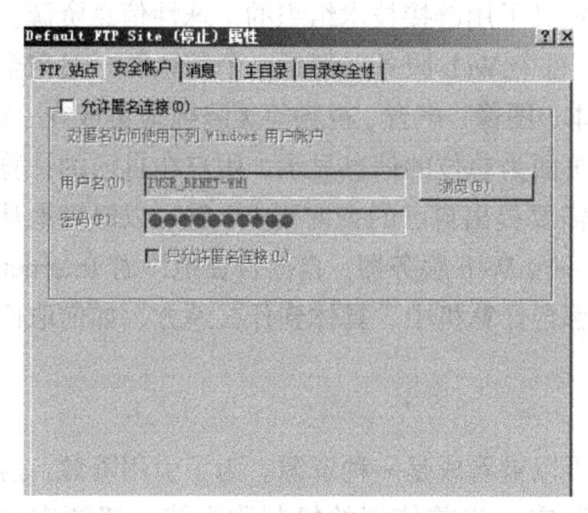

图 4.26　配置 FTP 站点的安全账户

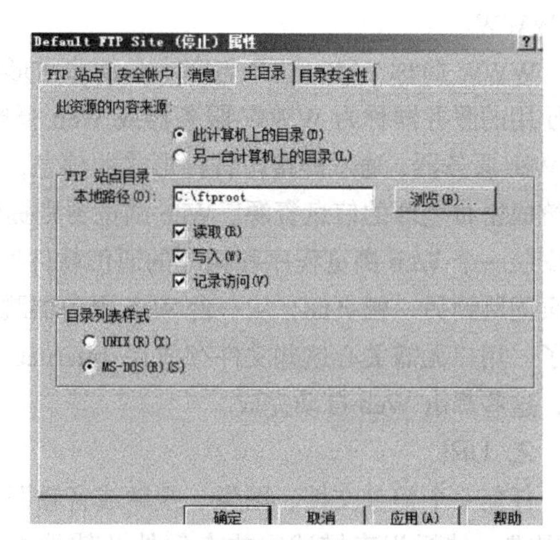

图 4.27　设置主目录路径和访问权限

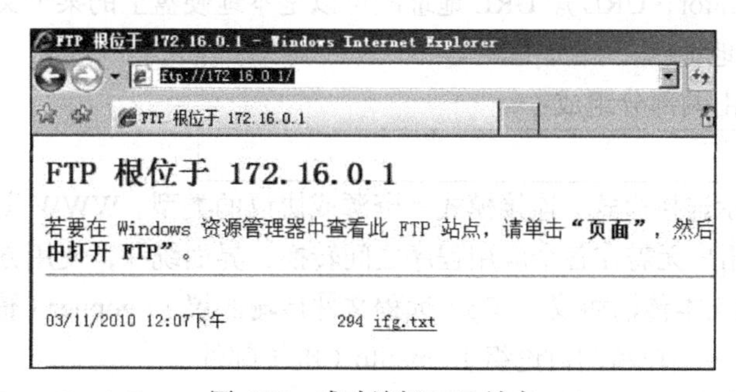

图 4.28　成功访问 FTP 站点

六、附加实训

（1）利用命令提示符和第三方软件访问 FTP 站点。

（2）用 sever-U 创建 FTP 站点。

七、分析与讨论

如何从客户机匿名访问 Web 站点？

4.4　超文本传输

4.4.1　超文本与 Web

1. 概述

毫无疑问，阅读本书的读者应当都使用过 Internet 上的浏览器了，也体会过浏览时从一个网页跳跃到另一个网页，从某处跳跃到他处的奇妙功能了，这就是超文本技术。超文本是指一个含有多个链接（Link）的文本文件，每一链接可以指向任何形式的、计算机可以处理的其他信息源，即它可以通过热链路（Hotlink）或关键字（词）链接到其他文本、图像、声音、动画等任何形式的文件中，形成一种“联想”关系。一个超文本由多个信息源链接（Hyper Link）而成，并且这些信息源的数目可以不受限制，从一个文档链接到另一个文档，形成遍布世界的 WWW。

WWW 简称 Web，这个名字本身就非常形象地定义了用链接技术组织的全球性信息资源。它所使用的服务器称为 WWW 服务器或 Web 服务器，每个 Web 服务器都是一个信息源。遍布全球的 Web 服务器，通过链接把各种形式的信息，如文本、图像、声音、视频等无缝隙地集成在一起，构筑成密布全球的信息资源。Web 浏览器则提供以页面为单位的信息显示。用户在自己的计算机上安装一个 Web 浏览程序和相应的通信软件后，只需要提出自己的查询要求，就可以轻松地从一幅页面跳到另一幅页面，从一台 Web 服务器跳到另一台 Web 服务器，自由自在地漫游 Internet 世界了。用户无需关心这些文件存放在 Internet 上的哪台计算机中、具体到什么地方、如何取回信息，这些都由 Web 自动完成。

2. URL

任何一个信息文档、图像、视频或音频图片都可以被看成是一种资源。为了引用资源，应当使用唯一的标识来描述它放在何处及软件如何存取它，当前使用的机制称为统一资源定位器（Uniform Resource Locator，URL）。URL 地址既可以是本地硬盘上的某个文件的地址，也可以是 Internet 上一个网点的地址。

简单地说，URL 由两部分组成：

sckema：path

这里，sckema 表示连接模式，连接模式是资源或协议的类型。WWW 浏览器将多种信息服务集成在同一软件中，用户无需在各个应用程序之间转换，界面统一，使用方便。目前支持的连接模式主要有：http（超文本传输协议）、ftp（远程文件传输协议）、gopher（信息鼠）、WAIS（广域信息查询系统）、news（用户新闻讨论组）、mailto（电子邮件）。

path 部分一般包含有主机全名、端口号、类型和文件名、目录号等。其中，主机全名以双斜杠“//”打头，一般为资源所在的服务器名，也可以直接使用该 Web 服务器的 IP 地址，但一般采用域名体系。

path 部分的具体结构形式随连接模式而异，下面介绍两种 URL 格式。

1）HTTP URL 格式

http：//主机全名[：端口号]/文件路径和文件名

由于 HTTP 的端口号默认为 80，因而可以不指明。

2）FTP URL 格式

ftp：//[用户名[：口令]@]主机全名/路径/文件名

其中，缺省的用户名为“anonymous”，用它可以做匿名文件传输。如果账户要求口令，口令应在 URL 中编写或在连接完成后登录时输入。

4.4.2 B/S 计算模式与浏览器结构

1. B/S 模式及其特点

Web 以 B/S 模式（浏览器/服务器模式）工作。B/S 模式是在 C/S 模式基础上发展起来的一种适合 Web 工作的模式。它一方面继承和共融了 C/S 模式中的网络软、硬件平台和应用，另一方面又有了一些新的发展和 C/S 模式所不及的特点。下面介绍这些特点。

1）用户访问方式

在 C/S 计算模式中，一般采用具有图形用户接口（GUI）的 PC 作为客户机端设备；用户在客户机上以事件驱动方式 1 对 *M* 地访问应用服务器上的资源。

在 B/S 模式中，用户在基于浏览器的客户机上以网络用户界面（NUI）方式 *N* 对 *M* 地访问服务器上的资源。

2）体系结构

通常 B/C 模式采用如图 4.29 所示的浏览器—Web 服务器—应用数据库服务器的三层结构。这时，在用户端只需要安装一个通用的浏览器软件，不需要安装应用软件，做到了与软、硬件平台无关，为用户提供了方便，并且它的前端以 TCP/IP 为基础，企业内的 Web 服务器可以接受安装有 Web 浏览程序的 Internet 终端的访问。作为最终用户，只要通过 Web 浏览器，各种处理任务都可以通过调用系统资源来完成，这样大大简化了客户端，减轻了系统维护与升级的成本和工作量，降低了用户的总体拥有成本（TCO）。

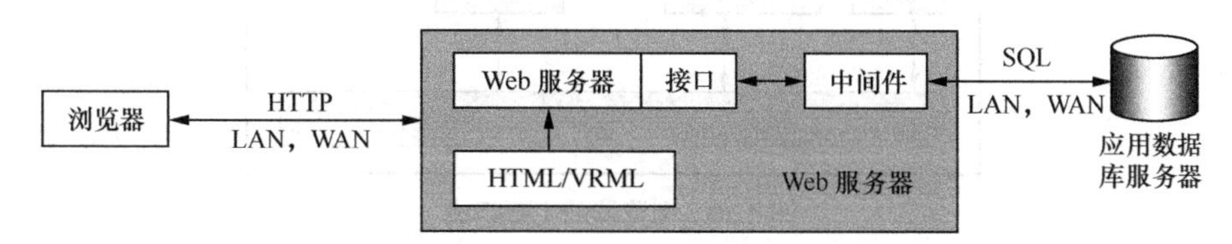

图 4.29　Web 信息服务框架

3）开发、维护和升级

在 C/S 模式中，客户端承担着显示逻辑和事务处理逻辑双重功能。系统设计中软件开发的工作量主要在客户端。相对而言，服务器端只承担数据处理逻辑，是一种通用功能，开发相对简单。因此，系统维护的工作量也主要在客户端。

在 B/S 模式中，客户端是一种通用的浏览器，没有多少开发量，主要工作在服务器端。随着软件系统的改进和升级越来越频繁，B/S 架构的产品明显体现出更方便的特性。无论用户的规模有多大，有多少分支机构，都不会增加任何维护升级的工作量，所有的操作只需要针对服务器进行。如果是异地，只需要把服务器连接上网即可立即进行维护和升级，这对人力、时间、费用的节省是相当惊人的。

表 4.4 所示为 B/S 模式与 C/S 模式特点的对比。

表 4.4　B/S 模式与 C/S 模式特点的对比

模式	结构	应用软件分布	客户机	客户访问形式	数据流	平台无关性	开发点
C/S	两层结构：客户机—服务器	客户端和服务器端	胖客户机	1:*M*/GUI	突发性	否	客户机
B/S	三层结构：浏览器—Web 服务器—应用数据库服务器	服务器端	瘦客户机	*N*:*M*/NUI	不可预测	是	服务器

2. 浏览器结构

在 B/S 模式中，用户的本地计算机或经远程登录的主机中运行有 Web 的客户程序，即 Web 浏览器。Web 浏览器主要提供两种功能：一方面向用户提供风格统一的、使用方便的信息查询界面；另一方面将用户的信息查询请求转换成 Internet 的查询命令，传送到网上相应的 Web 站点进行处理。Web 服务器完成规定的工作就将所查询结果返回客户机，通过客户程序把返回数据格式化为屏幕显示的格式，显示给用户。客户与 Web 服务器间的交互是通过 HTTP

实现的。

图 4.30 所示为浏览器的组成。可以看出，一个浏览器有一组客户、一组解释程序、一个管理客户和解释程序的控制程序。

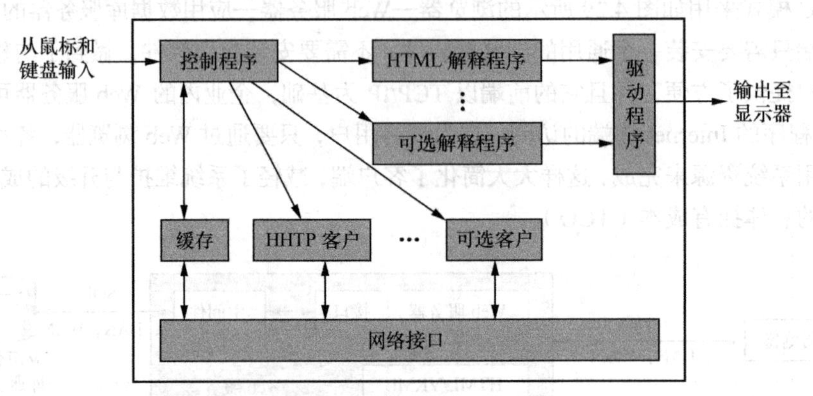

图 4.30 浏览器的主要组成

控制程序是浏览器的核心部件，它解释鼠标命令和键盘输入，并调用有关组件执行用户指定的操作。例如，当用户单击一个链接的起点时，控制程序就调用一个客户程序从远程服务器上将所需文档取回，并调用解释程序向用户显示该文档。

缓存在浏览器中用于存放页面的副本。每当用户单击某一选项时，浏览器首先检查磁盘中的缓存内是否有该项，避免网络过多地传输，以改善浏览器的运行特性。

4.4.3 HTTP 的工作机制

1. HTTP 的特点

在 Web 系统中，浏览器是一个网络客户机，用户可以用浏览器通过 HTTP 并根据某资源的 URL 向 Web 服务器提出请求；Web 服务器一方面通过接口和中间件与网上数据库资源连接，另一方面按用户请求的 URL 将用 HTML/VRML 书写的 HTML/VRML 页面返回给客户端，由浏览器负责解释执行，将最终结果显示在用户面前。因此，浏览器实际上就是一个 HTML/VRML 解释器。

实现 Web 的通信协议 HTTP，是为分布式超媒体信息系统设计的一个协议，它定义了 HTTP 的通信交换机制、请求及响应消息的格式等。

（1）以 B/S 模式为基础。HTTP 支持浏览器与服务器之间的通信及相互传送数据。一个服务器可以为分布在世界各地的许多浏览器服务。因而它是一种分布式信息系统，并能对多重协议提供一个统一的通用接口。

（2）简易性。HTTP 被设计成一个非常简单的协议，使得 Web 服务器能高效地处理大量请求，客户机要连接到服务器，只需发送请求方式和 URL 路径等少量信息。由于 HTTP 简单，HTTP 的通信与 FTP、Telnet 等协议的通信相比，速度快而且开销小。

（3）可扩充性与内容-类型（Content-Type）标识。HTTP 具有较好的可扩充性，能够支持所有的数据格式，使用该协议传输的信息不仅仅是超文本，也可以是简单文本、声音信号、图像，以及可以在 Internet 上访问的任何其他信息，并让客户程序能够恰当地处理它们。

（4）无连接性。无连接性的含义是限制每次连接只处理一个请求，服务器处理完客户机的请求并收到客户机的应答后，即断开连接，不会继续为这个请求负责，从而不用为保留历史请求而耗费宝贵的资源。这样，实现起来效率十分高，可以节省传输时间。

（5）可靠性。HTTP 是一种建立在 TCP 上的协议，它使用 TCP 来确保自身的可靠性。

（6）无状态性。HTTP 是一种无状态的协议。无状态是指协议处理事务没有记忆能力。这意味着，由于缺少状态使得 HTTP 累赘少，系统运行效率高，服务器应答快；另一方面，由于没有状态，协议对事务处理没有记忆能力，若后续事务处理需要有关前面处理的信息，那么这些信息必须在协议外面保存；另外，缺少状态意味着所需的前面处理的信息必须重现，导致每次连接需要传送较多的信息。

2. HTTP 的通信端口

HTTP 通信建立在 TCP/IP 连接上，缺省的 TCP 端口号是 80，但也可以使用其他端口号。Web 服务器运行着一个守护进程（HTTP Daemon），它始终在端口 80 监听来自远程客户的请求。当一个请求发来时，守护进程就会产生一个子进程来处理当前请求，守护进程继续以后台方式运行，在端口 80 监听来自远程的连接请求。

HTTP 通信中客户提出请求应该带上全部必要的信息，客户机和服务器之间不能对不明确的问题进行磋商。一旦客户提出请求，服务器感到信息不够时，没有办法要求客户给出进一步的信息。

实训 13 Web 服务器配置

一、实训说明

World Wide Web 的中文名为万维网（也称为“网络”“WWW”“3W”“Web”），它是一个资料空间。在这个空间中：一样有用的事物，称为一样“资源”；并且由一个全域“统一资源标识符”（URL）标识。这些资源通过超文本传输协议（hypertext transfer protocol）传送给使用者，而使用者通过单击链接来获得资源。从另一个观点来看，万维网是一个透过网络存取的互连超文件（interlinked hypertext document）系统。

二、实训目的

（1）掌握在 Windows 上进行 Web 服务器配置的方法。

（2）加深对客户机/服务器模式的理解。

（3）熟悉服务器配置向导的使用方法。

三、实训内容

（1）Web 站点的规划。

（2）管理默认的 Web 站点。

（3）添加新的 Web 站点。

（4）Web 站点的设置和访问。

四、实训准备

安装有 Windows 2008 Server 并连接在网络中的计算机。

五、实训参考步骤

1. 添加 Web 服务器角色

（1）选择要安装在此服务器上的一个或多个角色，如图 4.31 所示。

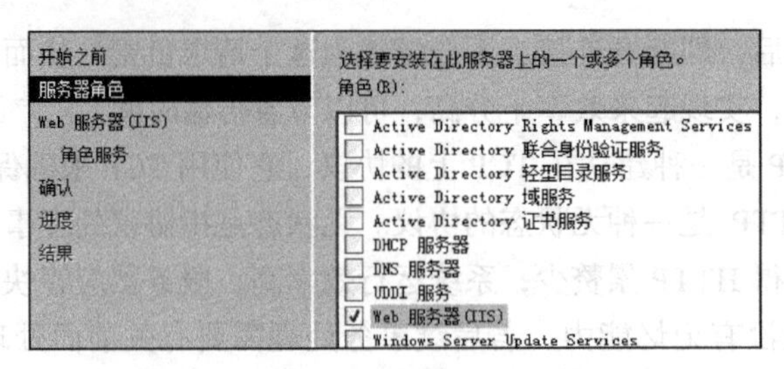

图 4.31　在服务器上安装 Web 服务器角色

（2）选择为 Web 服务器（IIS）安装的角色服务，如图 4.32 所示。

（3）成功安装 Web 服务器的角色，如图 4.33 所示。

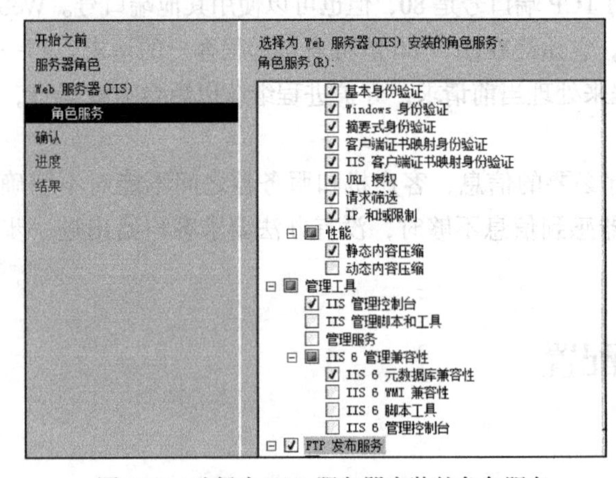

图 4.32　选择为 Web 服务器安装的角色服务

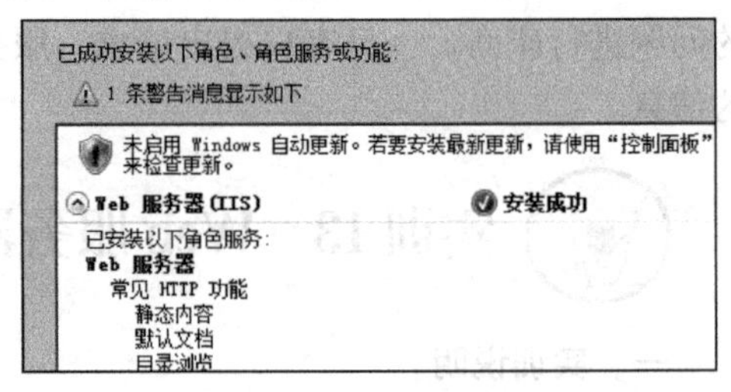

图 4.33　成功安装 Web 服务器的角色

2. 添加主机记录

新建 Web 主机，域名和 IP 地址如图 4.34 所示。

3. 创建新站点

（1）选中默认的 Web 服务器，单击鼠标右键，选择“添加网站”命令，弹出如图 4.35 所示的对话框。

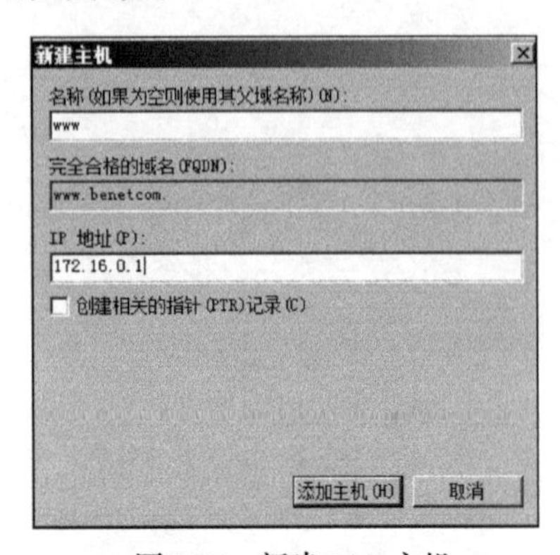

图 4.34　新建 Web 主机

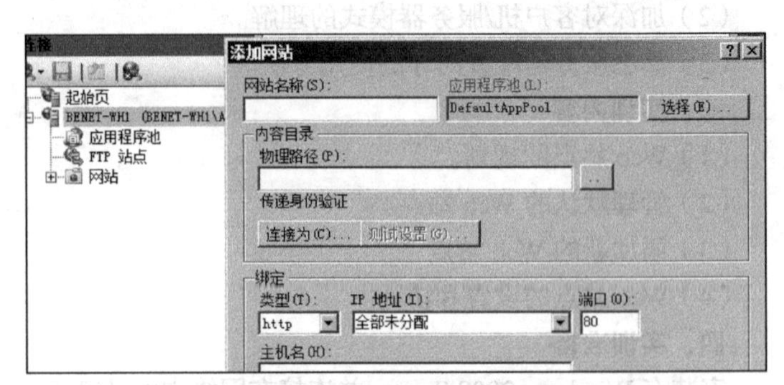

图 4.35　打开“添加网站”对话框

（2）输入网站名称为“IFG”，并选择网页保存的物理路径，如图 4.36 所示。

4. 禁用匿名身份验证，启用基本身份认证

（1）选择新建的 Web 站点“IFG”，打开“身份验证”窗口，如图 4.37 所示。

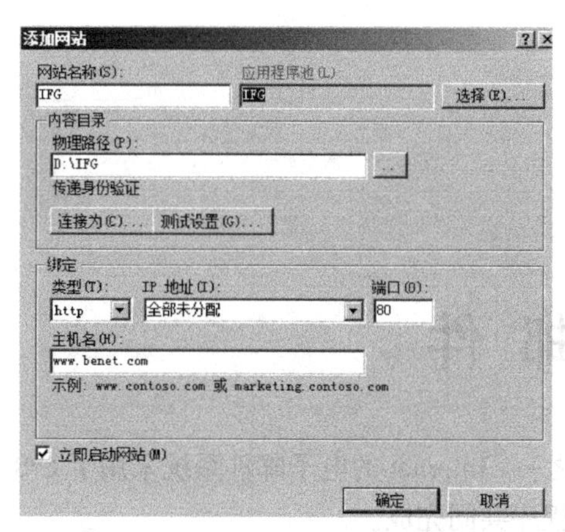

图4.36 配置网站名称及选择物理路径

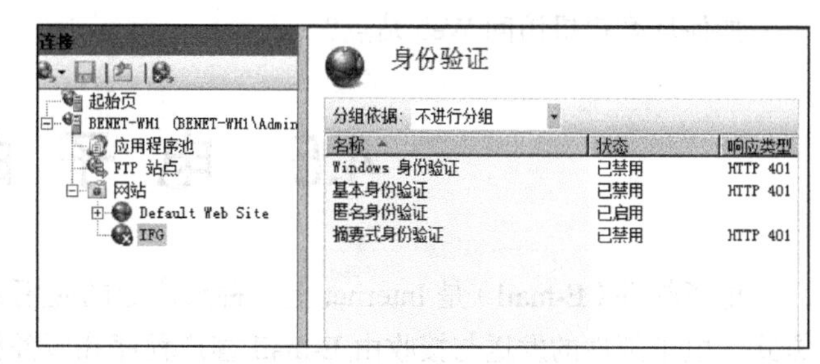

图4.37 打开身份验证窗口

（2）选中“匿名身份验证”，将其设置为“已禁用”，如图4.38所示。

（3）选中“基本身份验证”，将其设置为“已启用”，如图4.39所示。

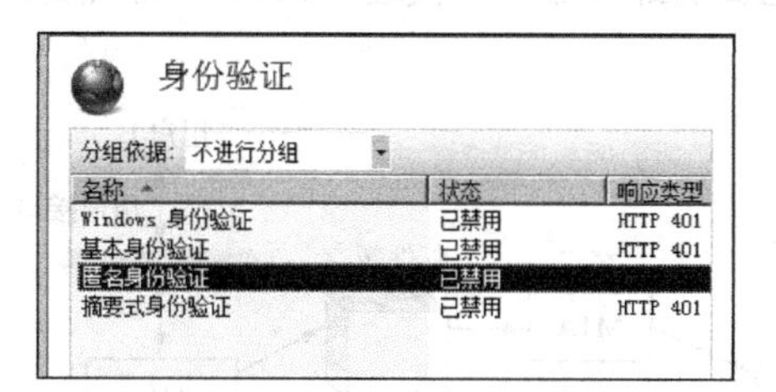

图4.38 禁用匿名身份验证

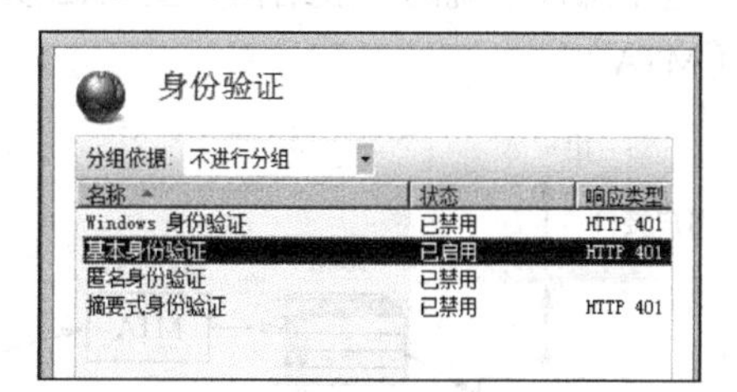

图4.39 启用基本身份验证

5. 客户使用用户名和密码访问该站点

在客户机中，输入网址 http://www.benet.net，在弹出对话框中输入预先设定好的用户名和密码访问 Web 站点，如图4.40所示。

输入正确的“用户名”和“密码”后，单击“确定”按钮，会显示成功登录到新建的 Web 站点，如图4.41所示。

图4.40 访问 Web 站点

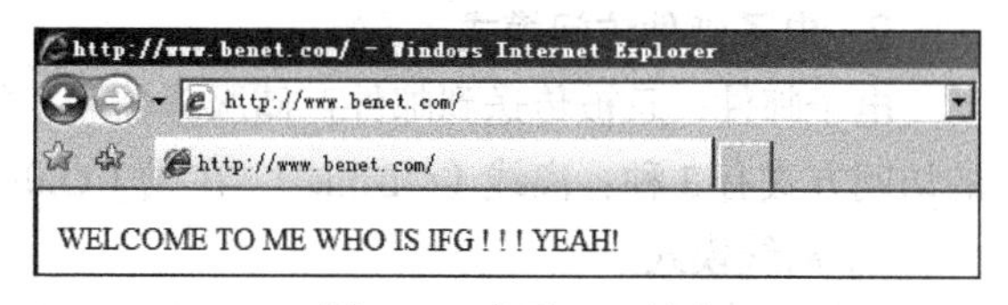

图4.41 登录 Web 站点

六、附加实训

（1）使用不同的 IP 地址创建 Web 站点。

（2）使用不同的端口号创建不同的 Web 站点。

七、分析与讨论

如何从客户机访问 Web 站点?

4.5 电子邮件

电子邮件（E-mail）是 Internet 上一种最广泛的应用之一。Internet 的电子邮件系统采用了 C/S 方式，电子邮件的发送与接收由 E-mail 客户程序和服务程序共同完成。

4.5.1 电子邮件系统的基本原理

1. 电子邮件系统的一般构成

电子邮件系统的一般结构如图 4.42 所示，其最主要的部件是用户代理（UA）和邮件传送代理（MTA）。

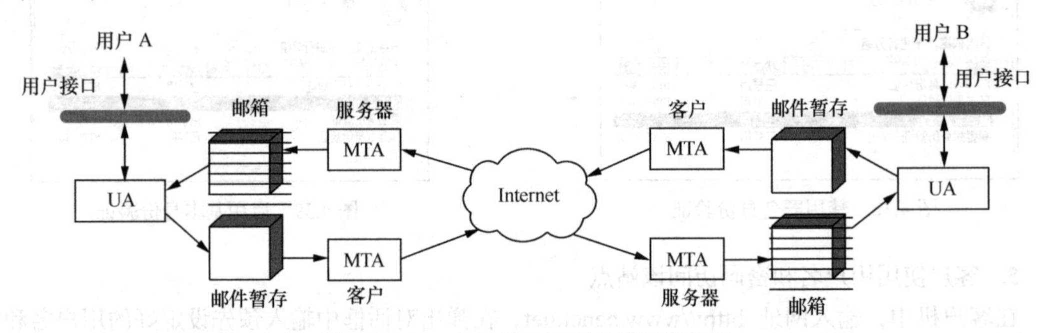

图 4.42 E-mail 的客户机/服务器工作方式

1）用户代理（UA）

UA（User Agent）通常是一个用来发送和接收邮件的程序，它的主要功能如下。

- 发送邮件：UA 为用户准备报文、创建信封，并将报文装进信封，暂存起来。
- 接收邮件：UA 定期检查邮箱，若有邮件到来，就向用户发出一个通知；若用户打开信箱准备读取邮件，则显示一个清单，给出邮件的有关信息，包括发信人地址、主题、发送时间等。

有些用户代理还具有额外的用户接口，向用户提供可视化的交互服务。

2）邮件传送代理（MTA）

MTA（Mail Transfer Agent）相当于现实生活中的邮局，担任邮件传送工作。MTA 分为客户机 MTA 和服务器 MTA。客户机 MTA 的功能是将暂存的邮件传送到 Internet 上，服务器 MTA 的功能是将 Internet 上送来的邮件传送到客户端的邮箱中。

2. 电子邮件访问模式

电子邮件一旦被传送到邮件存储服务器后，接收者就可以访问它。接收者对电子邮件服务器的访问方式有 3 种：离线（Offline）、在线（Online）和断线（Disconnected）。

1）离线模式

离线模式是最基本的模式。按照该模式工作时，客户机与邮件存储服务器相连接后，下载所有的接收者邮件，同时从服务器中将其删除；然后在本地客户机上存储、处理。这种模式简单，仅需要最小的服务器连接时间。

2）在线模式

在线模式中所有的邮件处理和操作都在服务器上进行（尽管在某些情况下，用户可以把邮件下载到本地客户机上，但服务器中仍然保留）。当用户需要访问并处理电子邮件时，必须与服务器保持连接。这样，客户机的配置可以很小，但服务器需要有足够的带宽和资源供多个用户分享。

3）断线模式

断线模式综合了离线模式和在线模式的特点。在这种模式下，用户能下载邮件在本地客户机上离线处理，但服务器仍然是邮件的保存处。用户处理完邮件后，可再次与邮件服务器连接并上载所有的改变。采用这种模式，客户机与服务器的连接时间更短，但不论客户机还是服务器都需要足够的资源。

4.5.2 简单邮件传输协议

简单邮件传输协议（Simple Mail Transfer Protocol，SMTP）是 Internet 上各 MTA 站点之间的电子邮件传送协议。SMTP 主要用于建立连接、传送邮件和释放连接。一个邮件报文的传送过程需要经过以下 3 个阶段。

1. 建立连接

在使用 SMTP 进行邮件传送过程中，客户机（发送）端使用短暂端口，服务器（接收）端使用公认端口 25。当客户机与服务器的公认端口 25 之间建立了一条 TCP 连接后，SMTP 服务器就开始其连接阶段。

2. 传送报文

SMTP 在客户与服务器之间建立连接后，发信人就可以向一个或多个收信人发送一个单独的报文了。

3. 终止连接

报文传送成功后，客户机就可以终止连接。

4.5.3 其他几个重要的电子邮件协议

1. 通用 Internet 邮件扩充标准（MIME）

MIME（Multipurpose Internet Mail Extensions）是一个辅助协议，它允许非 ASCII 数据通过 SMTP 传送。为适应任意信息数据类型的表示，每个 MIME 报文要包含收信人需要了解的数据类型和所使用编码的信息。基本内容类型（Content-Type）用于说明邮件的性质。表 4.5 所示为 7 种基本内容类型及其说明。

表 4.5 7 种基本内容类型及其说明

基本内容类型	子类型	说明
text	plain	无格式文本
	richtext	有少量格式命令的文本
image	gif	GIF 格式静止图像
	jpeg	JPEG 格式静止图像
audio	basic	可听见声音
video	mpeg	MPEG 格式影片
application	octet-stream	不间断字节序列
	postscript	PostScript 可打印文件

续表

基本内容类型	子类型	说明
message	rfc822	MIME RFC 822 邮件
	partial	为传输而分割开的邮件
	external-body	从网上获取文件
multipart	mixed	按规定顺序的几个独立部分
	alternative	不同格式的同一文件
	parallel	必须同时读取的几部分
	digest	每一部分都是完整的 RFC 822 邮件

2. 邮局协议（POP）和 Internet 报文存取协议（IMAP）

以拨号连接方式进行电子邮件传送的用户一般都要使用 POP（Post Office Protocol）。这种情况下，用户要先拨号，与邮箱所在的计算机建立连接；连接成功就可以运行 POP 客户程序，与远地的 POP 服务器程序通信，发送或接收电子邮件。

POP 是一个离线协议，它是一个具有存储转发功能的中间服务器，用户每次打开邮箱，即将邮箱中接收到的邮件一次性取回到自己的计算机，POP 服务器不再保存这些邮件，用户与 POP 服务器的连接即中断。此后，用户便可以在自己的计算机上自由地处理收到的邮件。

IMAP（Internet Message Access Protocol）是美国斯坦福大学从 1986 年就开发的与 POP3 对应的一种多重邮箱电子邮件协议。它能从邮件服务器上获取有关 E-mail 信息或直接收取邮件，具有高性能和可扩展的优点。它提供在线、离线、断线 3 种操作模式，使用户可以在远地操纵服务器邮箱。所有收到的邮件要先送到 IMAP 服务器，用户需要打开某个邮件，则将该邮件传到自己的计算机中，在用户未发出删除该邮件的操作之前，它一直保存在 IMAP 服务器上。显然，使用 IMAP 与使用 POP 相比，用户与服务器的连接频繁且时间长。

应当注意，IMAP 和 POP 是用户与本地邮件服务器之间的邮件传送协议，而 SMTP 是 Internet 上各 MTA 站点之间的电子邮件传送协议。

3. 邮件转发

邮件转发（Mail Forwarding）软件可以将邮件中使用的邮件地址映射为一个或多个新的邮件地址。此外，它还包含一个邮件别名扩展（Mail Alias Expansion）机制。使用别名系统，允许单个用户拥有多个邮件标识符，于是就可以建立一些邮件发送清单（Mailing List）使一个标识符与一批收信人相关联，利用邮件分发器（Mail Exploder）将接收到的一个邮件发送给一大批人。在 Internet 上有许多开放的邮件发送清单。

4. 电子邮件网关

SMTP 并非唯一的电子邮件协议。如图 4.43 所示，当一个专用网中不使用 TCP/IP 时，其所使用的电子邮件协议就会与 SMTP 不同。这时可以通过电子邮件网关（E-mail Gateway）实现不同协议之间的转换，将一种格式的邮件转换成另一种格式。

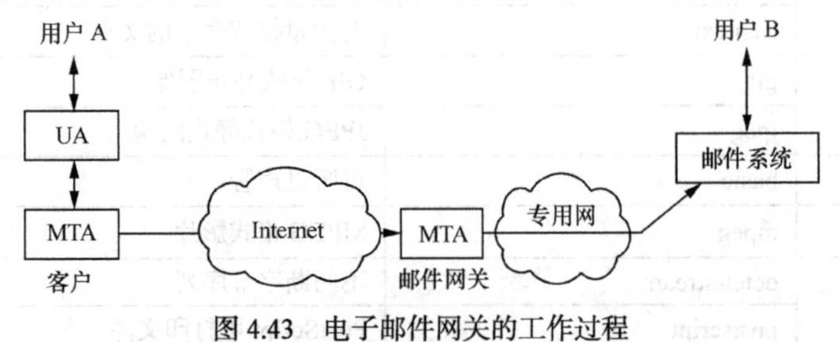

图 4.43 电子邮件网关的工作过程

4.6 网络交流平台

网络交流平台就是以互联网作为交流分享的平台，综合利用网络载体，达到双方思想交流的目的。运用 BBS、E-mail、即时通信软件、Blog（博客）等网络交流载体，可以提高交流的广泛性，最大限度地实现社会化网络信息的可选择性和平等性。

4.6.1 即时通信软件

即时通信（Instant Messaging，IM）是指能够即时发送和接收互联网消息等的业务。自 1998 年面世以来，特别是近几年的迅速发展，即时通信的功能日益丰富，逐渐集成了电子邮件、博客、音乐、电视、游戏、搜索等多种功能。即时通信不再是一个单纯的聊天工具，它已经发展成集交流、资讯、娱乐、搜索、电子商务、办公协作、企业客户服务等为一体的综合化信息平台。

即时通信软件除了可以实时聊天和互传信息，大部分还集成了语音聊天、文件传输的功能。下面介绍即时通信软件的一些主要功能。

- 文件传输：高速、稳定的实时文件传输功能，支持断点续传，并且支持离线文件传输。
- 即时消息：联机与脱机消息，支持消息的自定义，支持多人对话和消息群发。
- 视频功能：可自定义图像的压缩级别，以适应各种上网速度的要求。
- 群组功能：支持百人群组，且群组模式下支持自定义表情及贴图功能。
- 远程协助：对方能清晰地看到本地操作，协助更到位、更快捷。
- 电子名片：用户可设置个人电子名片，便于商务交流信息的宣传。
- 网络硬盘：具有分享、保存和提取文件功能，不占用磁盘空间。
- 语音对话：采用成熟的语音压缩技术，通话双方可得到很好的通话效果。
- 状态管理：有离开、忙碌、会议等常用状态，还提供自定义在线状态的功能。
- 界面更换：支持界面皮肤的更换，用户可自由选择。
- 自助广告：支持客户端的广告内容的设定，便于与商务网站的整合。
- Web 标签：支持自设客户端 Web 标签，支持动态参数，方便与其他 Web 整合。
- 网站融合：能与网站良好地融合，实现单击在线图标即能沟通。
- 升级：客户端用户可以进行相应的文件更新。

下面介绍几种当前国内外比较流行的即时通信软件。

1. ICQ

ICQ 作为 IM 软件领域的缔造者，不得不说它成就了一个辉煌。1996 年 7 月成立的 Mirabilis 公司于同年 11 月推出了全世界第一款即时通信软件 ICQ（目前 ICQ 已经归 AOL 旗下所有），取意为“我在找你”——“I Seek You”，简称 ICQ。

这款软件一经推出，即刻全球响应，凭借着前所未有的创意很快在全世界拥有了大批的用户，即使在当时互联网不太发达的亚洲，市场用户量也占到了 70%，在我国更是占到了 80%。但是到了现在，根据调查显示，国内的 IM 软件排名中 ICQ 已大大落后，不能满足中文用户的使用习惯是影响中国市场占有率的一个重要因素。

2. QQ

QQ 是 1999 年 2 月由腾讯自主开发的基于 Internet 的即时通信网络工具——腾讯即时通信

（TencentInstant Messenger，TM 或腾讯 QQ），QQ 凭借其合理的设计、良好的易用性、强大的功能、稳定高效的系统运行，赢得了用户的青睐。QQ 以前是模仿 ICQ 的，ICQ 是国际的一个聊天工具，OICQ 在模仿它时在 ICQ 前加了一个字母 O，意思是“开放的 ICQ”，后因版权问题改名为 QQ。

QQ 不仅仅是简单的即时通信软件，它还与全国多家寻呼台、移动通信公司合作，实现传统的无线寻呼网、GSM 移动电话的短消息互连，是国内最为流行、功能最强的即时通信（IM）软件。腾讯 QQ 支持在线聊天、即时传送视频、语音、文件等多种多样的功能。同时，QQ 还可以与移动通信终端、IP 电话网、无线寻呼等多种通信方式相连，这些功能使 QQ 不仅仅是单纯意义的网络虚拟呼机，更是一种方便、实用、超高效的即时通信工具。

随着时间的推移，根据 QQ 所开发的附加产品越来越多，如 QQ 宠物、QQ 音乐、QQ 空间、QQ 游戏等，受到了用户的青睐。

3. MSN

MSN Messenger 是出自微软公司的即时通信工具，和腾讯 QQ 属同一个类别的工具。MSN 是四大顶级个人即时通信工具之一，在国内通信工具市场上稳稳占据第二的位置，仅次于腾讯 QQ。

MSN 全称为 Microsoft Service Network（微软网络服务），MSN Messenger 的最新版本是 Windows Live Messenger 9.0。“MSN Messenger”这个字眼相当含糊，因为微软公司用这个术语关系了几个不同部分的消息解决方案。通过“MSN Messenger 网络”聊天，用来连接 MSN Messenger 网络的最流行的程序是“MSN Messenger”，而程序在 MSN Messenger 网络中使用的语言则是“MSN Messenger 协议”。MSN 作为一种联络通信工具，已经越来越得到普及了。

4. 飞信

飞信（Fetion）是中国移动推出的“综合通信服务”，即融合语音（IVR）、GPRS、短信等多种通信方式，覆盖 3 种不同形态（完全实时、准实时和非实时）的客户通信需求，实现互联网和移动网间的无缝通信服务。飞信不但可以免费从 PC 给手机发短信，而且不受任何限制，能够随时随地与好友开始语聊，并享受超低语聊资费。2012 年 7 月 4 日更新版本为“飞信 2012 骄阳”，向联通、电信用户开放注册。中国移动飞信实现了无缝链接的多端信息接收，MP3、图片和普通 Office 文件都能随时随地任意传输，让用户随时随地都可与好友保持畅快有效的沟通，工作效率高。

飞信除具备聊天软件的基本功能外，还可以通过 PC、手机、WAP 等多种终端登录，实现 PC 和手机间的无缝即时互通，保证用户能够实现永不离线的状态；同时，飞信所提供的好友手机短信免费发，语音群聊超低资费，手机、PC 文件互传等更多强大功能，令用户在使用过程中产生更加完美的产品体验；飞信能够满足用户以匿名形式进行文字和语音的沟通需求，在真正意义上为使用者创造了一个不受约束、不受限制、安全沟通和交流的通信平台。

4.6.2 最新的网络交流工具

1. 微博

微博，是微博客（MicroBlog）的简称，是一个基于用户关系的信息分享、传播及获取的平台，用户可以通过 Web、WAP 及各种客户端组建个人社区，以 140 字左右的文字更新信息，实现即时分享。最早也是最著名的微博是美国的 Twitter，根据相关公开数据，截至 2010 年 1 月份，该产品在全球已经拥有 7 500 万注册用户。2009 年 8 月，中国最大的门户网站新浪网推出“新浪微博”内测版，成为门户网站中第一家提供微博服务的网站，微博正式进入中文上网主流人群视野。2012 年 10 月，有报告显示截至 2011 年 12 月，中国微博用户总数达到 2.498 亿人。

微博是一种通过关注机制分享简短实时信息的广播式的社交网络平台。其中有以下 5 方面的理解。

- 关注机制：可单向、可双向。
- 简短内容：通常为 140 个字。
- 实时信息：最新实时信息。
- 广播式：公开的信息，谁都可以浏览。
- 社交网络平台：把微博归为社交网络。

微博提供这样一个平台，既可以作为观众，在微博上浏览感兴趣的信息；也可以作为发布者，在微博上发布内容供别人浏览。发布的内容一般较短，有 140 字的限制，微博由此得名。使用微博也可以发布图片、分享视频等。微博最大的特点就是信息发布及传播快速。例如，有 200 万听众，发布的信息会在瞬间传播给 200 万人。首先，相对于强调版面布置的博客来说，微博的内容只是由简单的只言片语组成，从这个角度来说，对用户的技术要求门槛很低，而且在语言的编排组织上，没有博客那么高；其次，微博开通的多种应用程序接口（API）使得大量的用户可以通过手机、网络等方式来即时更新自己的个人信息。

2. 微信

微信是腾讯公司于 2011 年 1 月 21 日推出的一款通过网络快速发送语音短信、视频、图片和文字，支持多人群聊的手机聊天软件。用户可以通过微信与好友进行形式上更加丰富的类似于短信、彩信等方式的联系。微信软件本身完全免费，使用任何功能都不会收取费用，微信时产生的上网流量费由网络运营商收取。2012 年 9 月 17 日，微信注册用户超过 2 亿人。

微信是一种更快速的即时通信工具，具有零资费、跨平台沟通、显示实时输入状态等功能，与传统的短信沟通方式相比，更灵活、智能，且节省资费。

微信是主要用于手机聊天的软件，支持智能手机中的 iOS、Android、Windows Phone 和塞班平台，具体特点如下。

- 支持发送语音短信、视频、图片（包括表情）和文字。
- 支持多人群聊（最高 20 人。100 人 200 人群聊正在内测）。
- 支持查看所在位置附近使用微信的人（LBS 功能）。
- 支持腾讯微博、QQ 邮箱、漂流瓶、语音记事本、QQ 同步助手等插件功能。

3. FACETIME

几十年来，人们一直梦想能够使用可视电话。现在，iPhone 4 令梦想成真。通过 WLAN，连接任意两部支持 Facetime 的设备（目前有 MacBook、iPhone 4、iPhone 4S、iPhone 5、iPod touch 4、iPod touch 5、iPad 2、The new iPad、iPad 4 和 iPad mini），只要轻点一下按钮，就可以与地球另一端的人分享故事并相视微笑。

习 题 4

一、选择题

1. 下列网络应用中，访问的用户越多，速度越快的是（　　）。

   A. 网页浏览　　B. 电子邮件　　C. FTP　　D. BT 下载

2. 下面协议中，（　　）不是运行在 TCP/IP 应用层。

   A. Telnet　　B.TCP　　C. FTP　　D. DNS

3. 我们平时用的 QQ 属于（　　）。

A. 电子公告版　　B. 网络日志　　C. 网络论坛　　D. 即时通信

4. FTP 服务器缺省预置的端口中，连接建立后始终保持打开的端口是（　　）。

A. 20　　B. 21　　C. 22　　D.23

5. 在 Windows 组件向导中，“Internet 信息服务（IIS）”不包含下列（　　）子组件。

A. WWW 服务器　　B. FTP 服务器

C. Internet 服务管理器　　D. DNS 服务器

6. 已知接入 Internet 的计算机用户为 Xinhua，而连接的服务商主机名为 pulic.tpt.tj.cn，他相应的 E-mail 地址为（　　）。

A. Xinhua@publiC.tpt.tj.cn　　B. @XinhuA.publiC.tpt.tj.cn

C. XinhuA.public@tpt.tj.cn　　D. publiC.tpt.tj.cn@Xinhua

7. 电子邮件的特点之一是（　　）。

A. 采用存储—转发方式在网络上传递信息，不像电话那样直接、即时，但费用较低

B. 在通信双方的计算机都开机工作的情况下方可快速传递数字信息

C. 比邮政信函、电报、电话、传真都更快

D. 只要在通信双方的计算机之间建立起直接的通信线路后，便可快速传递数字信息

8. 下列（　　）协议属于应用层协议。

A. IP、TCP 和 UDP　　B. FTP、SMTP 和 Telnet

C. ARP、IP 和 UDP　　D. ICMP、RARP 和 ARP

二、填空题

1. 统一资源定位器的格式为＿＿＿＿＿＿＿。

2. 在网络中，一般的 Web 站点的默认 TCP 端口号是＿＿＿＿。

3. FTP 最大的特点是用户可以使用 Internet 上众多的匿名 FTP 服务器，登录匿名 FTP 服务器时使用的用户名是＿＿＿＿。

4. 下面是打乱次序的 DHCP 服务的基本流程，请写出它的正确次序＿＿＿＿。

a. DHCP 客户机发出请求信息　　b. DHCP 服务器发出提供信息

c. DHCP 客户机发出探测信息　　d. DHCP 服务器发出确认信息

5. DHCP 服务器配置完成后，请写出在客户端查看 TCP/IP 配置的命令。

a. ＿＿＿＿：显示客户端 TCP/IP 的详细配置信息；

b. ＿＿＿＿：手工释放 IP 地址；

c. ＿＿＿＿：重新获取 IP 地址。

二、简答题

1. 使用的 C/S 模式的主要优点有哪些？

2. 简述 B/S 工作模式与 C/S 工作模式有何异同。

3. 为什么在 FTP 中，客户对控制连接发出主动打开命令，而对数据连接要发出被动打开命令？

4. 微博有哪些特点？

5. 简述 HTTP 的工作机制。

第 5 章 IEEE 802 组网技术

IEEE 802 又称局域网/城域网标准委员会（LAN /MAN Standards Committee，LMSC），致力于研究局域网和城域网的物理层和 MAC 层中定义的服务和协议，对应 OSI 网络参考模型的最低两层（即物理层和数据链路层）。简单地说，它实际上是关于物理网络的标准系列，这些物理网络是 Internet 的基础，TCP/IP 就建立在这些网络之上。

在 IEEE 802 庞大的标准体系中，目前影响最大、应用最广的是如下 3 个子协议/子系列。

① 面向以太网的 IEEE 802.3 子系列。

② 面向虚拟局域网的 IEEE 802.1q。

③ 面向无线局域网的 IEEE 802.11。

5.1 以太网技术

5.1.1 以太网的发展

以太网已经成为当今局域网的一个工业标准。以太网（Ethernet）是一种以早先人们想象的传播电磁波的介质 Ether 命名的计算机网络，于 1975 年由 Xerox 公司推出。当时采用的是同轴电缆连接（最早是粗同轴电缆——10Base-5，后来改用比较便宜的细同轴电缆——10Base-2），形成一种总线式结构，如图 5.1 所示。

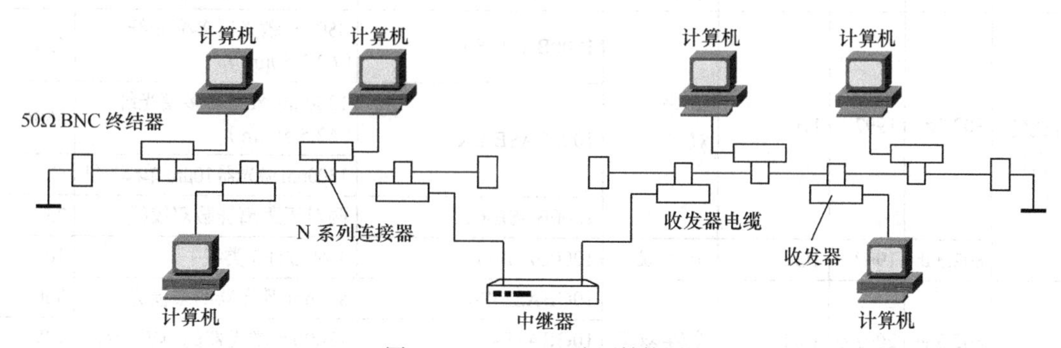

图 5.1　10Base-5 以太网结构图

由于同轴电缆连接的网络在安装、扩充和维护方面都很不方便，不能满足局域网飞速发展的需要，1983 年就开始采用 Hub 连接、非屏蔽双绞线传输的星型结构，被命名为 10Base-T，如图 5.2

所示。要注意的是，这种星型结构在逻辑上还是总线型的，因为它还是一种共享工作模式。

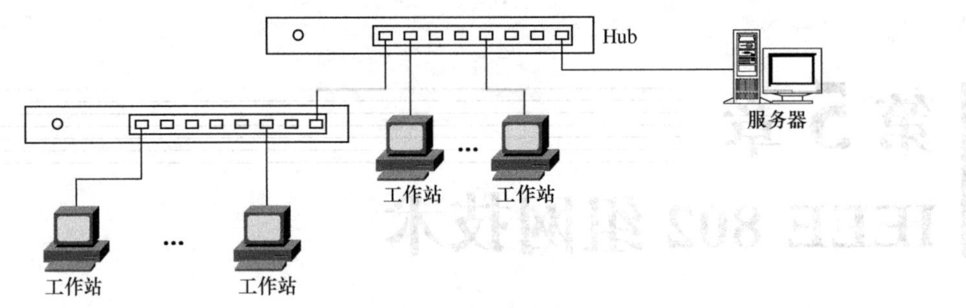

图 5.2　10Base-T 以太网结构图

10Base-T 以太网的基本参数如下。

① Hub：集线器，可将接收的数据分发到各端口，每个端口的速率为 10Mbit/s。

② 双绞线：两端用 RJ-45 分别与 Hub 和计算机连接。

10Base-T 以太网的主要性能指标。

① 集线器与网卡、集线器之间的最长距离为 100m。

② 最长两点之间的距离不超过 500m。

③ 不使用网桥时，最多接入站点数为 1023。

后来，以太网不断发展，但很长时间内基本上都保持了这种基本的结构形式。表 5.1 所示为采用集线器连接的以太网的发展情况。

表 5.1　采用集线器连接的以太网发展情况

类型	IEEE 802 标准	标准批准时间	带宽（b/s）	通信交互方式	以太网名称	传输介质	网段最大长度（m）
标准以太网	802.3	1983	10M	半双工	10BASE-T	UTP	100
快速以太网	802.3u	1995	100M	全双工	100BASE-TX	两对 UTP5 类线/STP	100
					100BASE-FX	两根光纤（发送、接收各一根）	2k
				半双工	100BASE-T4	4 对 UTP3 类/5 类	100
吉比特以太网	802.3z	1997	1G	全/半双工	1000BASE-SX	850nm 激光器多模光纤（62.5/50μm）	550
					1000BASE-LX	1300nm 激光器多模光纤（62.5/50μm）	550/
						1300nm 激光器 10μm 单模光纤	5k
					1000BASE-CX	两对短距离屏蔽双绞线	25
	802.3ab	1997	1G	全/半双工	1000BASE-T	4 对 UTP5 类线	100
10G 以太网	802.3ae	2002.6	10G	全/半双工	10GBASE-SR	850nm 激光器的多模光纤	300
					10GBASE-LR	1300nm 激光器的单模光纤	10k
					10GBASE-ER	1500nm 激光器的单模光纤	40k
	802.3ak	2004	10G	全/半双工	10GBASE-CX4	4 对双芯同轴电缆	15
	802.3an	2006	10G	全/半双工	10GBASE-T	4 对 UTP6A 类	100

续表

类型	IEEE 802 标准	标准批准时间	带宽（b/s）	通信交互方式	以太网名称	传输介质	网段最大长度（m）
40G/100G 以太网	802.3ba	2010.6	40G/100G	全双工	40G/BASE-KR4	背板	1
					40G/100GBASE-CR4/10	铜缆	7
					40G/100GBASE-SR4/10	多模光纤	100
					40G/100GBASE-LR4/10	单模光纤	10k
					100GBASE-ER10	单模光纤	40k

说明：

（1）4 对双绞线电缆就是一根网线，同轴电缆也有类似概念，对于光纤则可以采用 4 个波长复用。

（2）从表 5.1 中可以看出，随着传输技术的发展，以太网的最小网段长度已经突破了一般局域网概念中的覆盖范围。这也说明，现在局域网与城域网的界线正在模糊，因此人们常用园区网来称呼它们。

（3）半双工采用集线器连接，形成共享介质并共享带宽模式。全双工采用交换机连接，形成分配带宽模式。图 5.3 所示为两种传输网络的结构比较。关于冲突域的概念，下一小节介绍。

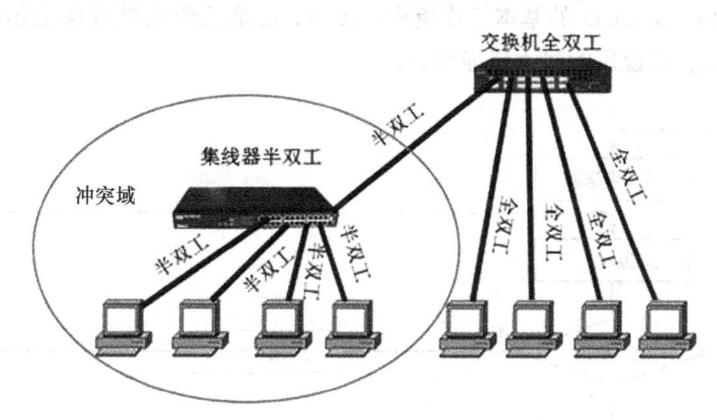

图 5.3　全双工以太网与半双工以太网结构

5.1.2　共享以太网中的 CSMA/CD 协议

1. 共享以太网中的介质访问控制

介质访问控制（Medium Access Control，MAC）协议也称多路访问控制协议，是解决在共享信道上有效地合理分配信道资源的控制机制。它是局域网网卡功能的重要组成部分。

多路访问与多路复用不同。多路复用是将一条信道静态地分割成多条逻辑信道，使多个用户信息在同一信道上同时传输的技术。但是用静态分配的方法不能有效地处理多路访问问题，因为每路用户的数据发送都具有突发性，有可能引起多个用户争相使用介质造成信道冲突（Collision，也称碰撞），使发生冲突时的发送都遭到失败。面对竞争，介质访问控制协议有两种处理方式。

（1）避免冲突。即避免竞争出现，具体地说，就是采用控制授权，形成一种发送受控的方式。例如，使用令牌，只授权给获得令牌的站点才能发送数据。

（2）允许竞争。正视冲突，形成可以随机发送的方式，但是要采取措施尽量减少冲突，降低冲突的影响。例如，带有冲突检测的载波监听多点接入（Carrier Sense Multiple Access with Collision

Detection，CSMA/CD）协议就是一种允许冲突的介质随机发送的多路访问控制协议。

2. CSMA/CD 工作原理

CSMA/CD 的工作原理有点像多人开讨论会。当一个人想发言时，要先听听有没有人在发言：若有人在发言，就继续听，等等再说；若无人发言，就发言。但是，也许别人也在这么做，出现同时发言的情形，这称为冲突。一旦发生冲突，就立刻停止发言，等一段时间再发言；如果冲突了多次，就暂时放弃发言。上述过程可以简要地叙述为讲前先听，忙则等待，无声则讲，边讲边听，冲突即停，后退重传。与此相仿，CSMA/CD 就包含以下 4 个环节。

（1）多路访问（Multiple Access，MA）——相当于多人讨论。

（2）载波侦听（Carrier Sense，CS）。每个站点在发送数据前，检测信道上有没有脉冲信号，即有没有别的站点在发送数据；没有检测到脉冲信号再发送，否则避让一段时间再继续监听——相当于“讲前先听，忙则等待，无声则讲，边讲边听”。

（3）冲突检测（Collision Detection，CD）。在发送数据的过程中，还要继续监听，目的是发现冲突。一旦发现冲突，立即停止发送，并发出一串阻塞信号，使其他站点也立即停止发送，以便尽快恢复信道，避让一段时间后，再开始监听信道——相当于“冲突即停，后退重传”。

（4）如果 CS 和 CD 过程进行了多次，都没有发送成功，就需要暂时放弃发送——相当于“多次无效，放弃发送”。

图 5.4 所示为 CSMA/CD 的基本工作流程。图中，n_r 是已经检测到的碰撞次数，每检测到一次碰撞，n_r 增 1；n_{max} 是设定的最大碰撞次数。

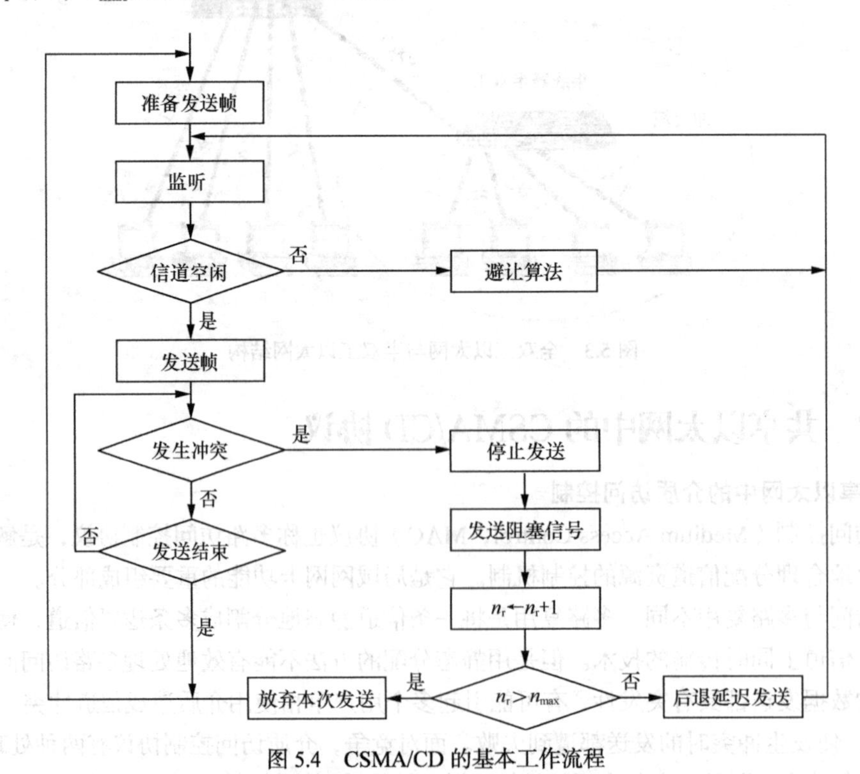

图 5.4　CSMA/CD 的基本工作流程

5.1.3　IEEE 802.3 以太网帧格式

在以太网的发展过程中，先后形成了以下 5 种帧格式标准。

（1）Ethernet V1（1980）。

（2）Ethernet V2（ARPA，1982）。

（3）RAW 802.3（Novell，1983）。

（4）IEEE 802.3/802.2 LLC（1985）。

（5）IEEE 802.3/802.2 SNAP（1985）。

今天，大多数 TCP/IP 应用都是用 Ethernet V2 帧格式，IEEE 802.3-1997 改回了对这一格式的兼容，这就是现在称为 IEEE 802.3 的以太网帧格式，其结构如表 5.2 所示。

表 5.2　IEEE 802.3 以太网帧格式

位置	字段	字段长度（字节）	用途
帧头	前导码（preamble）	7	同步
	帧开始符（SFD）	1	标明下一个字节为目的 MAC 字段
	目的 MAC 地址	2～6	指明帧的接收者
	源 MAC 地址	2～6	指明帧的发送者
	长度（length）	2	帧的数据字段的长度（长度或类型）
	类型（type）	2	帧中数据的协议类型（长度或类型）
数据	数据和填充（data and pad）	46～1500	高层的数据，通常为 3 层协议数据单元。对于 TCP/IP 是 IP 数据包
帧末	帧校验序列（FCS）	4	对接收网卡提供判断是否传输错误的信息：如果发现错误，丢弃此帧

注：（1）原则上 MAC 地址可以用 2～6 字节来表示，但实际都是 6 字节。

（2）如果帧长小于 64 字节，则要求"填充"，以使这个帧的长度达到 64 字节。

5.1.4　以太网体系结构

图 5.5 所示为两种典型的以太网体系结构。

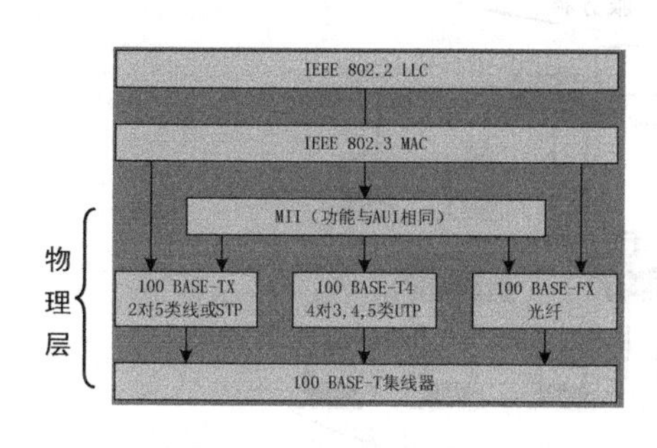

（a）快速以太网

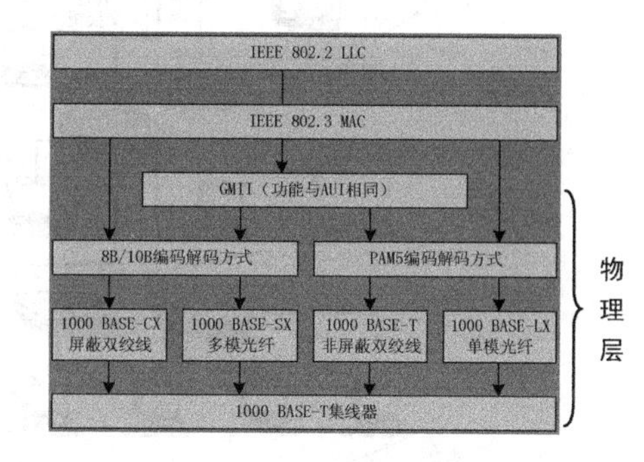

（b）千兆以太网

图 5.5　两种典型的以太网体系结构

这两张图是关于 IEEE 802 体系的具体化，下面做一些说明。

（1）最下层是集线器，表明这是共享网络，采用半双工工作方式。若把集线器换为交换机，就称为全双工方式。

（2）从下往上数第 2 层是传输介质。

表 5.3　　共享式以太网与交换式以太网的比较

	连接设备	连接设备的工作层次	拓扑结构	通信方式	结点的带宽使用方式
共享式以太网	集线器	物理层	逻辑总线结构	广播	共享
交换式以太网	交换机	数据链路层	逻辑星型结构	可以点对点	分配

（3）介质独立接口（Media Independent Interface，MII）一般应用于 MAC 层和 PHY 层之间的以太网数据传输，也可叫数据接口。它的一头是二层芯片，另一头是一层芯片即一头是数据源或者说是控制器，另一头是与介质相关的收发器（Tranceiver）。千兆以太网中使用的是 GMII。

（4）8b/10b 编码是将一组连续的 8 位数据分解成两组数据，一组 3 位，一组 5 位，经过编码后分别成为一组 4 位的代码和一组 6 位的代码，从而组成一组 10 位的数据发送出去。8b/10b 编码的特性之一是保证 DC 平衡，采用 8b/10b 编码方式，可使得发送的“0”、“1”数量保持基本一致，并且可以在早期发现数据位的传输错误，抑制错误继续发生。

8b/10b 编码是目前许多高速串行总线采用的编码机制，如 USB3.0、1394b、Serial ATA、PCI Express、Infini-band、Fibre Channel（光纤通道）、RapidIO 等总线或网络等。

用于 1 000Base-T 的符号编码方法，是将从 8B1Q4（8-bit 1-Quinary Quater）数据编码接收到的 4 维五进制符号（4-Dimensianal，4D）用 5 个电压级别（5-Level Pulse Amplitude Modulation，PAM5）传送出去。每个符号周期内并行传送 4 个符号。

5.1.5　基于交换的园区网三层架构

交换式以太网，尤其是单模光纤传输的交换式以太网，可以将传输距离扩大到城域网和广域网的范围，非常适合组建大型网络。这种大型的以太网，常称为园区网。如图 5.6 所示，典型的园区网一般由 3 层组成：核心层、汇聚层和接入层，目的是进行设备的合理配置，以达到良好的经济技术效果。

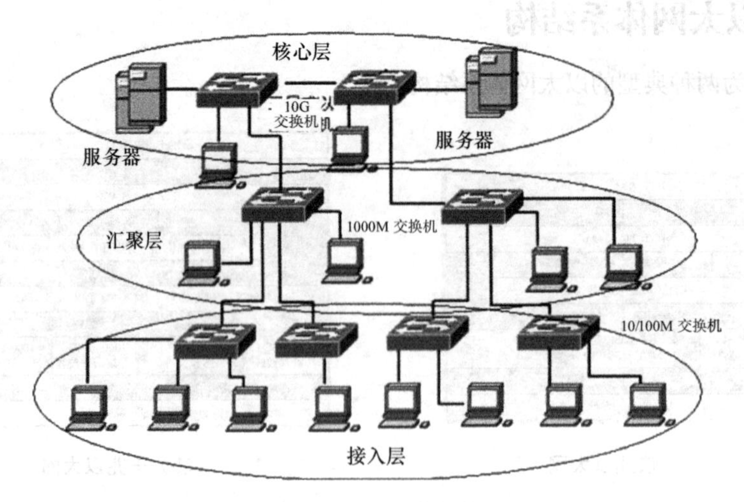

图 5.6　三层网络架构

1. 接入层

接入层的 IETF 术语为 U-PE，DSL 论坛术语为 Access Node。接入层直接面向工作组或主机，由提供用户物理接入的接入点设备组成，主要作用是为用户接入网络提供支持。由于每一组的主机数量都比较少，流量需求比较低，并且需要为网络提供充分的接入端口，因此接入层所使用的交换机有低成本和高端口密度的特点，并配有高速上联的端口以便接入汇聚层。

2. 汇聚层

汇聚层的 IETF 和 DSL 论坛术语都是 aggregation，通常作为连接本地小型网络的逻辑中心，是网络接入层各工作组的流量和业务的汇聚点，为各工作组的流量和业务提供聚合与转发的功能，以减轻核心层设备的负荷。它一方面要能够处理来自接入层设备的所有通信量，另一方面要提供到核心层的上行链路。与接入层交换机比较，汇聚层交换机需要较高的性能、更少的接口和更高的交换速率。

3. 核心层

核心层也称骨干层，IETF 术语为 P，DSL 论坛术语为 Regional Network，是网络的枢纽中心。它对汇聚层的流量和业务进一步汇聚，通过高速转发通信，提供优化、可靠的骨干传输结构。由于核心层的流量较大，重要性突出，对整个网络的连通起到至关重要的作用，在可靠性、高效性、冗余性、容错性、可管理性、适应性、低延时性等方面也具有更高的要求，通常选择高带宽的千兆以上的设备。为了提高可靠性，也使负载均衡，网络性能改善，还常常选择双机冗余热备份。

说到底，这样的结构就是汇聚再汇聚、交换再交换结构。因此，并不局限于三层，也可以做成四层、五层，或简化为二层。

实训 14 交换以太网的端口汇聚配置

一、概述

端口汇聚功能就是在交换机之间可以使用两条以上的链路进行级连，将平行的一组链路看作一条物理链路来增加交换机与交换机之间互连链路的带宽，并且实现链路备份。

本示例采用华为的 Quidway®S3026C-SIL2 线速以太网交换机设备（见图 5.7）。

图 5.7 Quidway®S3026C-SI

Quidway® S3026C-SI 以太网交换机提供固定的 24 个 10/100Base-TX 的自适应端口、1 个 Console 口及两个扩展插槽，扩展插槽可支持百兆单模光模块、百兆多模光模块、百兆中距光模块、千兆电模块、千兆单模光模块、千兆多模光模块、千兆中距光模块、千兆长距光模块和堆叠模块，提供灵活的上行端口配置，可不依赖于其他设备独立运行。所有端口支持线速转发 12.8Gbit/s，交换容量包转发率 6.55Mpps。

图 5.8 所示为本例的端口汇聚配置的网络结构示意图。交换机 Switch A 和 Switch B 通过以太网口实现互连。Switch A 用于互连的端口为 E0/1 和 E0/2，Switch B 用于互连的端口为 E0/1 和 E0/2。

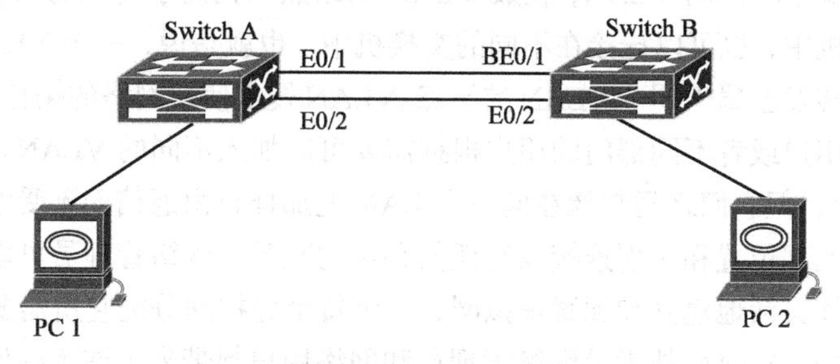

图 5.8 端口汇聚配置的网络结构

二、SwitchA 交换机配置步骤

（1）进入端口 E0/1

```
[SwitchA]interface Ethernet 0/1
```

（2）汇聚端口必须工作在全双工模式

```
[SwitchA-Ethernet0/1]duplex full
```

（3）汇聚的端口速率要求相同，但不能是自适应

```
[SwitchA-Ethernet0/1]speed 100
```

（4）进入端口 E0/2

```
[SwitchA]interface Ethernet 0/2
```

（5）汇聚端口必须工作在全双工模式

```
[SwitchA-Ethernet0/2]duplex full
```

（6）汇聚的端口速率要求相同，但不能是自适应

```
[SwitchA-Ethernet0/2]speed 100
```

（7）根据源和目的 MAC 进行端口选择汇聚

```
[SwitchA]link-aggregation Ethernet 0/1 to Ethernet 0/2 both
```

三、SwitchB 交换机配置

```
[SwitchB]interface Ethernet 0/1
[SwitchB-Ethernet0/1]duplex full
[SwitchB-Ethernet0/1]speed 100
[SwitchB]interface Ethernet 0/2
[SwitchB-Ethernet0/2]duplex full
[SwitchB-Ethernet0/2]speed 100
[SwitchB]link-aggregation Ethernet 0/1 to Ethernet 0/2 both
```

5.2 虚拟局域网

5.2.1 虚拟局域网概述

虚拟局域网（Virtual LAN，VLAN）就是按照某种要求由一些局域网段构成的与物理位置无关的逻辑组，划分在这个逻辑组中的网段或站点，可以来自一个物理的局域网，也可以来自互相连接的不同的局域网中。一个物理的局域网中的站点，可以被划分在不同的逻辑组中，形成不同的 VLAN。

在传统的局域网中，任何一个站点所发送的广播数据包都将被转发至网络中的所有站点。而在交换式以太网中，利用 VLAN 技术，可以将由交换机连接成的物理网络划分成多个逻辑子网，即各站点可以分别属于不同的 VLAN，构成 VLAN 的站点不拘泥于所处的物理位置，它们既可以挂接在同一个交换机中，也可以挂接在不同的交换机中。也就是说，一个 VLAN 中的站点所发送的广播数据包将仅转发至属于同一 VLAN 的站点。VLAN 技术使得网络的拓扑结构变得非常灵活，如位于不同楼层的用户或者不同部门的用户根据需要可以加入不同的 VLAN。这些用户可以处在不同的物理 LAN 上，但它们之间却像在同一个 LAN 上那样自由通信而不受物理位置的限制。网络的定义和划分与物理位置和物理连接没有任何必然的联系。网络管理员可以根据不同的需要，通过相应的网络软件灵活地建立和配置虚拟网，并为每个虚拟网分配它所需要的带宽。

在大型局域网中，VLAN 技术给网络管理员和网络用户都带来了许多好处，归纳起来主要有

以下几点。

- 简化了网络变化的开销，方便网络的维护和管理。
- 增加组网的灵活性，建立不受物理位置限制的具有一定独立性的 VLAN。
- 有效隔离 VLAN 间广播，防止网络的广播风暴。
- 可以有效地管理和限制 VLAN 间的访问，减少路由开销。
- 增加网络内部的安全性。

5.2.2　VLAN 的划分方法

VLAN 建立在交换技术的基础上，通过交换机“有目的”地发送数据，灵活地进行逻辑子网（广播域）的划分，而不像传统的局域网那样把站点束缚在所处的物理网络之中。

划分 VLAN 的方式有多种，每种方法的侧重点不同，所达到的效果也不尽相同。下面介绍几种划分方法。

1. 根据端口划分 VLAN

这是最广泛、最有效的一种 VLAN 划分方法，目前绝大多数 VLAN 协议的交换机都提供这种 VLAN 配置方法。这种划分 VLAN 的方法将 VLAN 交换机上的物理端口和其内部的 PVC（永久虚电路）端口分成若干个组，每个组中被设定的端口都在同一个广播域中，构成一个虚拟网。通过交换机的端口定义，可以将连接在一台交换机上的站点划分为不同的子网，如图 5.9（a）中所示，将与端口 1、2、3、7、8 连接的计算机定义为 VLAN 1，将与端口 4、5、6 连接的计算机定义为 VLAN 2；也可以将连接在不同交换机上的站点划分在一个子网中，在图 5.9（b）中，将与交换机 1 的端口 1、2、3 和与交换机 2 的端口 4、5、6、7 连接的计算机定义为 VLAN 1，将与交换机 1 的端口 4、5、6、7、8 和与交换机 2 的端口 1、2、3、8 连接的计算机定义为 VLAN 2。

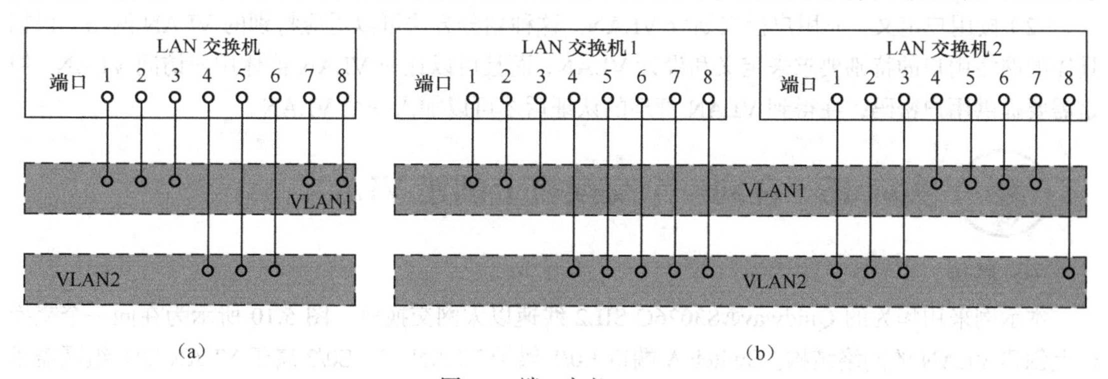

图 5.9　端口定义 VLAN

从这种划分方法本身可以看出，定义端口 VLAN 成员时非常简单，只要将所有的端口都定义为相应的 VLAN 组即可，适合于任何大小的网络。它的缺点是不允许多个 VLAN 共享一个物理网段或交换机端口。如果某一用户从一个端口所在的虚拟网移动到另一个端口所在的虚拟网，网络管理员需要重新进行设置。

2. 根据 MAC 地址划分 VLAN

MAC VLAN 是根据每个主机的 MAC 地址来划分的。其优点是允许工作站移动到网络的其他物理网段中。因为 MAC 地址是与硬件相关、固定于工作站的网卡内的，当网络用户从一个物理位置移动到另一个物理位置时，VLAN 交换机将跟踪属于 VLAN 的 MAC 地址，自动保留其所属 VLAN 的成员身份。

MAC VLAN 的不足之处在于所有的用户必须被明确地分配给虚拟网，要求所有用户在初始阶段必须配置到至少一个 VLAN 中；初始配置必须由人工完成，然后才可以自动跟踪用户。这对于用户较多的大型网络是非常烦琐的。

3. 基于网络层协议划分 VLAN

基于网络层协议划分的 VLAN 也称第三层 VLAN，是按网络层协议，如 IP、IPX、DECnet、AppleTalk、Banyan 等划分 VLAN。这种方法的优点是用户的物理位置改变后，不需要重新配置所属的 VLAN，这对网络管理者来说很重要。这种划分方法由于不需要附加的帧标签来识别 VLAN，可以减少网络的通信量。

这种方法的缺点是效率低，因为检查每一个数据包的网络层地址是需要消耗处理时间的（相对于前面两种方法），一般的交换机芯片都可以自动检查网络上数据包的以太网帧头，但要让芯片能检查 IP 帧头，需要更高的技术，同时也更费时。当然，这与各个厂商的实现方法有关。

这种按网络层协议来组成的 VLAN，可使广播域跨越多个 VLAN 交换机。这对于希望针对具体应用和服务来组织用户的网络管理员来说，非常具有吸引力，用户可以在网络内部自由移动，但其 VLAN 成员身份仍然保留不变。

4. 按策略划分 VLAN

基于策略组成的 VLAN 能实现多种分配方法，包括 VLAN 交换机端口、MAC 地址、IP 地址、网络层协议等。网络管理人员可根据自己的管理模式和本单位的需求来决定选择哪种类型的 VLAN。

5. 其他划分方法

（1）利用 IP 广播域来划分 VLAN。利用 IP 广播域来划分虚拟网的方法给使用者带来了巨大的灵活性和扩展性。在这种方式下，整个网络可以非常方便地通过路由器或第三层交换机扩展网络规模。

（2）按用户定义、非用户授权划分 VLAN。这种划分方法可以适应特别的 VLAN 网络，根据具体的网络用户的特别要求来定义和设计 VLAN，而且可以让非 VLAN 群体用户访问 VLAN，但是需要提供用户密码，在得到 VLAN 管理的认证后才可以加入一个 VLAN。

实训 15　在同一个交换机上创建 VLAN

一、概述

本示例采用华为的 Quidway®S3026C-SIL2 线速以太网交换机。图 5.10 所示为在同一个交换机上创建 VLAN 的网络结构。Switch A 端口 E0/1 属于 VLAN 10，E0/2 属于 VLAN 20。组网需求把交换机端口 E0/1 加入 VLAN 10，E0/2 加入 VLAN 20。

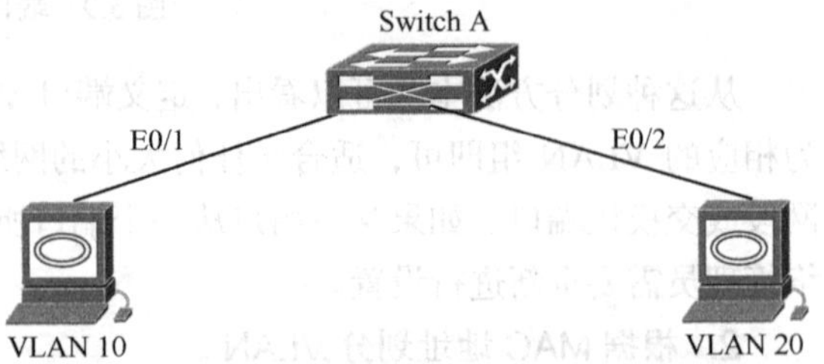

图 5.10　在同一个交换机上创建 VLAN 的网络结构

二、VLAN 的配置流程

（1）缺省情况下，所有端口都属于 VLAN 1，并且端口是 access 端口，一个 access 端口只能属于一个 VLAN。

（2）如果端口是 access 端口，则在把端口加入另外一个 VLAN 的同时，系统自动把该端口从原来的 VLAN 中删除。

（3）除了 VLAN 1，如果 VLAN ××不存在，在系统视图下键入 VLAN ××，则创建 VLAN ××并进入 VLAN 视图；如果 VLAN ××已经存在，则进入 VLAN 视图。

三、说明

（1）请在用户视图（如<Quidway>）输入“system-view”（输入“sys”即可）进入系统视图。

（2）缺省情况下，交换机端口为 Access 端口，Access 端口只属于 1 个 VLAN。

四、Switch A 相关配置

创建（进入）VLAN 2：

```
[SwitchA]vlan 2
```

将端口 E0/1 加入到 VLAN 2：

```
[SwitchA-vlan2]port ethernet 0/1
```

创建（进入）VLAN 3：

```
[SwitchA-vlan2]vlan 3
```

将端口 E0/2 加入到 VLAN 3：

```
[SwitchA-vlan3]port ethernet 0/2
```

五、测试验证

（1）使用命令 disp cur 可以看到端口 E0/1 属于 VLAN 2，E0/2 属于 VLAN 3。

（2）使用 display interface ethernet 0/1 可以看到端口为 access 端口，PVID 为 2。

（3）使用 display interface ethernet 0/2 可以看到端口为 access 端口，PVID 为 3。

5.3 无线局域网

无线局域网（Wireless Local Area Network，WLAN）是以无线方式相连的计算机之间的资源共享，它除具有传统网络所支持的各种服务功能外，还可以在一定的区域实现移动并随时与网络保持联系。通常在下列 3 种情形下可能需要使用无线局域网络。

① 无固定工作场所的使用者。

② 有线局域网络架设受环境限制。

③ 作为有线局域网络的备用系统。

5.3.1 WLAN 的传输介质

与有线网络一样，无线局域网同样也需要传输介质。只是无线局域网采用的传输媒体不是双绞线或者光纤，而是红外线（IR）或者无线电波（RF），以后者使用居多。

采用无线电波作为传输介质是目前无线局域网的主流。它使用的频段主要是 S 频段（2.4～2.4835GHz）。这个频段也叫工业科学医疗频段（industry science medical，ISM），该频段在美国不受美国联邦通信委员会（FCC）的限制，属于工业自由辐射频段，不会对人体健康造成伤害。所以无线电波成为无线局域网最常用的无线传输媒体。

表 5.4 所示为在 WLAN 中使用的无线频段范围与其他物理参数。

表 5.4　　WLAN 介质物理参数

<table>
<tr><td>频段</td><td colspan="2">亚微米
（1～3GHz）</td><td>亚毫米
（10～30GHz）</td><td colspan="3">红外</td></tr>
<tr><td rowspan="2">传输技术</td><td rowspan="2">窄带
调制</td><td rowspan="2">扩展
频谱</td><td rowspan="2">窄带调制</td><td colspan="2">定向波束红外线（DB/IR）方式</td><td rowspan="2">扩散红外线
（DF/IR）方式</td></tr>
<tr><td>点对点方式</td><td>反射方式</td></tr>
<tr><td>传输速度</td><td colspan="2">每秒几百千至 10 兆比特</td><td>>100 Mbit/s</td><td>可达 50 Mbit/s</td><td>可达 10 Mbit/s</td><td>每秒几万至 10 兆比特</td></tr>
</table>

续表

频段	亚微米（1～3GHz）		亚毫米（10～30GHz）	红外		
通信距离	100m（无需视距）		几十米（无需视距）	>50m（视距）	—（无需视距）	0～20m（无需视距）
移动支持	一般	好	一般	不支持	不支持	差
成　本	低	高	高	高	高	低
使用许可	需要	ISM 频段	需要	不需要	不需要	不需要

从表中可以看出，目前 WLAN 的传输速率可以从几百 kbit/s～几十 Mbit/s。

5.3.2　无线局域网的结构

1. WLAN 的有关概念

1）工作站

连接在无线局域网中的工作站按照移动性可以分为两类。

- 固定站：如台式计算机和其他有线局域网中的设备。
- 移动站：在移动过程中也需要与网络通信的站，如手机、笔记本电脑等。

2）基本服务集

IEEE 制定的 WLAN 的协议标准是 802.11。802.11 规定 WLAN 的最小构件是基本服务集（Basic Service Set，BSS）。BSS 所覆盖的地理范围称为一个基本服务区（basic service area，BSA）。按照 802.11 规定，一个 BSS 中包括一个基站和若干移动站。

3）接入点

按照 802.11 规定，BSS 中的基站称为接入点（Access Point，AP），所以 BSA 也包含在 AP 的覆盖范围。AP 承担 BSA 中的无线通信管理及与其他网络（包括其他 BSS 以及有线网络）的连接工作，组成扩展服务集（Extended Service Set，ESS），如图 5.11 所示。

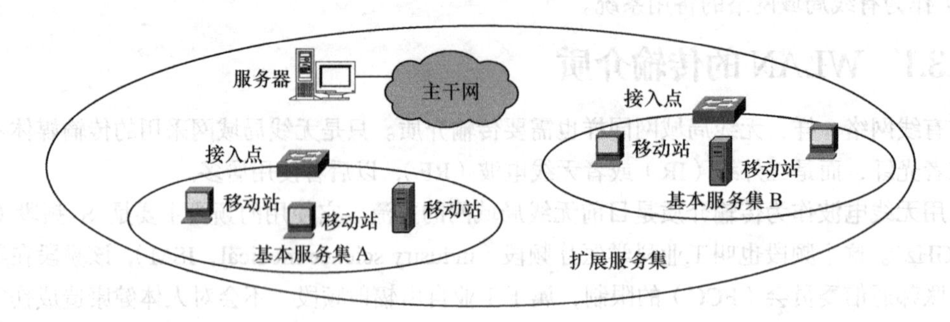

图 5.11　扩展服务集

2. WLAN 的结构

无线局域网可以在普通局域网的基础上通过无线 Hub、无线接入站（AP）、无线网桥、无线 Modem、无线网卡等实现，并形成不同的网络结构。

1）基站接入的独立 WLAN

这是一种采用移动蜂窝通信网接入方式组建 WLAN 的方式。如图 5.12 所示，在这种方式下，各站点之间是通过基站接入、交换数据、互相连接。利用这种方式，可以实现各移动站通过交换中心的自组网，还可以通过广域网远地站点组建自己的工作网络。

2）无中心独立 WLAN

如图 5.13 所示，无中心结构允许网中任意两个站点间直接通信，是一种分布式对等结构方式。这种结构的缺点是各用户之间的通信距离较近，且当用户数量较多时，性能较差。

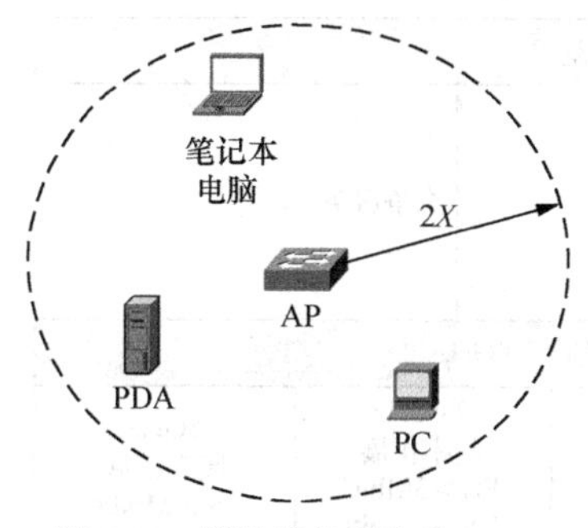

图 5.12 基站接入的独立 WLAN

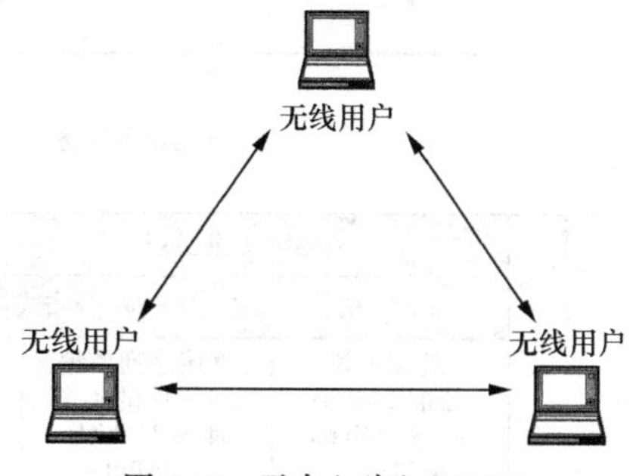

图 5.13 无中心独立 WLAN

3）非独立的 WLAN

当无线通信作为有线通信的一种补充和扩展时，称为非独立的 WLAN。如图 5.14 所示，在这种配置下，多个 AP 通过线缆连接在有线网络上，以使无线用户能够访问网络中的各个部分。

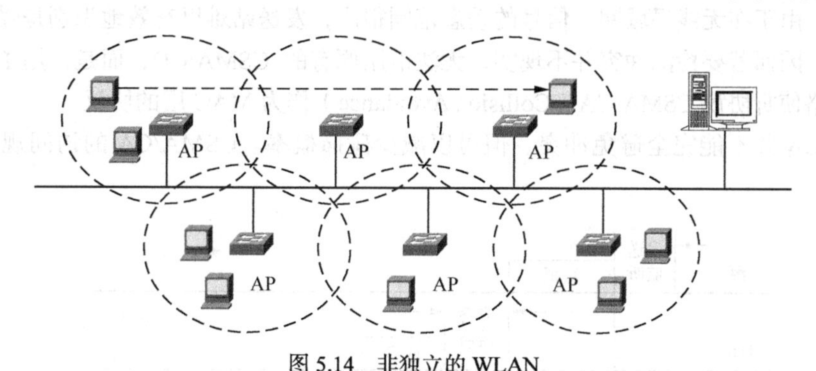

图 5.14 非独立的 WLAN

5.3.3 IEEE 802.11 协议

IEEE 802 委员会的 802.11 工作委员会成立于 1990 年 7 月，1998 年完成 802.11 的制定工作。它的标准化也主要表现在 LLC 以下，即 MAC 层和物理层。

1. 物理层

IEEE 802.11 协议定义了 WLAN 所使用的无线频段及调制方式，并进一步分为 802.11、802.11b 和 802.11a 3 种类型。

- IEEE 802.11 使用 2.4 GHz 频带，传送速率为 1 Mbit/s。
- IEEE 802.11b 使用 2.4 GHz 频带，标称传送速率为 11 Mbit/s，实际为 7 Mbit/s～8 Mbit/s。
- IEEE 802.11a 使用 5 GHz 频带，传送速率为 54 Mbit/s。

2.4 GHz 频带是一个容易受微波炉、无线电话和其他无线设备干扰的频带，5 GHz 频带是一个干扰较小的频带。

WLAN 的 3 种主要物理层实现方法是跳频扩频（FHSS）、直接序列扩频（DSSS）和红外（IR）。

红外方式使用波长为 850 nm～950 nm 的红外线传送数据，速率为 1 Mbit/s～2 Mbit/s。

2. MAC 层

从原则上讲，IEEE 802.11 的 MAC 层协议与有线局域网的 MAC 协议并无本质上的区别。在图 5.15 中给出了 IEEE 802.11 的 MAC 层结构，称为 DFWMAC（分布式基础无线网 MAC）。它可以为本地链路控制层提供竞争服务和无竞争服务。

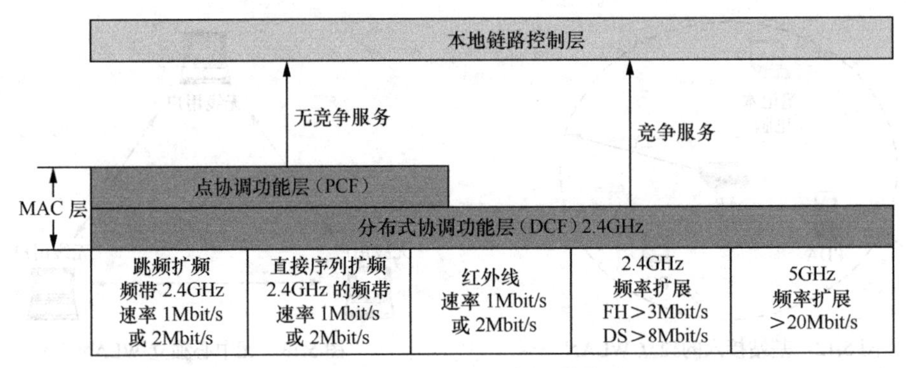

图 5.15　IEEE 802.11 协议结构

1）竞争服务

在有竞争的情况下，WLAN 像以太网一样，用载波侦听的方法将访问介质的决定发布到每个结点。但是，由于在无线局域网上信号的动态范围很广，发送站难以有效地识别是噪声还是自己发送的信号，因而若要检测冲突并不现实，无法沿用原有的 CSMA/CD，而是采用了带有冲突避免的载波多路侦听协议 CSMA/CA（Collision Avoidance）作为 MAC 层的协议。

CSMA/CA 并不能完全避免冲突，但可以减少碰撞概率。CSMA/CA 的访问规则如图 5.16 所示。

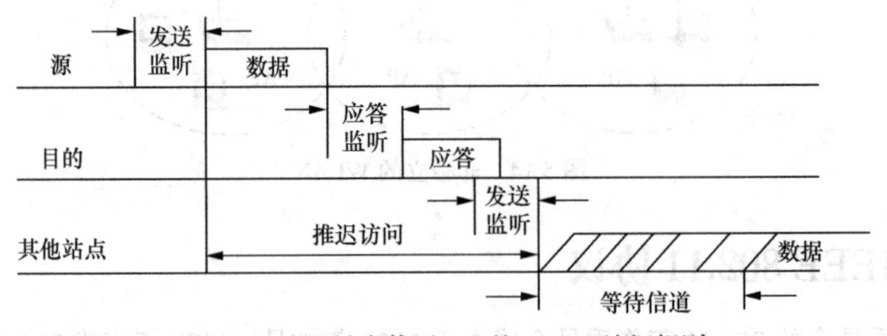

图 5.16　发送站点使用 IFS 的 CSMA 访问规则

- 任何一个站点在发送数据之前，要先监听载波，确认信道空闲时，发送探询帧，仅当信道空闲一个 IFS（帧间隙）的时间后仍然空闲时，才发送数据。
- 如果介质忙（包括侦听中发现忙、在 IFS 时间内发现忙），站点要推迟一个随机时间后重新尝试。
- 一旦当前的数据传送完毕，站点要再延迟一个 IFS 时间；如果在这段时间内介质仍然忙，站点就使用二进制退避算法并继续监听介质，直到介质空闲。
- 接收端在收到数据后，等信道空闲一个 IFS 时间后才发出回答帧，否则推迟一个随机时间后重新尝试。

2）无竞争服务

无竞争服务采用集中访问控制，包括集中轮询，由一个中央的决策者协调访问请求，实现可以选择的访问——点协调功能（PCF）。这种机制适合于下列情形。

- 几个互连的 WLAN。
- 一个与有线主干网相连的基站。
- 实时性强的点。
- 高优先级的站点。

PCF 在协调功能（DCF）的顶部实现，它在发出轮询时使用 PIFS，将所有异步帧都排除在外，并使优先级高的站点可以先发送。

5.3.4 蓝牙技术

1. 蓝牙技术概述

蓝牙是一种支持点到点、点到多点的语音、数据业务的短距离无线通信技术方案，也是一种大容量近距离无线数字通信的技术标准，其目标是实现最高数据传输速度 1Mbit/s（有效传输速率为 721kbit/s），通过增加发射功率使传输距离达到 100m。蓝牙”最大的优势在于蓝牙技术。

“蓝牙”最先由爱立信（Ericsson）、诺基亚（Nokia）、英特尔（Intel）、IBM 和东芝（Toshiba）5 家公司于 1995 年提出，后来又有 3COM、朗讯（Lucent）、摩托罗拉（Motorola）、微软（Microsoft）加入，9 家公司组成蓝牙特殊兴趣小组（Bluetooth Special Internet Group，BSIG）发起并制定取代数据电缆的短距离无线连接技术标准，并在 1999 年 7 月 26 日推出了蓝牙技术规范的 1.0 版本，2001 年 2 月 22 日推出了 1.1 版本。蓝牙兴趣小组采取了无偿向全世界产业界转让该项专利技术的策略，迅速得到全世界 2 000 多家企业加盟，IEEE 也专门成立了 IEEE 802.15 小组负责研究基于蓝牙的 PAN 技术，目前不断有使用蓝牙技术的电子产品问世。

2. 蓝牙技术要点

下面先介绍蓝牙技术中的几点主要技术。

1）采用 ISM 频段

ISM（Industrial Scientific Medical）频段分为工业（902MHz～928MHz）、科学研究（2.42GHz～2.4835GHz）和医疗（5.725GHz～5.850GHz）3 个频段，是由美国联邦通信委员会（FCC）分配的不必许可证的无线电频段（功率不能超过 1W）。

2）跳频扩频调制技术

蓝牙把 2.4 GHz 的 ISM 频段分割成 79 个信道频道供跳频使用，第一个频道的中心频率为 2.402 GHz，以后每隔 1MHz 为一个信道，并以每秒 1 600 次的伪随机跳频波形在其间改变频率，形成总带宽很宽，但瞬时带宽很窄而跳频速度很高的一些信道，其抗干扰性和链路的安全可靠性都很好。

蓝牙的信道采用 FH/TDD（跳频/时分）复用结构，每个时隙用不同的跳频信号传输一个数据分组。连续的时隙在发送和接收中交替使用，形成时分复用结构。

一般来说，在一个跳频系统中，遇到干扰的每一跳都会丢失该跳期间所发送的数据分组。对蓝牙系统来说，79 个信道每跳变一次仅丢失一个分组。这也证明了蓝牙技术在抗干扰方面的优势。

3）微微网结构

微微网以 3bit 地址来区分网中的设备，这个地址称为微微网的 MAC 地址。

微微网中所有的设备都是级别相同、具有相同权限的工作单元。但是，在微微网初建时，有一个单元会被指定为主工作单元（Master Unit），其时钟和跳频序列用于同步其他设备，其他工作单元被定义为从工作单元（Slave Unit）。

微微网可以采用点到点或点到多点的方式，由主工作单元将从工作单元连接起来。在同一微微网中，所有用户都用同一跳频序列同步。几个相互独立的、非同步的微微网，可以以特定方式连接在一起构成分布式的多微微网，称为散射网（Scatternet）。各微微网由不同的跳频序列区分。图5.17所示为几种可能的微微网拓扑结构。

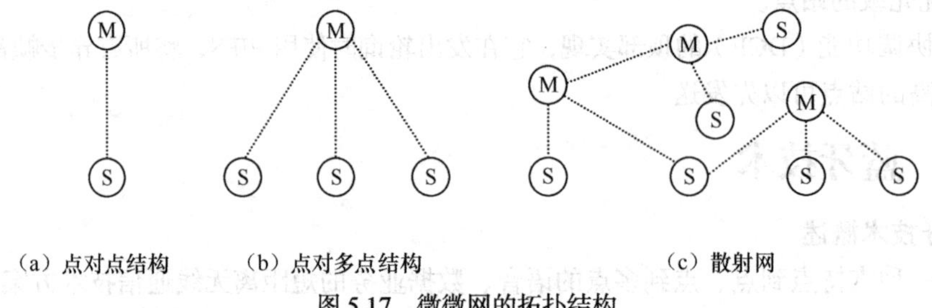

图5.17 微微网的拓扑结构

4）低功耗工作方式

在微微网中，暂不进行数据传输的单元将转入节能工作方式。按照节能能力，低功耗工作方式可依次分为监听方式（Sniff Mode）、保持方式（Hold Mode）和休眠方式（Parked Mode）。

- 监听方式：在监听方式下，从工作单元的监听时间间隔增大，其间隔大小视应用情况，可由程序设定。
- 保持方式：在保持方式下，只有内部定时器工作。工作单元由保持方式转出后，即可恢复数据传送。从工作单元可以由主工作单元设置为保持方式，也可以自己要求转入保持方式。
- 休眠方式：在休眠方式下，工作单元放弃MAC地址，仅偶尔监听网络的同步信号和检查广播信号。

3. 蓝牙系统结构

蓝牙系统的基本单元由天线射频单元、连接控制单元（基带模块）、存储底层协议的存储器、主机接口等组成，其结构如图5.18所示。

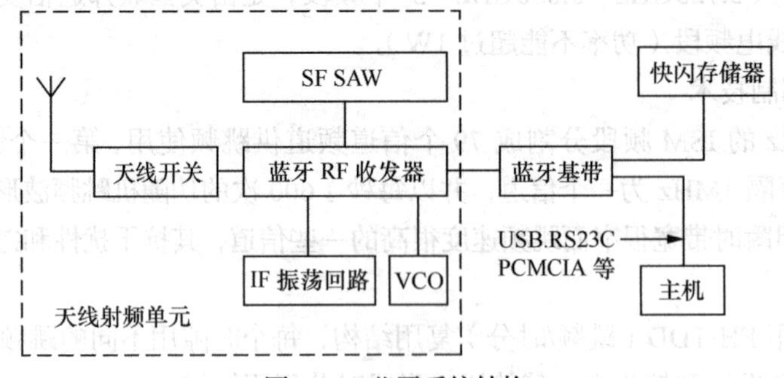

图5.18 蓝牙系统结构

天线射频（Radio Frepuency，RF）单元包括完整的无线跳频发射和接收部分，实现数据位流的过滤和传输。天线的发射功率要符合FCC关于ISM波段的要求。在RF输入级采用高Q值陶瓷或表面声波（SAW）滤波器，以抑制GSM发射机产生的阻塞信号。VCO为压控振荡器。

连接控制单元，即带处理器的蓝牙基带（Bluetooth Baseband，BB），描述了数字信号的硬件部分——链路控制器，用于实现基带协议和其他底层协议。

5.3.5　Wi-Fi

1. Wi-Fi 概述

Wi-Fi（Wireless Fidelity，无线保真）是一种可以将个人电脑、手持设备（如 Pad、手机）等终端以无线方式互相连接的技术。事实上它是一个高频无线电信号，也是一个无线网络通信技术的品牌，还是一种商业认证，同时也是一种无线联网技术。它由澳洲政府的研究机构 CSIRO 在 20 世纪 90 年代发明并于 1996 年在美国成功申请了无线网技术专利（US Patent Number 5487069），发明者是一群由悉尼大学工程系毕业生组成的研究小组，领导人是 Dr John O'Sullivan。

2. Wi-Fi 技术标准

John O'Sullivan 领导的 Wi-Fi 研究小组的初衷是改善基于 IEEE 802.11 标准的无线网路产品之间的互通性。目前已经有了四级 Wi-Fi 技术标准，形成了一个不同级别的技术标准簇。如表 5.5 所示，每一级标准都给出了这类产品应当具有的技术性能、频率、带宽特性定义。将来还会有更新的标准出台，更加详细地定义 WI-Fi 的新特性、安全性和其他性能。Wi-Fi 都要贴上相应的 802.11 标签，表明该产品满足所有标识上注释的标准。

表 5.5　已有的 Wi-Fi 标准簇

标准号	IEEE 802.11b	IEEE 802.11a	IEEE 802.11g	IEEE 802.11n
标准发布时间	1999 年 9 月	1999 年 9 月	2003 年 6 月	2009 年 9 月
工作频率范围	2.4GHz～2.4835GHz	5.150GHz～5.350GHz 5.475GHz～5.725GHz 5.725GHz～5.850GHz	2.4GHz～2.4835GHz	2.4GHz～2.4835GHz 5.150GHz～5.850GHz
非重叠信道数	3	24	3	15
物理速率（Mbit/s）	11	54	54	600
实际吞吐量（Mbit/s）	6	24	24	100 以上
频宽	20MHz	20MHz	20MHz	20MHz/40MHz
调制方式	CCK/DSSS	OFDM	CCK/DSSS/OFDM	MIMO-OFDM/DSSS/CCK
兼容性	802.11b	802.11a	802.11b/g	802.11a/b/g/n

3. Wi-Fi 信道

IEEE 802.11b/g 标准工作在 2.4G 频段，频率范围为 2.400GHz～2.4835GHz，共 83.5MHz 带宽，划分为 14 个子信道，每个子信道宽度为 22MHz，相邻信道的中心频点间隔 5MHz，如图 5.19 所示。

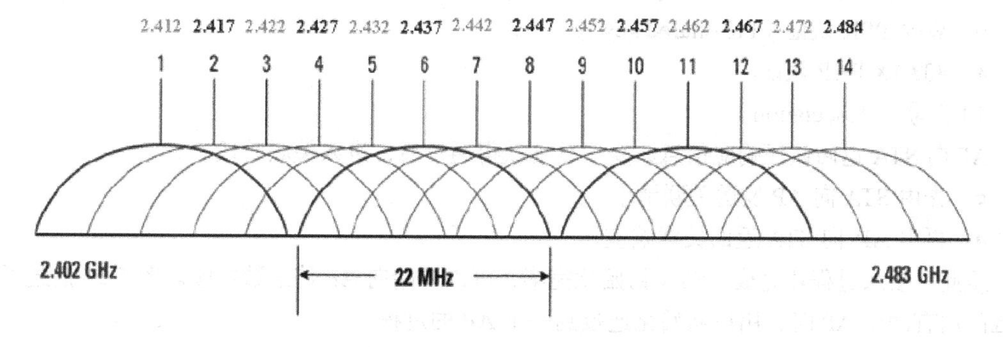

图 5.19　IEEE 802.11b/g 信道

各个国家在信道的具体划分上略有差异：

- 北美/FCC2.412GHz～2.461GHz（11信道）。
- 欧洲/ETSI 2.412GHz～2.472GHz（13信道）。
- 日本/ARIB 2.412GHz～2.484GHz（14信道）。
- 中国划分为13个信道，每个信道带宽为22MHz。

4. 服务集和Wi-Fi的工作过程

一个AP可以向进入其覆盖范围的STA（工作站）提供一个移动到一个服务集（Service Set，SS）。每个AP所提供的SS由其SSID标识。Wi-Fi的工作过程，就是客户端按照SSID与符合的AP之间的通信过程，包括扫描、接入、认证、加密、漫游和同步等功能。

这些工作主要由802.11MAC层负责。

5. 无线接入过程

如图5.20所示，STA（工作站）启动初始化、开始正式使用AP传送数据帧前，要经过3个阶段才能够接入，即扫描阶段（Scanning）、认证阶段（Authentication）、关联（Association）。

图5.20　无线接入过程

1）扫描阶段（Scanning）

当STA漫游时，要寻找一个可以连接的AP。STA会在每个可用的信道上进行搜索。搜索用扫描的方式进行，802.11 MAC提供了如下两种扫描方式。

（1）被动扫描（Passive Scanning）：通过侦听AP定期发送的Beacon（指引）帧来发现网络，该帧提供了AP及所在SS相关信息："我在这里"……。这种扫描找到时间较长，但STA节电。

（2）主动扫描（Active Scanning）：STA依次在13个信道发出Probe Request（搜索请求）帧，寻找符合SSID指定的AP，若找不到相同SSID的AP，则一直扫描下去。这种扫描可以迅速找到合适的AP。

2）认证阶段（Authentication）

当STA找到SSID匹配的AP后，会根据收到的AP信号强度，选择一个信号最强的AP，然后进入认证阶段。只有身份认证通过的站点才能进行无线接入访问。AP提供如下认证方法。

- 开放系统身份认证（Open-system Authentication）。
- 共享密钥认证（Shared-key Authentication）。
- WPA PSK认证（Pre-shared key）。
- 802.1X EAP认证。

3）关联（Association）

AP向STA返回认证响应信息，身份认证获得通过后，进入关联阶段。

- 先由STA向AP发送关联请求。
- 再由AP向STA返回关联响应。

至此，接入过程才完成，STA初始化完毕，可以开始向AP传送数据帧。图5.21描述了在一个区间内有两个AP时，用户初始化连接到一个AP的过程。

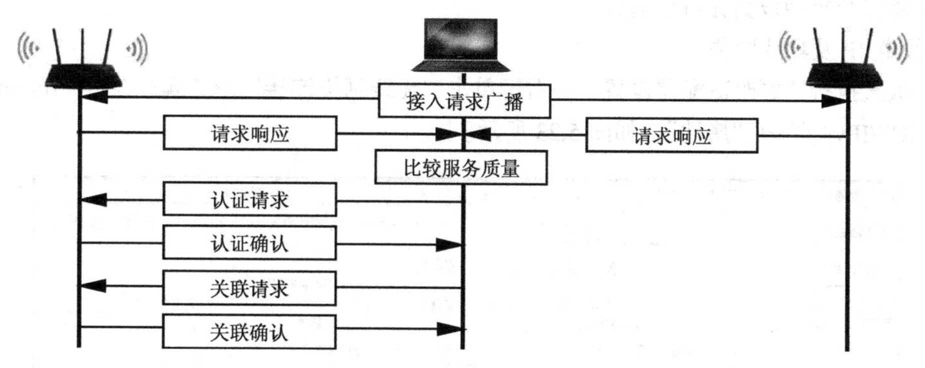

图 5.21　STA 初始化连接到一个 AP 的过程

实训 16　在 Windows 下建立无线局域网

一、实训内容

在 Windows 7 下建立无线局域网。

二、实训准备

安装好无线网卡并装有 Windows 7 的计算机若干台。

三、实训参考步骤

主要实现以一台 Windows 7 为主机，在不同操作系统间建立无线局域网的方法。

1. 在主机上的设置

（1）创建新的连接：执行“控制面板”→“网络和共享中心”→“新建连接向导”命令。

（2）选择无线临时网络，如图 5.22 所示。

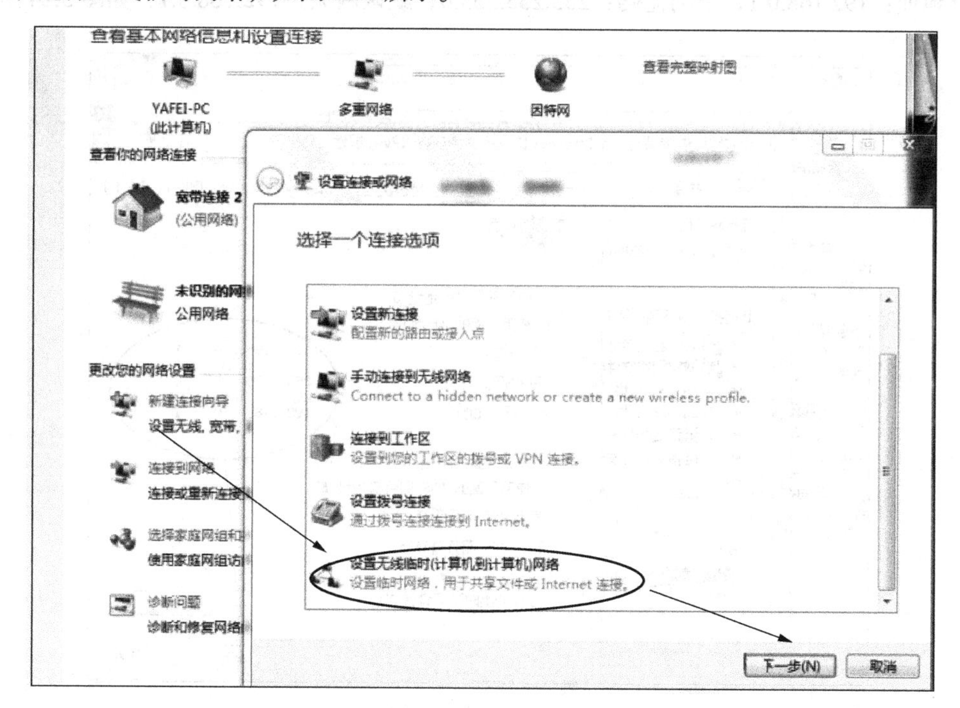

图 5.22　新建连接向导

（3）将安全类型设为无身份验证。

2. 设置 IP 及默认网关

（1）依次执行“更改适配器设置”→右键单击“无线网络连接”→“属性”→“Internet 协议版本 4（ICP/IPv4）”→“属性”，如图 5.23 所示。

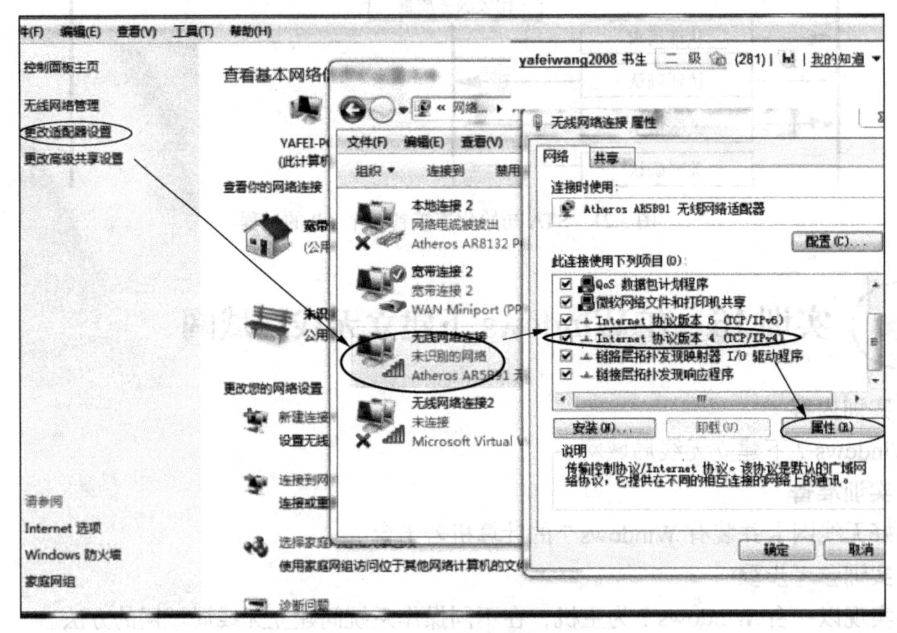

图 5.23 打开无线网络属性

（2）设置 IP 属性。

IP 地址：192.168.0.1，子网掩码：255.255.255.0，默认网关：192.168.0.1，如图 5.24 所示。

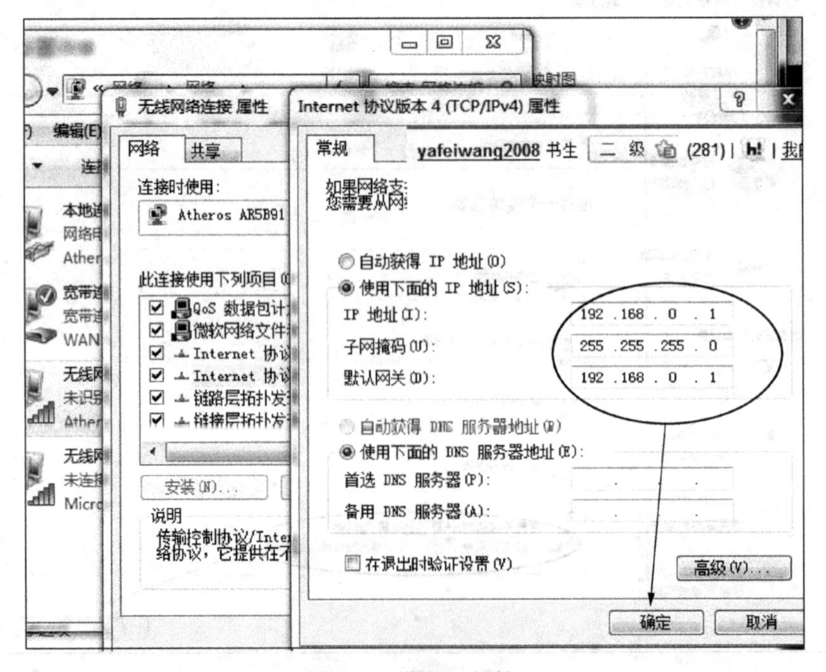

图 5.24 设置 IP 属性

（3）执行“网络和共享”→“更改高级共享设置”命令，启用网络发现，如图 5.25 所示。

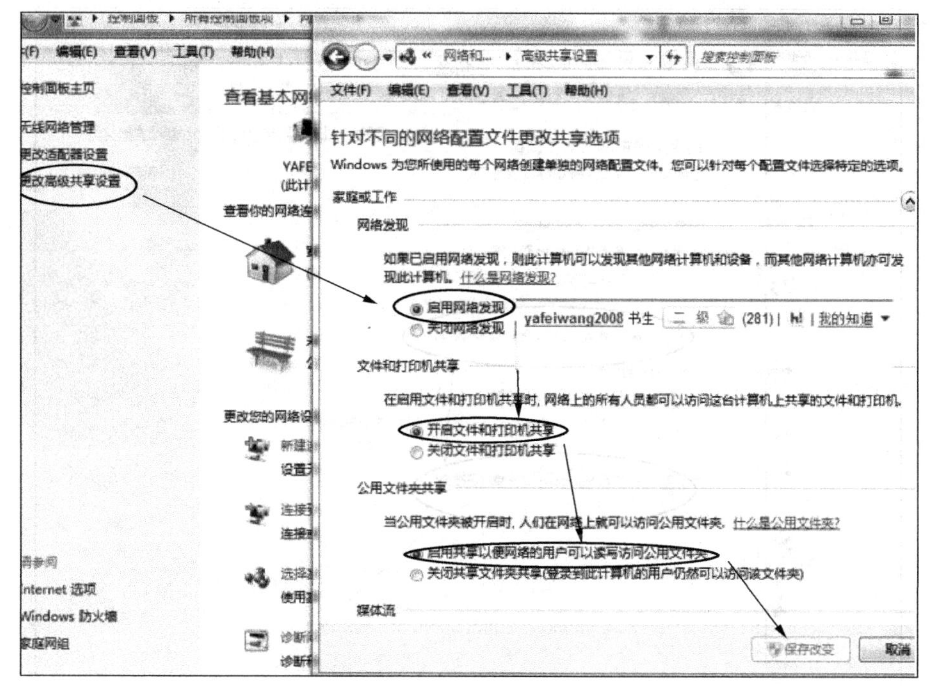

图 5.25　启用网络发现

（4）在网络和共享里双击“Windows 防火墙”，在打开的窗口选择“防火墙开关”，如图 5.26 所示。

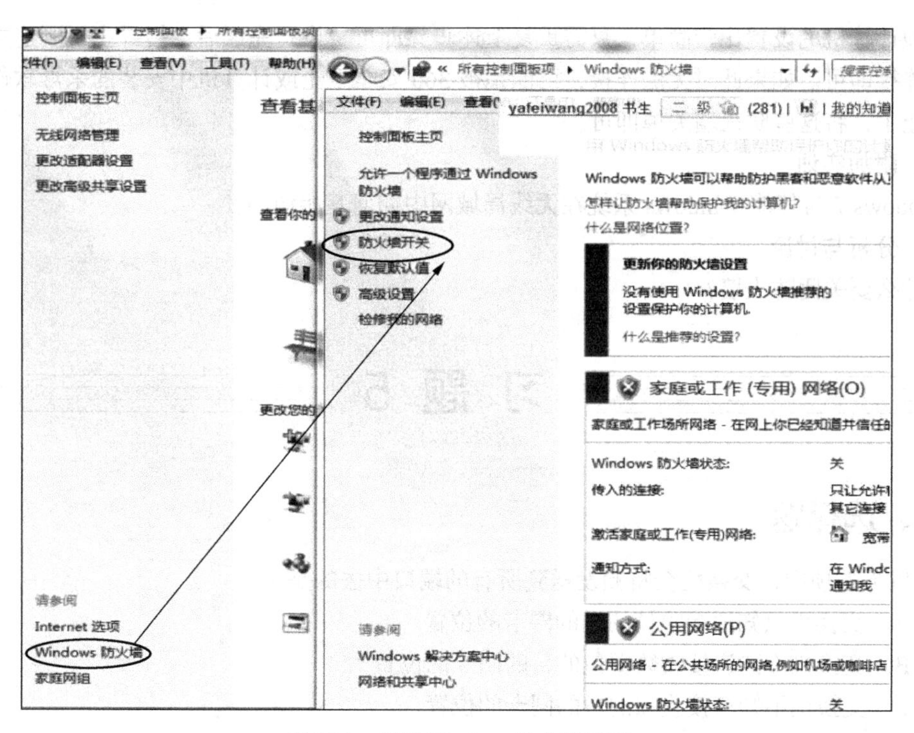

图 5.26　打开 Windows 防火墙界面

选择“关闭 Windows 防火墙”单选钮后，单击“确定”按钮，如图 5.27 所示。

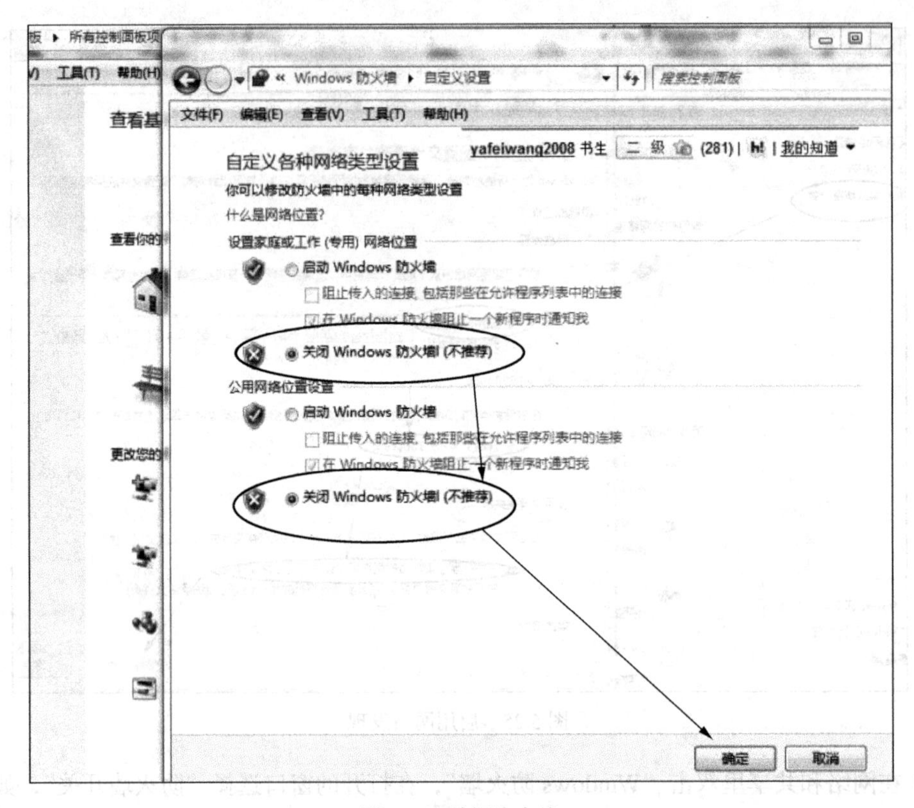

图 5.27　关闭防火墙

其他计算机的设置比较简单，只需重复上述步骤即可。设置完成后，搜寻主机刚建立的临时网络并连接即可。如果此时无法连接，可能是被 360 安全卫士或计算机中安装的杀毒软件中的防火墙阻止了，将这些防火墙关掉即可。

四、附加实训

Windows 7 与其他 Windows 系统在无线局域网中如何互相访问？

五、分析与讨论

为什么要关闭防火墙？

习 题 5

一、选择题

1. 以下选项中，交换机会将帧发送到所有的端口中去的是（　　）。
   A. 交换机只知道接收帧的目的网卡的位置
   B. 交换机不知道接收数据包的目的网卡的位置
   C. 交换机不知道接收帧的目的网卡的位置
   D. 以上都不是

2. 下列（　　）不是宽带路由器具有的功能。

A. 集线器　　B. 路由器　　C. NAT 地址转换　D. 电话

3. 目前，企业局域网一般选择（　　）网络拓扑结构。

A. 总线型　　B. 环型　　C. 扩展星型　　D. 双总线型

4. 下面（　　）是无线局域网的重要组成部分。

A. 计算机主机　　B. 以太网网卡

C. 无线 AP　　D. 无线摄像头

5. 100Base-T Ethernet 局域网中，下列说法不正确的是（　　）。

A. 100 指的是传输速率为 100Mbit/s

B. Base 指的是基带传输

C. T 指的是以太网

D. 100Base-T 是 Ethernet 局域网的一种标准

6. 下列关于局域网的叙述中，正确的叙述是（　　）。

A. 地理分布范围大　　B. 不包含 OSI 参考模型的所有层

C. 误码率高　　D. 数据传输速率低

7. 一座大楼内的一个计算机网络系统，属于（　　）。

A. 网际网　　B. 城域网

C. 局域网　　D. 广域网

8. 以下各项中，是 CSMA/CD 访问控制方法的标准是（　　）。

A. IEEE802.3　　B. IEEE802.4

C. IEEE802.6　　D. IEEE802.5

9. 以下选项不属于以太网的“5-4-3”原则的是（　　）。

A. 5 个网段　　B. 4 个中继器

C. 3 个网段可挂接设备　　D. 5 个网段可挂接设备

二、填空题

1. 局域网的参考模型中数据链路层又分为两个子层________和________。

2. 在组建 Windows 对等网络的实训中，对等网络中的任意两台机器间要能够通信，共享网络资源，必须要在本地连接属性里添加的 3 个组件是________、Microsoft 网络用户和________。

3. 10Mbit/s 的以太网中，用集线器来扩展网络的范围时，最多只能级联________个集线器。

4. 按拓扑结构分，局域网可分为________、________、________、树型拓扑结构。

三、简答题

1. CSMA 有哪几种退让策略可以使用？各有什么特点？

2. 查阅资料，比较 10Mbit/s、100Mbit/s、1Gbit/s、10Gbit/s 以太网层次结构和实现技术的异同。

3. 为什么各种以太网都要定义多种物理层标准？

4. 交换机有哪些分类方法？

5. VLAN 的划分方法有哪几种？

6. 蓝牙的主要技术特点是什么？

第6章 Internet 接入技术

将一个系统连接到另外一个系统，并获取服务，就称为接入。要访问 Internet 上的资源，首先要将计算机连接到 Internet 上。本地计算机可以有多种方式接入 Internet，如通过专线上网或电话线拨号连接。

6.1 Internet 接入概述

6.1.1 ISP

1. ISP 的服务

一般来说，接入是通过 ISP 进行的，如图 6.1 所示。ISP 租用高速通信线路，配备必要的服务器、路由器等设备，向用户提供 Internet 连接服务。现在，ISP 有两种含义，狭义的含义是“Internet Service Provider”（Internet 服务提供商），广义的含义是“Information Service Provider”（信息服务提供商）。随着 Internet 的发展，二者的工作内容正在趋向相同，它们的服务内容主要如下。

图 6.1 ISP 服务

1）接入服务

ISP 为用户接入 Internet 提供设备租用、线路租用、地址分配、安装调试、系统管理（包括维护网络秩序，防止不文明行为对用户的侵扰等）服务。

2）系统集成

用户要接入 Internet，首先要配置计算机和网络通信系统，同时还要配置相应的系统软件及 Internet 访问软件。这对没有专业力量的用户来说，就需要专门的公司帮助了。

对企业用户来说，在连入 Internet 或建设 Intranet 时，需要对企业进行认真调研，并根据企业的资金投入，综合分析网络的信息流量、结构、连接方式、费用等，着眼于全局进行入网方案的设计、规划、实施。所有这些服务，都可以从 ISP 那里得到。

3）信息服务

随着 Internet 应用的普及和深入，ISP 提供信息服务的比重将越来越大。目前，ISP 提供的信息服务有：提供信息共享和交流的服务设施，提供信息源和信息资源的增值开发。

提供信息共享和交流的服务设施的 ISP 也提供存储空间及服务器的租用、代管，用于存放共享和交流的各类信息，并承担这些信息资源的管理责任，如更新信息内容、为信息传递寻址、处理网络拥挤问题、尽量缩短用户的网络响应时间等。

信息资源的增值开发包括下列工作：查询检索服务（避免用户淹没在信息的海洋）、信息提取服务（代替用户访问网络）和信息分析服务（帮助用户分析研究，进行决策）。

还有一类 ISP，本身与计算机网络可以没有什么关系，但却可以通过 Internet 为用户提供信息查询和索引服务，如医院、图书馆、电子出版社、大学甚至政府等机构，通过向网上开放信息，为公众提供学习知识和有关信息。

4）Internet 应用

Internet 应用是指利用 Internet 开展业务活动，如学校利用 Internet 开展远程教学，企业利用 Internet 开展电子商务等。

2. ISP 的选择

一般来说，最终用户是通过 ISP 与 Internet 连接的。ISP 不仅要收取一定的费用，更重要的是它的服务质量直接影响用户的上网质量。当前，ISP 日益增多，国内大型 ISP 有中国电信、中国移动、联通公司、广电公司等；小型 ISP 很多，以本单位或本地区的信息（网络）中心为主。面对众多的 ISP，用户一般可以从如下一些方面进行考虑。

1）收费标准

目前收费项目大致有开户费和使用费两大项。其中使用费又有许多计算方法，如按小时（又分白天、夜间、凌晨及超时费等）、按月等。各家都有自己的收费方法和吸引用户的方法。用户应根据自己的使用特点，来确定哪一种收费方法对自己比较经济。

2）技术保证

用户最希望得到如下的技术保证。

- 拨号的成功率高，不希望想上网时总是碰上占线情况。
- 数据传输速率较高，不希望自己上网时一个文件传传停停，经常断线。

这些方面与 ISP 的下列技术条件有关。

- 有无先进可靠的设备，如交换机、路由器。
- 中继线数目，是否能满足众多的用户同时尤其是高峰期的拨入需求。
- 可以提供什么样的接入方式（仿真终端方式，还是 PPP 方式，或二者兼有之）。
- 出口速率，也即 ISP 与 Internet 连接的主干线的带宽。
- Modem 的标称速率，即 ISP 可以接收的用户 Modem 速率。当 ISP 可以接收的标称速率低于用户的实际 Modem 速率时，用户的 Modem 速率就不能发挥作用。

3）服务质量

ISP 能否提供上网的所有软件、资料，是否提供相应的技术培训等。

4）组织背景

ISP 的经验历史、注册资本是否雄厚、财政是否稳定、经营状况、是否独立等。

关于 ISP 的情形，不仅要向 ISP 本身了解，还应当从它已有的用户等方面去了解、证实。

6.1.2 接入需求与接入类型

1. 接入的基本要求

一般而言，用户对接入有如下一些基本要求。

（1）带宽要求。为了支持多媒体通信，要求较高的传输率，并且上、下行不对称，即对接收速率（即下行信道）的要求较高，对发送速率（上行信道）的要求较低。

（2）即连即用，即需要时就可以随时连通。

（3）价格便宜，工作可靠。

2. 接入类型

目前，用户上网有多种方案可供选择，不同的 Internet 连接方式都是随着技术的不断发展，以及不同的用户群需求而产生的。一般来说，个人（家庭）用户和企业用户的上网方式存在一定的区别。

1）按接入身份分类

按接入身份分类可分为仿真终端（作为某台主机的仿真终端，不分配 IP 地址）方式、主机方式和网络方式。

2）按接入方式分类

按接入方式即接入网的使用方式分类，可以分为直接接入和拨号接入。直接接入是将接入网的接入线永久地接在用户驻地网上，即用即通；拨号接入主要指用电话线接入时，要先经拨号连接。

3）按接入网络技术分类

按接入网络技术分类可分为 POST、X.25、DDN、HFC、帧中继、ISDN 等。不同的接入技术，使用不同的设备，如普通电话线接入需要使用 Modem。

4）按接入网介质分类

按接入网介质分类可分为铜线、光纤、光铜混合、无线等。有些接入技术是按介质设计的。表 6.1 所示为接入网的类型。

表 6.1 接入网的类型

<table>
<tr><th colspan="2">类型</th><th>系统类别</th></tr>
<tr><td rowspan="3">有线接入</td><td>铜线传输</td><td>双绞铜线
线对增容系统（PG）
高比特数字用户线（HDSL）
非对称数字用户线（ADSL、VDSL、MDSL、XDSL 等）</td></tr>
<tr><td>光纤传输</td><td>采用 Z 接口的用户环路载波系统（SLC）
采用 V5 国际标准接口的数字环路载波系统（V5-DLC）
采用 V5 国际标准接口的无光源网络（V5-PON）
模拟视频图像传输系统（VSB-AM，FM）</td></tr>
<tr><td>光纤铜线混合</td><td>混合光纤/同轴传输系统（HFC）
交换式数字视像系统（SDV）</td></tr>
<tr><td>无线接入</td><td>固定终端</td><td>卫星直播系统（DHL）
同步卫星通信系统（SSC）
甚小孔径卫星终端（VSAT）
单区制无线接入
本地多点分布业务系统（LMDS）
多点多路分布业务系统（MMDS）</td></tr>
</table>

续表

类型		系统类别
无线接入	移动终端	无线寻呼系统
		无绳电话系统（CT1、CT2、DECT、PHS 等）
		集群通信系统
		蜂窝移动通信系统（TACS、AMDS、DAMPS、GSM、CDMA、DCS1800 等）
		同步卫星移动通信系统（Inmarsat）
		公共陆地移动通信系统（FPLMTS）
		低轨道卫星移动通信系统（LEO）
有线无线综合接入	固定/移动终端	光纤无线混合系统（HFW）
		个人通信系统（PCS）

5）按接入网频带分类

按接入网频带分类可以分为窄带和宽带。传统的接入网是窄带的，如电话网、ISDN、DDN 等。随着语音、视频、数据传输三网合一要求的日渐普遍，窄带将会很快退出历史舞台。因此，本章后面的各节将以介绍宽带接入为主。

6）按 IP 地址分类

按是否需要 IP 地址可以分为如下几类。

（1）不需要 IP 地址：采用这种方式时，计算机作为远程主机的虚拟终端，只能享用电子邮件和 FTP 服务，不能使用 Web 等服务。

（2）使用动态地址接入：采用这种方式接入的计算机或网络（称 Intranet），可以访问 Internet 上的信息资源，但是由于没有固定的 IP 地址，Internet 上的其他用户不能访问该 Intranet 或计算机中的信息资源。这种方式收费较低，但需要向当地 ISP 申请一个联网账号。

（3）利用一个固定 IP 地址接入：这种接入方式允许 Intranet 和互相访问 Internet 信息资源。为了使用固定 IP 地址，Intranet 上的用户必须申请一个固定（静态）的 IP 地址。同时，由于共享 IP 地址会引起地址冲突，可以在 Intranet 中配置一个代理服务器。

（4）利用多个固定 IP 地址接入：对于大、中型 Intranet，利用一个固定 IP 地址接入时，随着 Intranet 与 Internet 之间信息交换频率的提高，将会出现“瓶颈”。此时，应当申请多个静态 IP 地址。

6.1.3　IP 地址解析

1. 协议地址和物理地址

① 协议地址。IP 地址被称为高级协议地址，是站在 Internet 网络的角度按照 IP 协议为主机和路由器所做的编号，是抽象地址。

② 物理地址。每台主机都是属于某个特定的物理网络的，在每个具体的物理网络中，每台主机又各有一个物理地址。每一个网卡的卡号就是使用该网卡的主机的物理地址。

2. 地址解析

IP 地址是由软件进行维护的软地址，而物理地址是由硬件管理的硬地址。物理网络无法直接根据软地址定位一台主机。为此，要想通过一个物理网进行帧的传送，必须含有目的地的硬件地址（如以太网地址）。将一台计算机的 IP 地址翻译成等价的硬件地址的过程称为地址解析或称地址映射，也称为地址绑定。

应当注意，地址解析是同一个网络内部的局部过程，即一台计算机只能够解析位于同一网络中的另一台计算机地址。如在图 6.2 中，主机 A 上的一个应用程序要传输一条报文到主机 F 上，由于 A 与 F 不在同一个网络上，因此 A 上的软件无法解析 F 的地址，于是这个报文的传输要经过如下过程。

① 主机 A 上的软件首先确定要将报文传输到 F 必须经过路由器 R1，于是解析位于同一网络中路由器 R1 的地址，将报文传送到 R1。

② 路由器 R1 上的软件确定要将报文传输到 F 必须经过路由器 R2，于是解析位于同一网络中路由器 R2 的地址，将报文传送到 R2。

③ 路由器 R2 上的软件确定 F 就在同一网络上，于是解析位于同一网络中主机 F 的地址，将报文传送到 F。

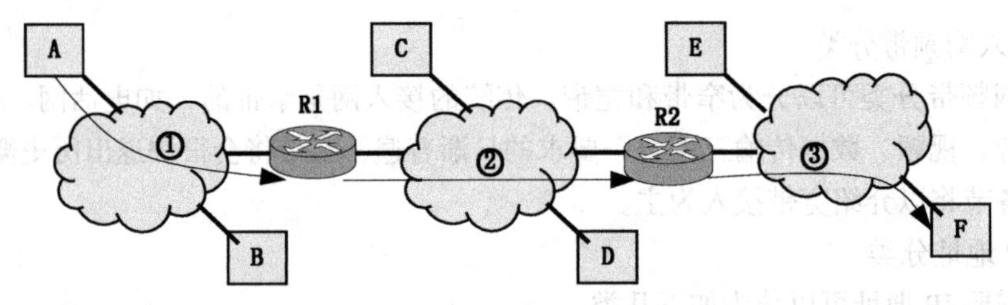

图 6.2　地址解析实例

3. 地址解析技术与地址解析协议

地址解析是通过软件实现的。地址解析软件要根据使用的协议和硬件编址方案来进行地址解析。对不同的物理网络，由于协议和编址方案不同，解析方法也不相同。例如，将 IP 地址解析为以太网地址与解析为 ATM 网地址的方法是不相同的。

一般说来，大体上有 3 种地址解析方法。

（1）查表（Table Lookup）方法：将地址绑定信息存放在内存的一张表中，当要进行地址解析时，可以查表找到所需的结果。这种方法常用于 WAN。

（2）相似形式计算（Close-Form Computation）：网络中主机的 IP 地址分配通过对硬件地址的简单逻辑运算和算术运算得到，因而在 IP 地址与物理地址之间存在一种函数关系，可以直接运算求出。这种方法常用于可配置的网络。

（3）报文交换（Message Exchange）法：前两种方法是集中式地址解析，而报文交换是分布式地址解析方法，即当一台机器要解析同一网络中另一台计算机的 IP 地址时，先通过网络发送一个请求报文——请求对指定 IP 地址的解析，之后收到一个应答——回答对应的硬件地址。这种方法常用于静态编址的 LAN。

那么，请求报文如何发送呢？通常有两种方法：一是在网络中设立一台或几台服务器，专门用来回答地址解析的请求；一是向全网广播，由各台计算机自己解析自己的 IP 地址。

为了使所有的计算机共同认可地址解析消息的精确格式和含义，TCP/IP 的地址解析协议 ARP 定义了两种基本的消息：ARP 请求消息（一个请求包含一个 IP 地址和对相应硬件的请求，格式如图 6.3 所示）和 ARP 应答消息（一个应答消息既包含发来的 IP 地址，也包含相应的硬件地址）。ARP 规定：所有 ARP 请求消息都直接封装在 LAN 帧中，广播给网上的所有计算机，每台计算机收到这个请求消息后都要检测其中的 IP 地址；与 IP 地址匹配的计算机即发出一个应答消息，而其他计算机则丢弃收到的请求，不发出任何应答。

0 … 7	8 … 15	16 … 31
硬件类型		协议类型
硬件地址长度	协议地址长度	操作
发送方硬件地址（8 位组 0～3）		
发送方硬件地址（8 位组 4～5）		发送方 IP 地址（8 位组 0～1）
发送方 IP 地址（8 位组 2～3）		目标硬件地址（8 位组 0～1）
目标硬件地址（8 位组 2～5）		
目标 IP 地址（8 位组 0～3）		

图 6.3　用于以太网的 ARP 分组格式

通过对一个帧中协议类型的判断，一台计算机就可以知道该帧中是否含有 ARP 报文。例如，当一个以太网帧携带有 ARP 报文时，类型字段中就包含十六进制数 0x806。

IP 层中还包含一个反向地址解析协议 RARP，用于规定硬件地址到等价的 IP 地址的翻译过程。

需要说明的是，TCP/IP 的分层是不太严格的，ARP/RARP 可以看作 IP 层的协议，也可以看成是网络接口层的协议。

6.1.4　PPP 协议

PPP（Point-to-Point Protocol）是串行通信线路上一个有效的点对点通信协议，它的格式如图 6.4 所示。

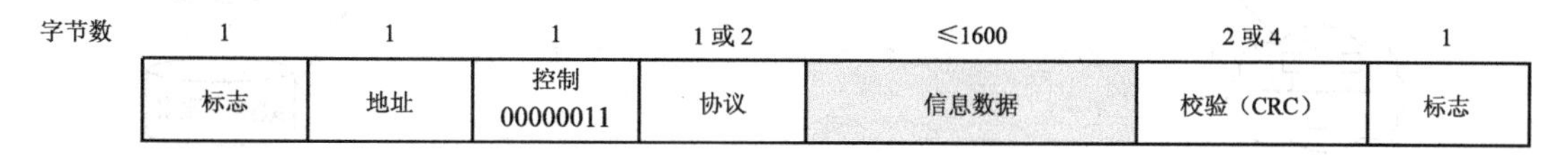

图 6.4　PPP 帧格式

可以看出，PPP 帧格式在 IP 分组之上增加了起始和结束标志、地址、控制、协议和校验等字段，下面进一步对这些字段加以介绍。

1. 起始和结束标志

PPP 协议帧的起始和结束标志都是“01111110”（0x7e）。如果在信息字段中出现 0x7e，就要对该信息字段进行填充。在同步数据链路中，采用逢连续 5 个 1 就加 1 个 0 的比特填充法；在异步数据链路中，采用以 0x7d 为转义字符的字符填充法，同时要将第 6 个字符变反。例如

字符 0x7e→0x7d（01111101）+ 0x5e（01011110）

（0x7e——01111110 的第 6 位变反为 01011110——0x5e）

而字符 0x7d 要转换成 0x7d+0x5d（01111101 01011101）。

2. 地址字段

地址字段的值总是 0xff，这是一个广播地址，表示将该帧发向所有的站点。

3. 控制字段

控制字段的缺省值为 0x03，这时帧为无编号帧，即不提供使用帧编号和应答的可靠传输机制。

4. 字段

协议字段的编码值指明信息字段中携带的数据的协议类型，使得 PPP 可以支持多种协议，其缺省长度为 2 个字节，可以用 LCP 协商成 1 个字节。

5. 校验字段

设置帧校验字段，使 PPP 协议在链路上具有差错检测功能。

PPP 协议的上述优点，使其将 SLIP 协议取而代之。

6.2 铜线接入

6.2.1 综合业务数字网

综合业务数字网（Integrated Services Digital network，ISDN）兼有 IDN（综合数字电话网）和 ISN（综合业务网）两重意义。ISDN 的工作原理如图 6.5 所示，它能将数据、声音、视频信号集成进一根数字电话线路，实现用户线传输技术数字化，向用户提供端到端的数字连接，所以被称为“一线通”。

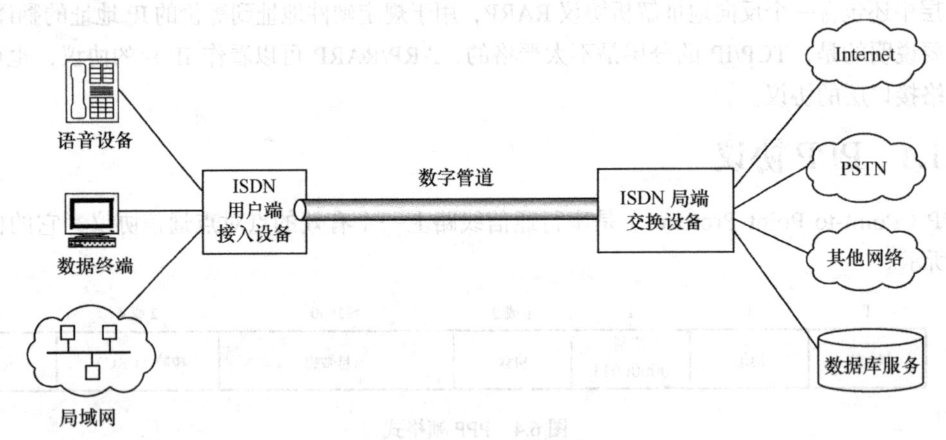

图 6.5 ISDN 工作原理

1. ISDN 的信道与接口

ISDN 采用 TDM 技术，将多条通路复用在 ISDN 的数字管道中，依时段分配给各信号源，并提供多种独立的信道供用户使用。这些信道采用 ITU-T 规定的标准信道系列。

1）ITU-T 标准信道系列

ITU-T 标准信道系列用字母来称呼，具体如下。

- A 信道——3kHz 带宽的标准模拟话路信道。
- B 信道——63kbit/s 的数字 PCM 话音或数据信道。
- C 信道——8/16kbit/s 的数字信道。
- D 信道——用作通信控制（带外信令）的数字信道；D0 为 16kbit/s，D2 为 63kbit/s。
- E 信道——63kbit/s 内部 ISDN 信令的数字信道。
- H 信道——高速接入通路，适合于电视会议、超图像传输、高速 FAX、高速数据等信息的传送。目前 H 通路具有如下 3 种标准速率。

H_0 通路：383kbit/s，用于传送用户信息。

H_{11} 通路：1 536kbit/s（PCM23 路系统），用于传送用户信息。

H_{12} 通路：1 920kbit/s（PCM32 路系统），用于传送用户信息。

2）ITU-T 标准化信道组合

ITU-T 规定了多种标准化信道组合，其中最重要的是基本速率接口（Base Rate Interface，BRI）和基群速率接口（Primary Rate Interface，PRI）。

（1）基本速率接口是为普通电话网的用户提供的一种窄带服务，具有 2B+D 接口。其中：

- 2 个 B 通路速率为 63kbit/s，用于传输话音。
- D 通路速率为 16kbit/s 或 63kbit/s，用于传送信令信息和分组信息。

（2）基群速率接口是指适应 PCM 一次群 T1（1.533Mbit/s）或 E1（2.038Mbit/s）的通路，给出了多个基本访问用户通过一个公用线路设施与网络相连的规则，提供宽带服务（称 B-ISDN），组合形式如下。

- 多信道接入（B 信道接口）：nB+D，n=30（欧洲、澳洲等，总带宽达 2.038Mbit/s）或 23（美国、日本等，总带宽达 1.533Mbit/s）。
- 高速接入（H 信道接口）：典型结构有：mH_0+D（m=3 或 5），H_{11}+D，H_{12}+D 等。
- 组合接入（B/H 信道混合接口）：nB+mH_0+D（$n+6\times m\leqslant 30$ 或 23）。

B-ISDN 采用了 ATM 技术。由于 ATM 技术没有得到广泛应用，B-ISDN 使用也很少。

2. ISDN 接入设备

ISDN 按照自己的规格将设备分为两类：ISDN 标准设备和非 ISDN 标准设备。ISDN 标准设备（如数字电话等）可以使用网络终端（NT）接入；非 ISDN 标准设备（如普通电话、传真机、计算机等）还要在 NT 上增加使用 ISDN 终端适配器（Terminal Adapter，TA）。图 6.6 所示为上述两种接入的示意图。

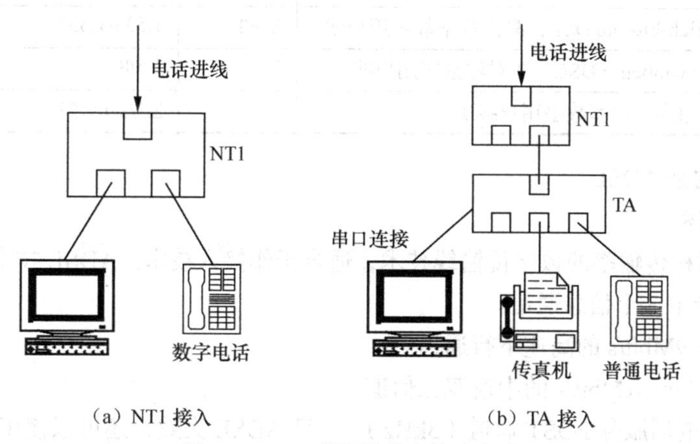

图 6.6 ISDN 的两种基本接入方式

1）网络终端（NT）

NT 安装于用户处，用于实现在普通电话线上进行数字信号的转送和接收，是电话局程控交换机和用户终端设备之间的接口设备。NT 分为两种：NT1 和 NT2。

NT1 是基本速率接口终端，向用户提供 2B+D 的两线双向传输能力，它是物理层的设备，不涉及比特流在上层是怎样构成帧的，它能以点对点的方式最多支持 8 个终端的接入。NT1 具有网络管理、测试和性能监控功能，能解决用户的每一个设备具有唯一的地址，并解决多个用户设备使用总线时的优先级别问题。注意，NT1 用于接入数字设备，但计算机必须装有 ISDN 适配卡。

对于大一些的单位，NT1 就不够用了，需要一个 ISDN 专用的小交换机 PBX——NT2。NT2 是一次群速率接口终端，向用户提供 3B+D 的四线双向传输能力，它至少覆盖 OSI 的下 3 层。

2）ISDN 终端适配器

ISDN 终端适配器的功能是使现有的非 ISDN 标准终端（如模拟电话、G3 传真机、PC 的串口等）能够使用 ISDN，为用户在现有终端上提供 ISDN 业务。ISDN 终端适配器分为内置和外置两种。内置 ISDN 终端适配器俗称 ISDN 适配卡，外置 ISDN 终端适配器俗称 ISDN TA。通常大部分 ISDN 终端适配器具有 2 个信道通信能力。与计算机的连接有串口与并口两种方式：串口方式的最高速率为 112.5Mbit/s，并口方式的最高速率为 128Mbit/s。ISDN TA 除具有 ISDN 卡的功能外，还提供模拟接口，即有 1 个 ISDN 接口，3 个用户接口——2 个 RJ-11 的普通模拟电话接口，1 个可以通过电缆连接计算机的 RS -232D 接口。

6.2.2 非对称数字线路

1. 数字用户线路

非对称数字线路（ADSL）是数字用户线（Digital Subscriber Line，DSL）的一种。DSL 是以铜电话线为传输介质的、点对点的接入技术系列，也称 *x*DSL。DSL 技术系列的宗旨是通过电子设备和软件，将现有的电话线作为数字传输线，使带宽至少达到 2Mbit/s，而现有技术仅能使铜质电话线以 28.8kbit/s（辅以软件可达 56.3kbit/s）的速率传输语音信号。几种主要的 *x*DSL 技术如表 6.2 所示。

表 6.2　　几种主要的 xDSL 技术

类型		线对数	上行/下行速率（Mbit/s）	最大传输距离（m）
对称 DSL	SDSL（Symmetric DSL，单线/对称数字用户线）	1	1/1	3300
	HDSL（High-bit-rate DSL，高比特率数字用户线）	2～3	1.533/1.533	3700
非对称 DSL	ADSL（Asymmetric DSL，非对称数字用户线）	1	1.5/8	5500
	VADSL（超高比特率数字用户线）	1	2.3/5.1～51	300～1500

目前最常用的是 ADSL。

2. ADSL 概述

ADSL 是非对称传输率的数字传输线技术，适合于作接入技术。ADSL 技术使得两个 Modem 之间的电话线上产生 3 个信息通道。

- 一条 1.5～9Mbit/s 的高速下行通道。
- 一条 16kbit/s～1Mbit/s 的中速双工信道。
- 一条普通电话服务 POST 通道（3kHz），一旦 ADSL 失效，还可以使用 POST。

高速和中速信道都可以被多路低速信道复用。为了建立多重频道的传输方式，ADSL 采用 FDM 和 Echo Cancellation 两种方法分离出不同频宽。

ADSL 能够在现有电话双绞线上提供高达 8Mbit/s 的高速下行速率和 1Mbit/s 的上行速率，有效传输距离可达 5km，非常适合双向带宽要求不一致的应用，如 Web 浏览、多媒体点播、消息发布等。

如图 6.7 所示，ADSL 接入模型主要由中央交换局端模块和远端模块组成。

中央交换局端模块包括在中心位置的 ADSL Modem 和接入多路复合系统。处于中心位置的 ADSL Modem 被称为 ATU-C（ADSL Transmission Unit-Central）。接入多路复合系统中心 Modem 通常被组合成一个接入结点，也被称作“DSLAM”（DSL Access Multiplexer）。远端模块由用户 ADSL Modem 和滤波器组成。用户端 ADSL Modem 通常被称为 ATU-R（ADSL Transmission Unit—Remote）。

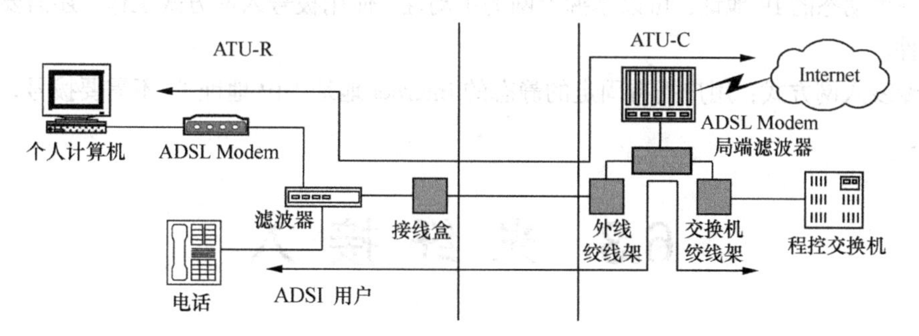

图 6.7　ADSL 的接入模型

3. ADSL 用户端安装

对普通用户来说，安装用户端 ADSL 时，只要将电话线连上分离器，分离器与 ADSL Modem 之间用一条两芯电话线连上，ADSL Modem 与计算机网卡之间用一条双绞网线连通即可完成硬件安装，如图 6.8（a）所示。在硬件安装好之后，再将 TCP/IP 中的 IP、DNS 和网关参数项设置好，便完成了安装工作。对局域网用户来说，安装 ADSL 只需用直连网线将集线器/交换机与 ADSL Modem 连起来就可以了，如图 6.8（b）所示。

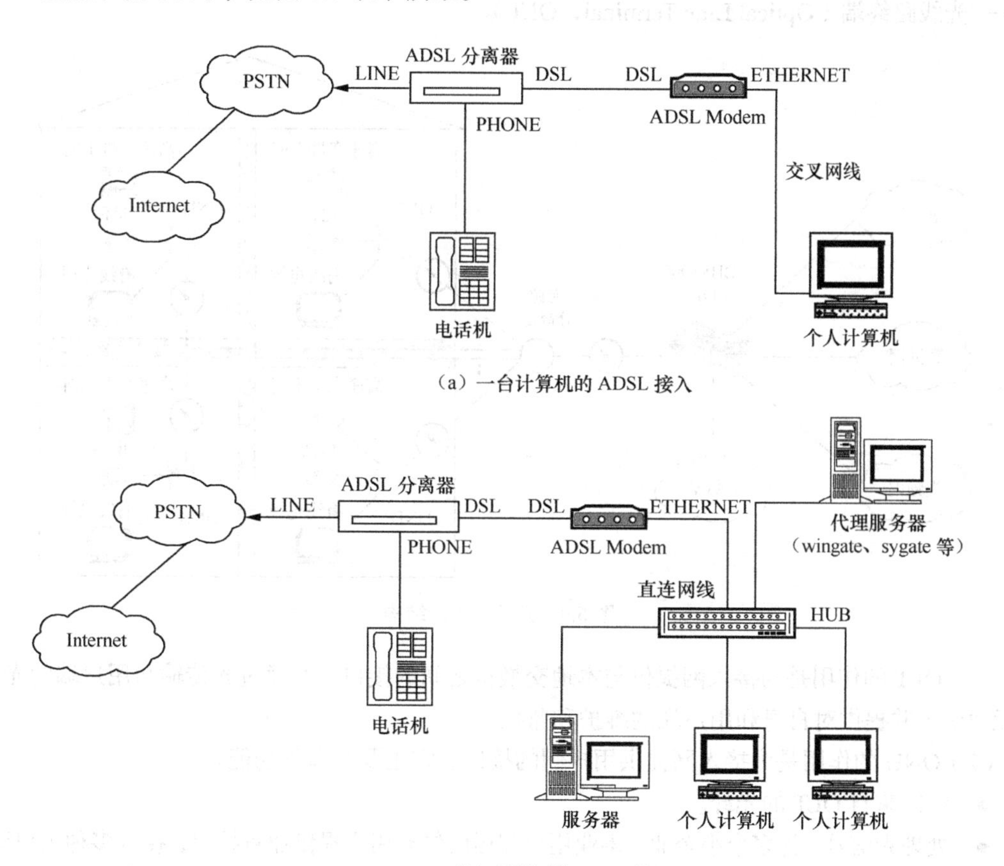

（a）一台计算机的 ADSL 接入

（b）局域网的 ADSL 接入

图 6.8　ADSL 接入

4. ADSL 接入类型

（1）虚拟拨号入网方式：并非是真正的电话拨号，而是用户输入账号、密码，通过身份验证后，获得一个动态的 IP 地址，可以掌握上网的主动性。使用拨号入网方式工作，还需要安装相应的拨号软件。

（2）专线入网方式：用户拥有固定的静态的 Internet 地址（IP 地址），不需要拨号，开机即可连通上网。

6.3 光 纤 接 入

6.3.1 光纤接入网概述

1. 光纤接入网及其结构

以光纤作为传输媒介，并利用光波作为光载波传送信号的接入网，称为光纤接入网（Optical Access Network，OAN），又称光纤用户环路（Fiber in the Loop，FITL）。图 6.9 所示为一个光纤接入网示意图。由图中可以看出，光纤接入网除了包括光纤介质外，还包括远端设备——光网络单元（Opical Network Unit，ONU）或光网络终端（Optical Network Terminal，ONT），局端设备——光线路终端（Optical Line Terminal，OLT）。

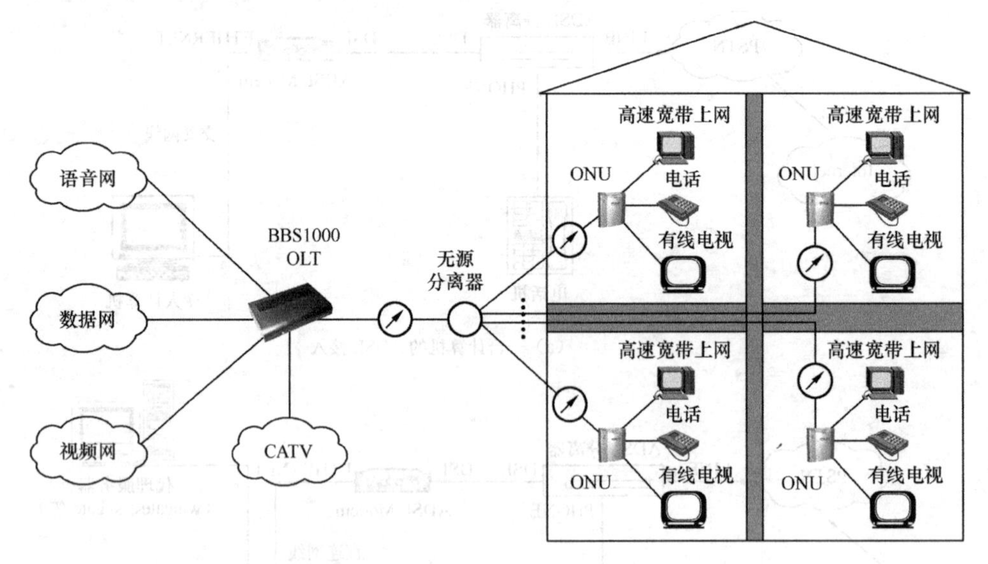

图 6.9 光纤接入网结构

（1）OLT 的作用是为接入网提供与本地交换机之间的接口，并通过光传输与用户端的光网络单元通信，并提供对自身和用户端的维护和监控。

（2）ONU 的作用是为接入网提供用户侧的接口。它主要有以下功能。

- 终结来自 OLT 的光纤。
- 处理光信号，为多个小企业、事业用户和居民住宅用户提供业务接口，接入多种用户终端。
- 光/电和电/光转换，因为 ONU 的网络端是光接口，而其用户端是电接口。
- 对语音的数/模和模/数转换。

- 相应的维护和监控功能。

2. 光纤接入网分类

（1）根据 ONU/ONT 的放置位置，光纤接入可以分为如下几种类型。

- 光纤到户（Fiber to the Home，FTTH）。
- 光纤到邻里（Fiber to the Neighbor，FTTN）。
- 光纤到办公室（Fiber to the Office，FTTO）。
- 光纤到楼层（Fiber to the Floor，FTTF）。
- 光纤到大楼（Fiber to the Building，FTTB）。
- 光纤到路边（Fiber to the Curb，FTTC）。
- 光纤到小区（Fiber to the Zone，FTTZ）。
- 光纤到远端单元（Fiber to the Remote Unit，FTTR）。

（2）从系统分配上分，光纤接入网（OAN）分为有源光网络（Active Optical Network，AON）和无源光网络（Passive Optical Network，PON）两类。PON 是指 ODN（光配线网）中不含有任何电子器件及电子电源，全部由光分路器（Splitter）等无源器件，不需要贵重的有源电子设备。PON 网络的突出优点是消除了户外的有源设备，所有的信号处理功能均在交换机和用户宅内设备完成。而且这种接入方式的前期投资小，大部分资金可以等到用户真正接入时才投入。虽然它的传输距离比有源光纤接入系统的短，覆盖的范围较小，但它造价低，无需另设机房，维护容易。因此，这种结构可以经济地为居家用户服务。

（3）按照拓扑结构划分，光纤接入网有 3 种基本类型：总线型、环型和星型。由此又可派生出总线—星型、双星型、双环型、总线—总线型等多种组合应用形式。

6.3.2 光纤到户及其应用

目前应用最多的光纤接入是光纤到户。严格的“光纤到户”是 FTTH。但是，现在通常也把 FTTB、FTTC、FTTN 也称为光纤到户。由于实际的光纤到户包括了上述 3 种情况，所以人们也用“FTTx”来总称广义的“光纤到户”。下面介绍两种 FTTH 方案。

1. 传统交换以太网 FTTH

传统以太网都是采用电信号，为此，可以在用户端使用一个单纯的光/电或电/光转换器——MC（Media Converter），就可以实现 FTTH 接入，而不必更换支持光纤传输的网卡。图 6.10 所示为这种方案的结构。

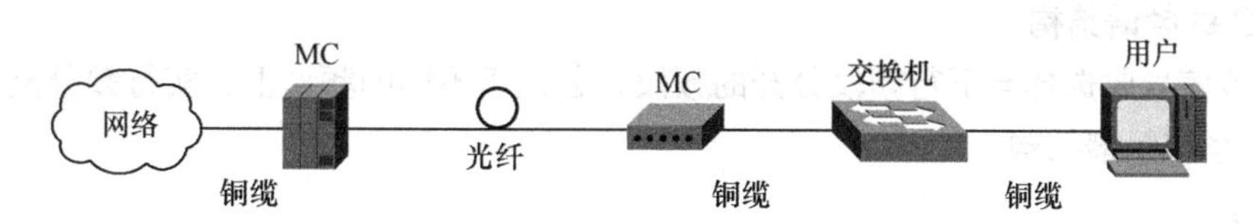

图 6.10 MC+传统以太网交换机实现 FTTH 接入

2. 光纤以太网方式 FTTH

光纤以太网方式的 FTTH 如图 6.11 所示。这里使用了具有光接口的以太网交换机，也可以是新的符合 IEEE 802.3ah 规范的光以太网接入设备。根据 IEEE 802.3ah 的规定，接入网所采用的光以太网技术应采用单纤双向传输方式，上下行采用 WDM 方式分别使用不同的波长进行传输，上行使用 1 310nm 波长，下行使用 1 550nm 波长。

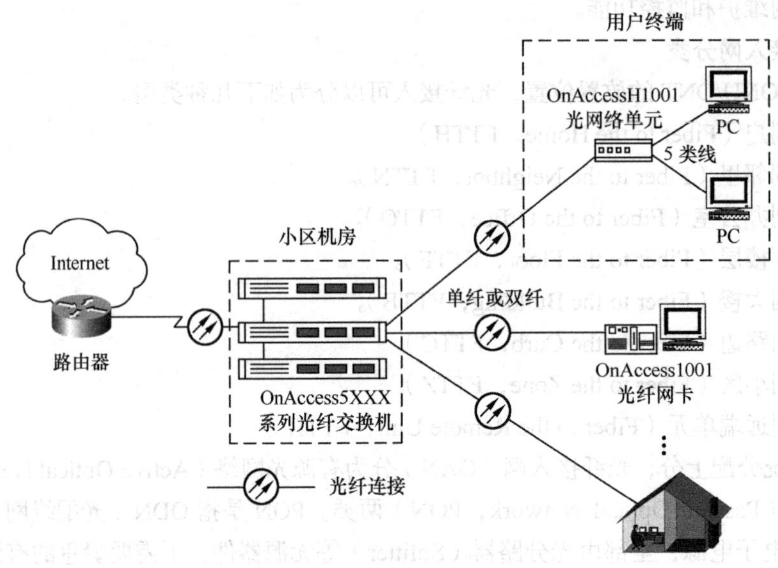

图 6.11　光纤以太网方式的 FTTH

6.4　光纤/铜线混合接入网

6.4.1　HFC 系统结构

光纤/铜线混合接入网络（Hybrid Fiber/Coax，HFC）技术是在传统的同轴电缆 CATV 技术基础上发展起来的。CATV 最初的意思是公用天线（Community Antenna Television）系统，20 世纪 80 年代后在此基础上发展为有线电视（Cable Television）。CATV 技术的要点是在有线电视台的前端用光纤和同轴电缆组合起来的方式（主干线路用光纤，在 ONU 之后，即进入各家各户的最后一段线路用同轴电缆）把电视图像传送到各家各户。但是，这种系统是单向的，只有下行。HFC 的目的是在此基础上实现双向传输。

6.4.2　HFC 的频谱结构和传输模式

1. HFC 的频谱结构

上行回传信号要选择与下行频段分开的频段，各位于不同的频谱上，实行频分复用。图 6.12 所示为 HFC 系统频谱结构。

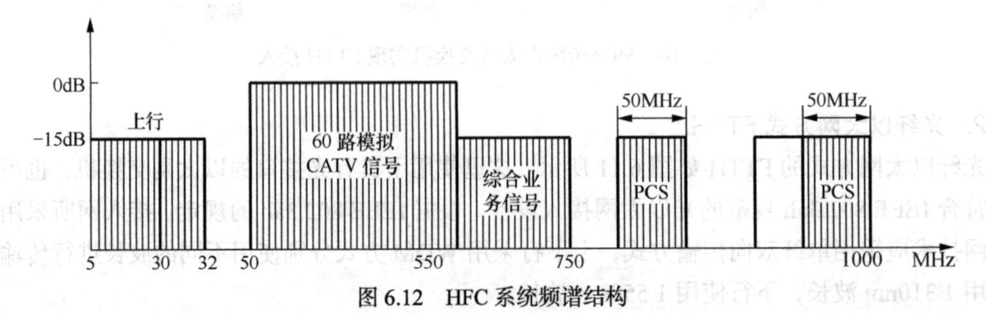

图 6.12　HFC 系统频谱结构

表 6.3 所示为我国接入网总技术规范中所定义的频段划分。

表 6.3 HFC 频段的划分

波　段	频带（MHz）	业　务
R	5.00～30.0	上行电视及非广播业务
R1	30.0～32.0	上行非广播业务
I	38.5～92.0	模拟广播电视
FM	87.0～108.0	调频立体声广播
A1	111.0～167.0	模拟广播电视
III	167.0～223.0	模拟广播电视
A2	223.0～295.0	模拟广播电视
B	295.0～337.0	模拟广播电视
IV	350.0～550.0	数字或模拟广播电视
V	550.0～710.0	数字电视和 VOD 等
VI	710.0～750.0	非广播业务
VII	750.0～1 000.0	个人通信

2. HFC 的传输模式

Cable Modem 的传输模式分为对称式传输和非对称式传输。

1）对称式传输

对称式传输是指上/下行信号各占用一个普通频道 8MHz 的带宽，上/下行信号可能采用不同的调制方法，但用相同传输速率（2Mbit/s～10Mbit/s）的传输模式。在有线电视网里利用 5MHz～30（32）MHz 作为上行频带，对应的回传最多可利用 3 个标准 8MHz 频带：500MHz～550MHz 传输模拟电视信号，550MHz～650MHz 为 VOD（视频点播），650MHz～750MHz 为数据通信。利用对称式传输，开通一个上行通道（中心频率 26MHz）和一个下行频道（中心频率 251MHz）。上行的 26MHz 信号经双向滤波器检出，输入给变频器，变频器解出上行信号的中频（36MHz～33MHz）再调制为下行的 251MHz，构成一个逻辑环路，从而实现了有线电视网双向交互的物理链路。

2）非对称式传输

由于用户上网发出请求的信息量远远小于信息下行量，而上行通道又远远小于下行通道，人们发现非对称式传输既能满足客户的要求，又避开了上行通道带宽相对不足的矛盾。

6.4.3 Cable Modem 模式

Cable Modem（电缆 Modem）是利用 HFC 接入网进行高速访问的一种重要的通信设备。它不仅可以提供对 Internet 的高速访问，还可以提供音频、视频、访问 CD-ROM 等服务，并且具有很高的接入速率，理论下行速率可达 36Mbit/s，上行速率可达 10Mbit/s。

图 6.13 所示为 Cable Modem 的内部结构。Cable Modem 本身不是单纯的调制解调器，它也是一个调谐器（将数字信道同模拟电视信道分离）和加密设备，同时还起路由和网卡的部分作用，按不同角度，其分类如下。

1. 从传输方式的角度

（1）双向对称式传输：传输速率为 2Mbit/s～3Mbit/s，最高能达到 10Mbit/s。

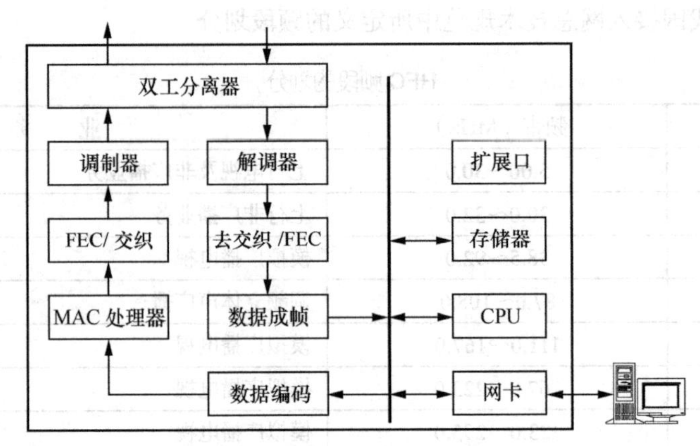

图 6.13　Cable Modem 的内部结构

（2）非对称式传输 Cable Modem：传输下行速率为 30Mbit/s，上行速率为 500kbit/s～2.56Mbit/s。

2. 从数据传输方向角度

（1）单向 Cable Modem：指本身不支持把数字信号转换成模拟信号，不能上传数据。

（2）双向 Cable Modem：可以把数字信号转换成模拟信号，也可以把模拟信号转换成数字信号；既可以上传数据，也可以下载数据。

3. 从网络通信角度

（1）同步（共享）Cable Modem：类似以太网，网络用户共享同样的带宽。当用户增加到一定数量时，其速率急剧下降，碰撞增加，登录入网困难。

（2）异步（交换）Cable Modem：ATM 技术与非对称传输正在成为技术的发展主流趋势。

4. 从接入角度

（1）个人 Cable Modem：用于接入单机。

（2）宽带 Cable Modem（多用户）：可以将一个计算机局域网接入。

5. 从接口角度

（1）外置式 Cable Modem：如图 6.14（a）所示，它其实是一个盒子，计算机连接 Cable Modem 前需要添置一块网卡，支持局域网上的多台计算机同时上网。

（2）内置式 Cable Modem：如图 6.14（b）所示，它是一块 PCI 插卡，只能用在台式计算机上，Macintosh 计算机和笔记本计算机无法使用。

（3）交互式机顶盒：主要功能是在频率数量不变的情况下提供更多的电视频道。通过使用数字电视编码（DVB），交互式机顶盒提供一个回路，使用户可以直接在电视屏幕上访问网络、收发 E-mail 等。图 6.14（c）所示为交互式机顶盒示例。

6. 按照用户类型

（1）CMP（Cable Modem Personal）：适合个人用户，是具有全面的媒体访问控制层（MAC）桥接功能、传送和接收数据功能，可以即插即入的 Cable Modem。

（2）CMW（Cable Modem Workgroup）：适合中小企业和多家庭使用，最多可以支持 3 个用户，每个用户均可以获得 CMP 功能。

（3）CMB（Cable Modem Business）：适合于企业网、学校系统、政府机关等使用，可以连接大量的用户，使每个用户均获得 CMP 功能，并可以根据不同的访问和操作安全性要求实现保护。

(a) 外置式 Cable Modem

(b) 内置式 Cable Modem

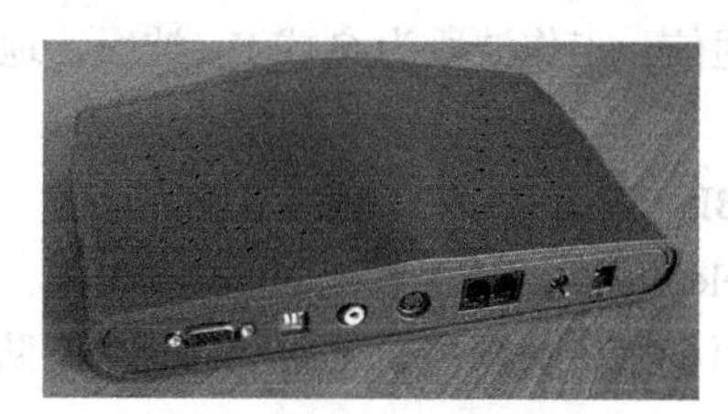

(c) 交互式机顶盒

图 6.14　Cable Modem 的外形

6.5　无 线 接 入

6.5.1　无线接入概述

无线接入网是以无线技术（包括移动通信、无绳电话、微波、卫星通信等）为传输手段，连接起局端至用户间的通信网，向用户提供各种通信业务。

无线接入种类繁多，并且可以用不同方法进行分类。按应用方式分类有固定终端无线接入、移动终端接入和有线无线综合接入。

1. 固定终端无线接入

（1）单区制无线接入，是传统的无线接入方式，一般采用 150MHz、350MHz 和 800 MHz 频段，适合用户较少的郊区或农村使用，覆盖半径可达几十千米。

（2）微波点对多点通信系统（Multiple Access Radio System，MARS），又称一点多址微波通信系统，一个基站可以向几十户端站传送信息，传送频率为 1.3GHz～2.5GHz，经过中继后总覆盖半径可达 150km 以上，适合于小集中、大分散的用户地区。可供业务：电话、传真、低速数据、窄带 ISDN 等。

（3）本地多点分布业务（Local Multipoint Distribution Service，LMDS）系统，使用频段为 2.8GHz 左右，传输距离为 1km～8km，可与固定卫星链路连接，传输宽带业务：高速数据、广播电视、视频点播和电话业务。主要缺点是有阻塞，且传输质量受天气变化影响。

（4）多点多路分布业务（Multipoint Multichannel Distribution Service，MMDS），使用频段为 2.5GHz，业务与 LMDS 相似，可有 33 个模拟电视电路，在发射天线周围 50km 范围内可将 100 多路数字电视信号直接送到用户。

（5）固定蜂窝和微蜂窝（无绳通信）接入系统，将移动终端改为固定终端后，时变性和随机性减小，随着用户间干扰减小，容量可以增加，传输距离可以加大。美国摩托罗拉公司开发的 Will CDMA 无线用户环路系统，是一种代表性产品，采用 V5.2 接口，使用载波频率 800MHz、900MHz 或 1.8GHz、1.9GHz。

（6）甚小孔径终端卫星（Very Small Aperture Terminal，VSAT）系统，是工作波段为 C 或 Ku 波段、地球站天线直径一般小于 2.3m 的卫星通信系统，一般用于小容量数据传输和小容量语音。

（7）卫星直播系统（Direct Broadband System，DBS），即同步卫星电视广播系统。

（8）采用 C 或 Ku 波段的同步卫星通信（Synchronous Satellite Communication，SSC）系统，采用同步卫星上的转发器进行通信，工作波段为 C 或 Ku 波段，地球站天线直径一般大于 6m。

2. 移动终端接入

（1）无线寻呼，即普通的 BP（Beep-Pager）机系统。

（2）无绳电话（Cordless Telephone，CT）系统。

（3）集群通信系统，主要用于生产、管理、交通、公安、消防等系统。

（4）蜂窝移动通信接入系统。

（5）同步卫星通信系统。

（6）公共陆地移动通信系统（Future Public Land Mobile Telephone System，FPLMTS）。

3. 有线/无线混合接入

（1）光纤无线混合（Hybrid Fiber & Wireless，HFW）系统。

（2）个人通信系统（Personal Communication System，PCS）。

上述应用类型，从技术上说大体上可以归纳为基于卫星通信的技术、基于数字微波通信的技术和基于移动通信的技术。

下面介绍几种常用宽带无线接入制式，如表 6.4 所示。

表 6.4　几种常用宽带无线接入制式

制式	接入带宽	组网方式	特点
固定无线本地分配业务 LMDS	10GHz～30GHz	点对多点	频带宽、速率高 信道上使用 ATM/TDMA 等技术，动态分配带宽 提供多种业务
MMDS	5.5GHz	点对多点（共享系统） 点对点（专用带宽系统）	业务扩展灵活（可覆盖上千用户） 天线、馈线等接口开放，利于合作制造 业务包括 TDM、专线、IP 等
SDH 微波	155 MHz 以上	点对点 适合干线或大客户	可支持各种业务 SDH 环网有自愈功能
PDH 微波	E1/3E1/8E1/16E1/2 × 16E1 接口	点对点	适合于 TDM 专线接入用户
扩频微波	有 E1 接口 以太网接口	视距无线点对点	抗干扰能力强 使用频率无需到管理部门备案
远红外通信系统	3×10^{11}MHz	10Base-T 接口 100Base-T 接口 155 OC3 接口 适合临时接入系统	单色性 方向性，保密性好 无辐射性 理论覆盖 2km～3km，一般几百米

续表

制式	接入带宽	组网方式	特点
DVB 卫星通信	上行：128kbit/s 下行：2Mbit/s，3Mbit/s，8Mbit/s	长途传输	应用简单 系统造价与传输距离、地理环境无关
无线光纤	1Gbit/s～2Gbit/s	大容量用户点对点 城域网骨干结点间连接	可利用 SDH 环网自愈功能 灵活 可提供多种不同接口

6.5.2　卫星通信

1. 概述

卫星通信系统是利用人造地球卫星作为中继站，转发无线电信号，在多个地球站（地面站）之间进行的通信系统。

卫星通信具有覆盖面积大、多址通信、频带宽、信道稳定等特点。

（1）覆盖面积大。卫星通信覆盖面积大，并且不受地理条件和通信对象运动条件的限制，电路使用费也不像地面微波中继系统那样因距离增加而使投资增加。

（2）多址通信。一颗卫星可以与多个地球站进行通信。

（3）频带宽、容量大。现在，通信卫星的传输频带可以达到 500MHz，即可以传输 10 万路以上的电话信号，超过以往的任何通信方式。

（4）信道稳定。卫星通信使用的是微波频段，但与地面微波中继通信不同。地面微波中继信号电磁波主要在大气层中传输，受大气折射和地面反射影响，有较严重的衰减现象。卫星通信的电磁波主要在大气之外的宇宙空间传输，因此电磁波较稳定。

缺点：检修困难、时延较大。由于卫星发射之后，很难检修，要求卫星必须高可靠性和长寿命。同时，由于传输距离长，信号的时延就会大。从一个地球站发射信号到卫星再到另一地球站，通信距离为 72 000km。双向通信往返共约 133 000km，即使传输速度为光速，也需 0.5s。

2. 卫星通信系统的组成与工作过程

卫星通信系统主要由通信卫星和地球站组成。

1）通信卫星

通信卫星是卫星通信系统中的转发器，它用来接收从各地球站发来的信号，经频率变换和放大，再发送给别的地球站。它主要由位置和姿态控制系统、天线系统（包括双工器）、通信系统、遥测指令系统、电源系统和温控系统组成。

2）地球站

为了进行双向通信，每个地球站都有发射和接收设备。由于收发设备共用一副天线，为了分开收、发信号，在天线与收、发设备连接处装有双工器。发射设备由多路复用设备、调制器和发射机组成。接收设备由接收机、解调器和多路分解设备组成。图 6.15 所示为卫星通信系统的组成及工作过程。

下面说明 A 地球站与 B 地球站的通话过程。

① A 发射上行信号 f_1，到达卫星转发器。

② 卫星转发器进行频率变换：先将 f_1 转换为频率较低的中频信号，放大，再转换为下行信号 f_2，经发射设备的输出功率放大器和天线发射至地球站。

③ f_2经地球站 B 的天线、双工器、低噪声放大器，进入下变频器，变频成中频信号，送到解调器恢复成基带信号。

3. 卫星通信的多址方式

多址方式是指在卫星覆盖区内的一个地球站，通过一颗卫星的中继，可以与多个地球站通信。为此，卫星转发器必须能分辨接收到的多路信号的来源，同时各地球站也要能从卫星发出的众多信号中区分出哪些信号是发给自己的。解决这个问题的办法称为多址技术。实现多址连接的基本理论是信号分割技术。目前，主要的多址技术有频分多址、时分多址、码分多址和空分多址。图 6.16 所示为频分多址方式的示意图。其中，F_1、f_1；F_2、f_2；F_3、f_3分别为 3 个移动终端的下行、上行信道频率。

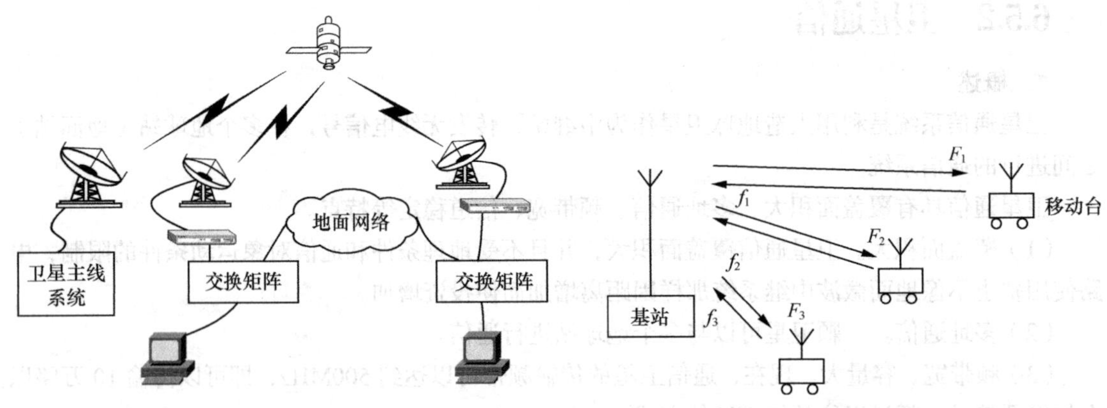

图 6.15　卫星通信系统的组成及工作过程　　图 6.16　频分多址方式的示意图

4. 卫星通信系统的类型

1）同步卫星通信系统

同步卫星通信系统使用距离为 36 000km 的静止轨道（同步轨道）卫星，有 3 颗卫星就可以覆盖全球。典型的 Internet IV 卫星系统，设置 38 个 C 波段转发器，10 个 Ku 波段转发器，可以转发 60 路电视和 5.3 万路电话，若采用星上交换、时分多址技术和数字电路倍增技术，总容量可达 12 万路。

2）甚小孔径天线地球站（VSAT）通信系统

VSAT 系统指天线口径很小（小于 2.3m）、高度智能化的地球站。目前 C 波段 VSAT 天线口径在 1m 以下，Ku 波段小于 2.3m。VSAT 卫星通信系统的优点是成本低、体积小、智能化、高可靠、信道利用率高、安装维护方便，特别适合业务量小的地区。主要业务是传输数据和语音。

6.6　新一代接入技术：BPL 和 VLC

光纤接入和铜线接入需要较大投资，无线接入却有一定辐射。当前，既没有辐射，也基本不需要较大投资的接入技术已经浮出水面，这就是 BPL（Broadband over Power Lines，电力线宽带）和 VLC（Visible Light Communication，可见光通信）。

6.6.1　BPL 接入

1. BPL 概述

BPL 也称高速电力线路通信，它是利用电力线传输数据、话音、视频信号的一种通信方式。

通过连接在计算机上的电力 Modem（俗称“电力猫”），插入家中任何一个电源插座，即可实现最高 14Mbit/s 的上网速度。

BPL 起源于 20 世纪 40 年代的电力网载波电话 PLC。当时用于电力系统调度中的通信，以节省单独敷设通信线路的开支。但那时是窄带的，并且有相当大的噪声。到了 20 世纪 90 年代初，随着国际互联网的普及，人们在 PLC 的基础上，开始了 SPL 技术的实训研究。包括 Google 在内的一些公司已经察觉到了这个宽带商机，正在向这项新技术投入资金。目前全球已有 100 个左右的相关测试项目正在进行，其中 1/3 的项目在美国，其余大部分位于欧洲。上网用户已经超过 17 万。

现在市场上的高速电力线通信设备的通信带宽，根据使用的协议和核心芯片的不同，通常有 2Mbit/s、14Mbit/s、45Mbit/s 等多种标准。从承载业务能力、投资经济性和成熟度上进行综合比较，14M 产品应该说是发展的主流，也是目前得到应用最多的产品。

2. PLC 的关键技术

目前有两种 PLC 系统：一种是室内接入方式，它利用建筑物内的电源系统传输计算机和其他家庭电子设施间的信息。另一种是室外接入方式，它利用室外中等水平的电压线传输高速通信信号。通过互联网或邻居接入，通过低电压电力线或 Wi-Fi 连接分配到每个家庭。

从功能上看，PLC 系统可以分成 3 个子系统：PLCISS 宽带接入子系统，PLCISS 软交换核心子系统和 PLCISS 增值业务子系统。整个体系架构在设计上遵循下一代网络（NGN）分层、全开放的体系架构，具有方便灵活、层次清晰、标准化程度高、易于扩展的优点。

PLC 涉及的主要技术有：信号调制解调技术，媒体访问控制技术，以及链路层的 QoS 保证机制。从实现的角度看，PLC 主要有如下几个关键技术环节。

（1）电力系统自身的噪声干扰问题。与专用的通信线路相比，在电力线上进行数据传递存在很多额外的干扰因素，如各种电气设备的启动及运行状态的调整、线路上各种开关的闭合和打开等，都会给电力线路注入较大的干扰信号，导致供电线路上信号传输时，信噪比极低，信号难以提取。针对以上问题，通常在设计高速电力线接入设备的时候均进行了特殊的考虑，并对产品进行了大量的实训。解决干扰问题主要依靠选择合适的调制技术。传统的调制技术如 ASK、PSK 或 FSK 都不适用于这样的通信环境，必须采用特殊的调制技术。

（2）电磁性的影响问题。一方面数据载波本身就是一种电磁波，另一方面，电力网使用的大多是非屏蔽线，用它来传输数据不可避免地会形成电磁辐射，这会影响数据的保密性。

（3）数据信号翻越电表和变压器问题。所谓翻越变压器，是指电力变压器都是针对工频设计的，而载波信号的频率都比工频高，因此数据信号经过变压器时会因较大的能量损失而迅速衰减失真。所谓翻越电表，指的是两个高速电力线通信产品通信的线路上经过了电表。因为电表的种类很多，呈现的滤波特性差别也很大，有些电表对电力线通信几乎没有任何影响，有些电表则对电力线通信所用的频段衰耗很大，通信信号不能很好地跨过电表。

这些技术难点近来都得到了比较好的解决。

3. PLC Modem

PLC Modem 即电力调制解调器，俗称电力猫。目前电力猫种类繁多，有多种分类方法。

（1）按照传输速率，可以分为 200Mbit/s 电力猫、500Mbit/s 电力猫和千兆电力猫等。

（2）按照传输媒介，可以分为有线电力猫和无线电力猫（Wi-Fi 电力猫）。

（3）按照功能，可以分为普通电力猫（不带拨号功能的电力猫）和拨号（PPPoE）电力猫（带拨号功能的电力猫）。

（4）按照接口，可以分为单多口电力猫和多口电力猫。主猫最少有一个网线接口，用于连接 ADSL 猫、光猫、路由器或者交换机出来的网线；有的主猫还会带一个局域网端口（LAN 口），可以在这个口上直接再接路由器、交换机或者电脑有线，这样的主猫，多数是一个小小的路由器，只不过这个路由器会同时将网络信号转换成电力线信号发送到强电线路上去。

表 6.5 所示为几种典型无线电力猫的性能比较。

表 6.5　几种典型无线电力猫的性能比较

产品型号	物理传输速度（Mbit/s）	电力线通信标准	有效传输速度（Mbit/s）		无线 Wi-Fi 传输速率（Mbit/s）	最大终端数量	网口数量
			TCP	UDP			
WPL-203	200	Home plug AV	92	92	300	63	3
PLQ-5100	500	Home plug AV	95	95	N/A	15	1
PWQ-5101	500	Home plug AV	90～93	92	150	15	1
PLS-8011	1000	G.hn	—	350	N/A	15	1
PLQ-6031	1000	Home plug AV1.2	450	500	N/A	63	1

4. 基于电力线的宽带接入方案

目前，DPL 的基本应用是将数据由本地变电站通过低电压配电网直接传输至用户家庭或中、小型公司。图 6.17 所示为一种典型的 DPL 接入方案。

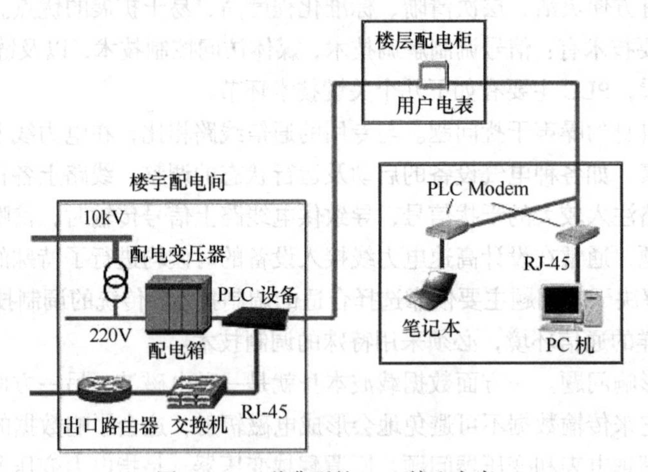

图 6.17　一种典型的 DPL 接入方案

6.6.2 VLC 接入

1. VLC 概述

一直以来，人们在一个人的头像顶上画一个闪亮的灯泡，用来象征他的灵光乍现。然而真正由灯泡“点亮”发明创意的人，应当是德国物理学家哈拉尔德·哈斯（Herald Haas，见图 6.18），他将人们司空见惯的灯泡，看做了一般人看不见的网络信号。2011 年，作为爱丁堡大学教授的他在 TED 上发表了一个演讲，宣布了他的一种专利技术：利用闪烁的灯光来传输数字信息，这个过程被称为可见光通信（VLC）。人们常把它亲切地称为“Li-Fi”（Light Fidelity，可见光无线通信），以示它能与目前家喻户晓、广泛应用的 Wi-Fi 一样，可以为网络接入技术可能带来革命性的技术。

除了爱丁堡大学，德国的弗劳恩霍夫光电研究所，欧洲另一个团队在其操作的 ACEMIND 项目和复旦大学计算机科学技术学院实训室都曾经实现过类似的技术。

目前,作为与 Li-Fi 相关的第一家创业公司——位于爱丁堡的 pureLifi 公司的第一代产品 Li-1st 已经可以实现 3m 内的双向传输，速度可达到 5Mbit/s，同时 LED 灯的照明功能也不会受到任何影响。在 2014 第四季度，pureLiFi 上线了 Li-Fi 网络产品 Li-Flame，该系统可以实现把现成的灯泡转换成 Li-Fi 接入点，具有自动双向传输数据的功能。也就是说，只要拥有 Li-Flame，见到灯泡就可以上网。

Li-Flame 有两个关键的配件，如图 6.19 所示：上边是天花板套件，只需通过标准的以太网端口连接到 LED 灯具，就可以形成一个小范围多址切换的网络，同时 AP（AcessPoint 接入点）之间可以无缝切换；下边是桌面套件，通过 USB 接口连接到用户的设备，就可以利用红外线向天花板套件上传数据，速度可达到 10Mbit/s，可充电，当用户从一个 AP 转移到另一个时（如进入另一个房间），可保证连接不断，增强了用户移动性。

图 6.18 Herald Haas

图 6.19 Li-Flame

由于 VLC 有着广阔的前景，IEEE 在 2003 年发布了 VLC 标准。这是 VLC 的第一个标准，包含了 3 个物理层类型，分别对应于低、中、高速数据传输。但是，由于缺少 LED 照明部门的参与，并没有给出 VLC 最终的标准。

近年来，国际红外数据协会（IrDA）在 VLC 标准化工作中开展了一系列的合作。2009 年它们在 IrDA 标准的基础上发布了第一个 VLC 标准。在这个标准下，现有的 IrDA 光学模块可以在经过改造后被用于 VLC 的数据传输。

2. VLC 关键技术

1）高调制带宽的 LED 光源

目前商用白光设计的初衷是用于照明，而并非用于通信，所以其调制带宽有限，只有约 3MHz～50 MHz。为了进行通信就需要在保证大功率输出的前提下，开发出具有更高调制带宽的 LED 光源。

2）LED 的大电流驱动和非线性效应补偿技术

在 VLC 系统中，LED 需要进行大电流驱动。但是，LED 是一种非线性元件，电流增大会使可见光信号发生畸变。因此在实际使用中需要合理地控制偏置电压、信号动态范围、信号带宽等参数，并且要根据非线性传输曲线的特征有意识地对调制信号进行预畸变处理等，以提高调制效率，提升传输容量。

3）光源的布局优化

在 VLC 系统中，白光光源需要同时实现室内照明和通信的双重功能。由于单个 LED 的发光强度比较小，因此实际系统中光源应采用多个 LED 组成的阵列。LED 阵列的布局是影响可见光通信系统性能的重要因素之一。一方面，要满足室内照明的要求；另一方面，需要考虑室内信噪比的分布，避免盲区和阴影的出现。一般来说，LED 的数目越大，室内的照明度越高，系统接收到的光信号的功率也越大，但由不同路径造成的符号间干扰也越严重。因此，在对可见光通信系统的研究中，应对 LED 阵列进行合理的布局。

此外，对于不同的室内环境，如何迅速地建立光功率与信噪比分布模型，实现快速的智能布局也是可见光通信研究中需解决的关键问题。

4）光学 OFDM 技术

为了在有限带宽的条件下实现高速传输，极具吸引力的高频谱调制技术是 OFDM（Orthogonal Frequency Division Multiplexing，正交频分复用技术）。该技术将信道的可用带宽划分为许多个子信道，利用子信道间的正交性实现频分复用，并可以在子载波上通过对比特和功率的分配来实现信号传输对信道条件的调节适应，从而为信道色散提供了一个简单的解决方法。由于降低了子载波的传输速率，延长了码元周期，因此具有优良的抗多径效应性能。此外 OFDM 还可以使不同用户占用互不重叠的子载波集，从而实现下行链路的多用户传输。

5）光学 MIMO 技术

MIMO（Multiple-Input Multiple-Output，多个发射和多接收）可以使信号通过发射端与接收端的多个天线传送和接收，可以在不增加频谱资源和天线发射功率的情况下，成倍地提高系统信道容量，被视为下一代移动通信的核心技术。采用白光 LED 阵列对于 MIMO 技术也是非常有效的支持。

6）高灵敏度的广角接收技术

室内 VLC 大多数工作在直射光条件下，当室内有人走动或者在直射通道上有障碍物时，将会在接收机处形成阴影效应，影响通信性能，甚至出现通信盲区，使通信中断。采用大视场的广角光学接收系统可以解决这一问题，其大视场角的特性可以保证同时接收直射和散射光信号，这样就避免了“阴影”和“盲区”现象的发生。此外，接收光学系统的大视场特性可以解析出多个独立的通信信道，这对于室内 VLC 系统采用 MIMO 技术也是极大的支持。

7）消除码间干扰的技术

在室内 VLC 系统中，采用 LED 阵列后，由于 LED 单元分布位置的不同，以及墙面的反射、折射及散射，不可避免地会产生码间干扰，从而降低了系统的性能。自适应均衡技术及 OFDM 技术则可以降低符号间干扰。目前，应用于 VLC 的均衡和 OFDM 技术的研究已经成为可见光通信研究中的热点。

3. 最后 10 m 距离内的高速接入

VLC 与现有网络的融合接入技术目前，全球已经开展了光纤到户的工作，并取得很大的进展。光纤到户后，可为单用户提供 300 Mbit/s 的下行带宽。在此网络带宽下，目前的微波无线低频段广播覆盖的频谱资源不够，无法满足如此高的带宽需求。因此，在最后 10 m 距离内的高速接入将成为宽带通信的瓶颈。可见光波段位于 380nm～780nm，属于新频谱资源。室内 VLC 由于具有诸多优点，已经成为了理想的短距离高速无线接入方案之一。将可见光通信系统与光纤到户系统融合，可以通过“光电—电光”的转换将信息调制到 LED 光源发射到用户终端，实现高速率、高保密性的无线光接入。此外，如图 6.20 所示，VLC 与 PLC 技术相融合，可以利用现有的电力线设备传输信号并驱动 LED 光源，大幅度降低了接入网成本。可以预见，这种技术融合在未来也将会成为可见光通信的研究趋势。

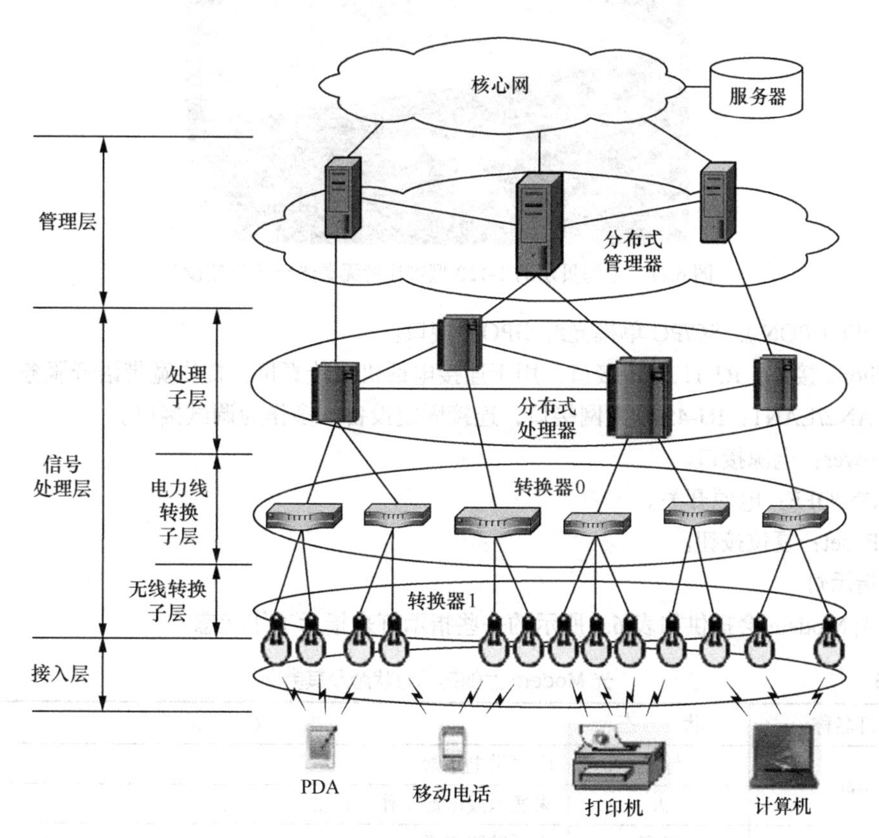

图 6.20　VLC 与 PLC 技术融合的园区网结构

实训 17　用光 Modem + 无线路由接入

一、实训内容

将局域网用光 Modem + 无线路由方式接入广域网。

二、实训材料和工具准备

（1）光 Modem 一个。

（2）无线路由器一个。

（3）光纤冷接子一对。

（4）光纤若干米。

（5）网线一小段。

（6）光纤冷接工具一套、网线制作工具一套。

三、预备知识

1. 光 Modem

下面以上海贝尔的 1-120 型吉比特无源光纤用户端设备为例加以介绍。

（1）接口。

光 Modem 也称单端口光端机，如图 6.21 所示，它通常带有如下一些接口。

图 6.21　上海贝尔的 1-120 型吉比特无源光纤用户端设备

- 光口（PON）：SC/PC 单模光纤 GPON 接口。
- Phone 接口：RJ-11 FXS 接口，用于连接电话机或传真机，提供宽带语音服务。
- LAN2/LAN1：RJ-45 以太网接口，连接固定设备，多作为调试接口。
- Power：电源接口。

（2）ON/OFF：电源开关。

（3）Reset：复位按钮。

（4）指示灯

通常光 Modem 会提供如表 6.6 所示的一些指示灯来指示工作状态。

表 6.6　光 Modem 上的指示灯状态及其含义

指示灯名称	状　态	含　义
Power	绿亮	电源供电正常
	灭	未通电或电源工作不正常
PON	绿亮	光纤链路正常
	闪烁	光纤正在注册
	灭	光 Modem 没有完成与光线路终端（OLT）连接、注册和操作管理
LOS	灭	接收光功率正常
	红闪	接收光功率低于灵敏度要求
Internet	绿亮	外网连接成功，但还没有传送数据
	灭	无外网连接
Phone	绿亮	已经成功注册到软交换
	闪烁	有语音业务流传输
	灭	系统未上电或无法注册到软交换
LAN2/LAN1	绿亮	已经与终端设备连接
	闪烁	正在传输数据
	灭	系统未上电或端口未连接网络设备

2. 无线路由器

1）无线路由器的连接

无线路由器是一种 3 层设备，主要用途是与外部网络进行逻辑上的连接，如图 6.22 所示。它可以连接移动/固定终端，以便它们与外网中的设备进行通信。简单地说，无线路由器就是给它所连接的终端设备提供一个网络地址。

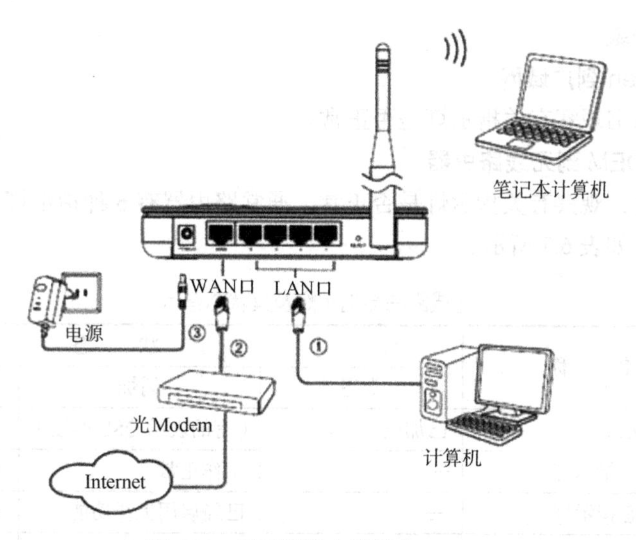

图 6.22　用无线路由器接入 Internet

2）WPS

无线路由的物理连接非常简单，关键在于它的配置。但是，路由器的配置一般比较复杂。一般情况下，用户在新建一个无线网络时，为了保证无线网络的安全，必须在接入点手动设置网络名（SSID）和密钥，然后在客户端验证密钥。这个过程需要用户具备 Wi-Fi 设备的背景知识和修改必要配置的能力。为了减轻客户负担，Wi-Fi 联盟组织实施了一个可选认证项目——WPS（Wi-Fi protected setup，Wi-Fi 保护设置），它主要致力于简化无线网络设置及无线网络加密等工作，帮助用户自动设置网络名（SSID），配置强大安全增强方案（WPA）及认证功能，并使用户只需输入个人信息码（PIN 方法）或按下按钮（按钮设置，或称 PSC），即可安全连入 WLAN，从而大大简化了无线安全设置操作。但是并非所有 Wi-Fi 认证产品都支持 WPS。

3）上网方式

无线路由器有可能向用户提供 6 种上网方式。

- PPPoE：ADSL 虚拟拨号，需要输入用户名和密码。
- 动态 IP：以太网宽带，自动从网络服务商获取 IP 地址。
- 静态 IP：以太网宽带，使用网络服务商提供的固定 IP 地址。
- L2TP 和 PPTP：基于 VPN（虚拟专用网）的安全上网方式。
- DHCP+：采用 DHCP+认证技术运营商提供的宽带接入服务。

VPN 是通过一个公用网络（Internet）建立一个临时的、安全的连接，是一条穿过混乱的公用网络的安全、稳定的隧道，是对内部网的扩展，可以帮助远程用户、公司分支机构、商业伙伴及供应商同公司的内部网建立可信的安全连接，并保证数据的安全传输。

4）QSS

QSS 又称快速安全设置，通过按下无线路由和无线网卡上的 QSS 按钮，即可自动建立 WPA2 级别的安全连接，无需在路由器或网卡管理软件的界面上进行烦琐的设置，大大简化了无线安全设置的操作。

四、实训注意事项

（1）勿在雷雨天进行操作。遇雷雨天应将设备电源及所有连线拆除。

（2）无线路由的位置应尽量放在高、平、敞处。

五、实训参考步骤

1. 连接光 Moden 到广域网

上电并对照说明书观察有关指示灯是否正常。

2. 连接光 MODEM 到无线路由器

连接好后，上电，观察有关指示灯是否正常。通常路由器有 6 种指示灯，指示灯的状态指示了不同的工作状态，如表 6.7 所示。

表 6.7　　无线路由器指示灯及其状态指示

符号	名　称		状　态		
			常亮	闪烁	常灭
PWR	电源指示灯		已加电	（有的表示 QSS 连接）	未接通电源
SYS	系统状态指示灯		—	工作正常	设备正在初始化
WLAN	无线状态指示灯		—	已经启用无线功能	未启用无线功能
WAN	广域网状态指示灯		端口已连接设备	正在传输数据	端口未连接设备
LAN+标号	局域网状态指示灯		端口已连接设备	端口正在传输数据	端口未连接设备
WPS	安全设定指示灯	绿	安全连接成功	正在安全连接	—
		红	—	安全连接失败	—

（1）不同的路由器设置的指示灯数目不同，状态指示也有差异，具体请看随装置所附的说明书。

（2）路由器上都会有一个 QSS/Reset 按钮，如图 6.23 所示。有的路由每次开启需要去路由器上按一下 Reset 按钮才能把设备加入无线网中。

3. 登录配置引导网站

（1）为便于用户配置，商家会给出一个 IP 地址、初始账号和密码。这些都会在商品说明书中给出，或者在路由器底部的标签中标出，并且比较固定，例如，D-LINK 无线路由器是 192.168.0.1，TP-LINK 路由器是 192.168.1.1；登录账号一般都是“admin”；而密码有所不同。

在 LAN 接口中连接一台计算机（笔记本计算机），打开一个浏览器，在地址栏中输入商家给定的 IP 地址，单击访问，就会看到如图 6.24 所示的一个无线路由器的设置界面。在这个界面中，就可以进行无线路由器相关的设置。下面以 TL-WR941N 型号无线路由器为例，介绍其设置过程。

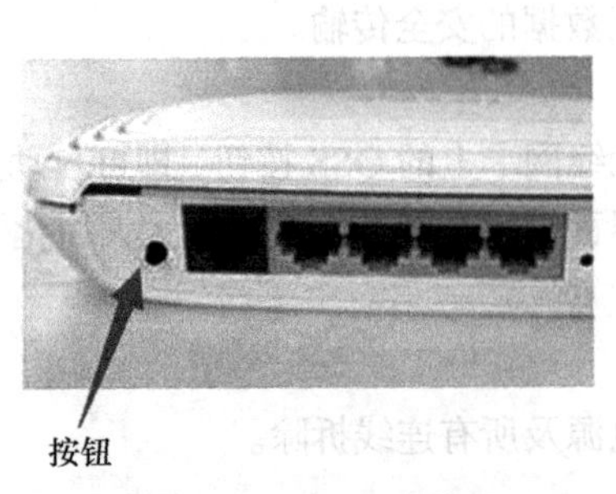

图 6.23　QSS/Reset 按钮

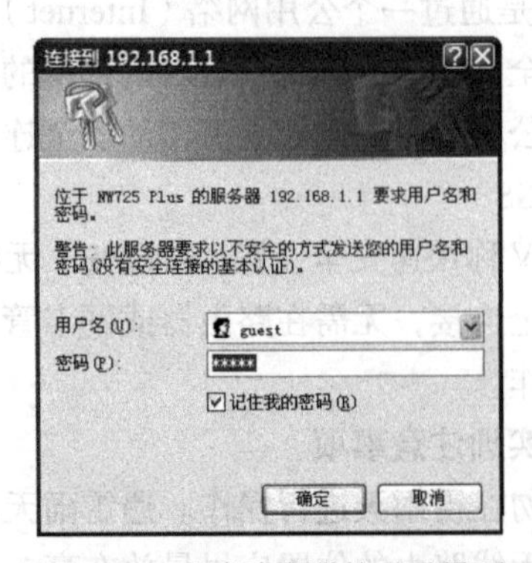

图 6.24　无线路由器的登录界面

（2）登录之后，TP-Link 的设置引导网站首先展示出一个该路由器的“运行状态”界面，如图 6.25 所示。

图 6.25　TP-Link 的“运行状态”界面

在这个界面中，右侧给出了一些默认的设置数据，左侧提供了多种丰富的设置选项，用户可根据需要对无线路由器进行设置调整。其中有一个向初级用户提供的“设置向导”选项。利用这个选项，就可以简单快捷地搭建无线网络。

4. 使用“设置向导”进行无线设置

（1）选择上网方式。单击“设置向导”选项，再单击“下一步”按钮，会出现如图 6.26 所示的“上网方式”页面。

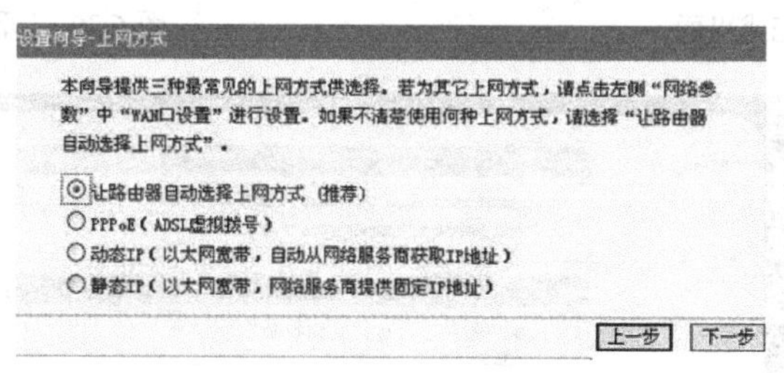

图 6.26　TP-Link 的“上网方式”界面

在“设置向导”中，给出了 4 种主要上网方式：PPPoE、动态 IP、静态 IP 和“让路由器自动选择上网方式”。对于初级用户，一般推荐使用智能自动选择上网方式。

（2）进行“无线设置”。单击“下一步”按钮，进入“无线设置”界面，如图 6.27 所示。这个界面主要是对无线网络的基本参数及无线安全进行基本设定。用户可根据实际需求，修改无线网络的状态、SSID、加密设置等。修改 SSID（网络名称），可以方便自己查找和使用。在“模式”（见方框处）中，建议用户选择混合模式，可以保证对网络设备的最大兼容性。

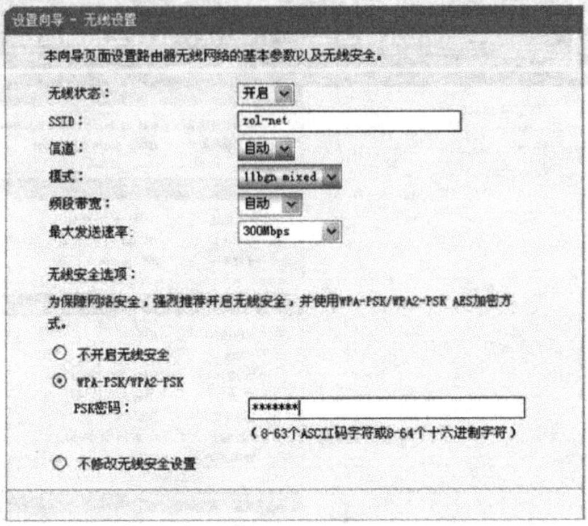

图 6.27 “无线设置”

对于初级用户来说，除在“无线安全选项”中选“WPA-PSK/WPA2-PSK”并在“PSK 密码”中填入密码外，大多数选项都可以选择默认设置。

单击“下一步”按钮即会看到如图 6.28 所示的“设置完成”的提示，单击“重启”按钮就可完成“设置向导”的设定。随后就会看到如图 6.29 所示的“重新启动”进度条界面。完成后，就会看到如图 6.30 所示的设定好的最终界面。

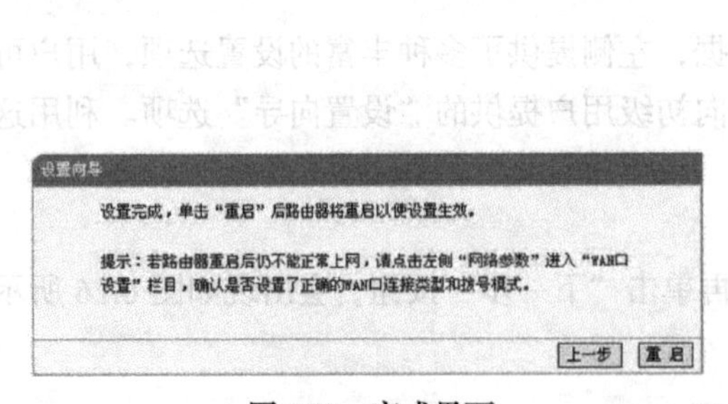

图 6.28 完成界面

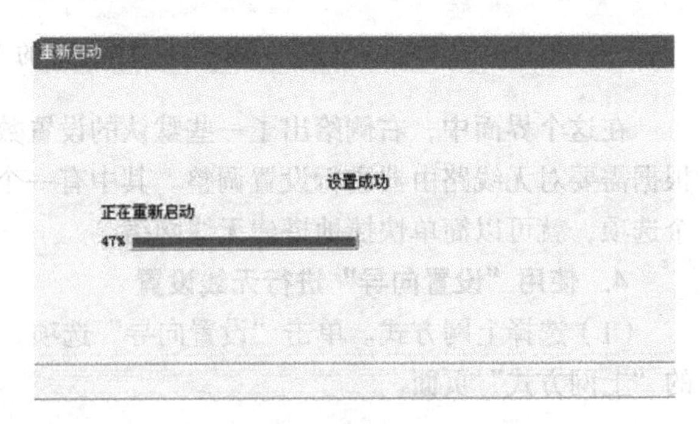

图 6.29 “重新启动”界面

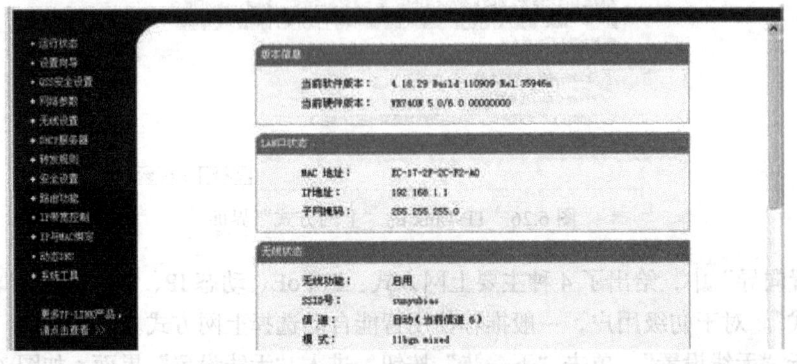

图 6.30 设定好的最终界面

5. 使用功能界面进行无线路由的精准设置

对于想要进阶的用户，要想发挥无线路由器的功能潜质，就需要在具体的功能界面中进行精准设置。

1）广域网精准设置

选择“网络参数”→“WAN 口设置”，弹出如图 6.31 所示的“WAN 口设置”界面。

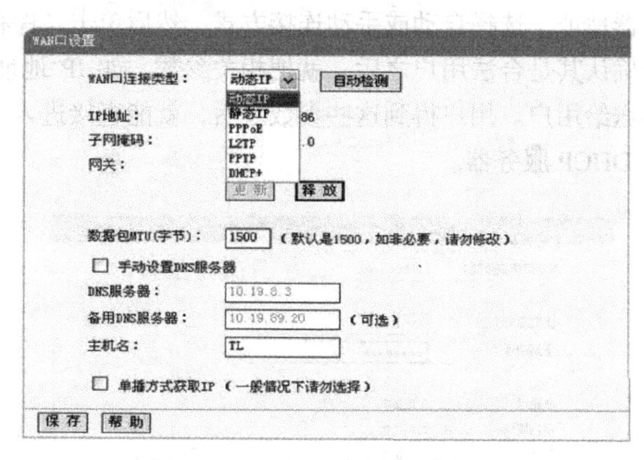

图 6.31　WAN 口（广域网）设置

下面以 WAN 口连接类设置为例介绍广域网精准设置方法。

单击“WAN 口连接类型”中的下拉按钮，可以看到有 5 种连接类型。与“设置向导”比较，多出了 L2TP、PPTP 和 DHCP+三种模式，提供了更多的选择，用户可以根据运营商提供的网络模式，进行选择。

用户可以单击“自动检测”对网络模式进行智能侦测。

L2TP 和 PPTP 都是基于 VPN（虚拟专用网）的上网方式，可以帮助远程用户、公司分支机构、商业伙伴及供应商同公司的内部网建立可信的安全连接，并保证数据的安全传输。

（1）设置 L2TP 或 PPPoE 上网方式，如图 6.32 和图 6.33 所示，需要进行如下操作。

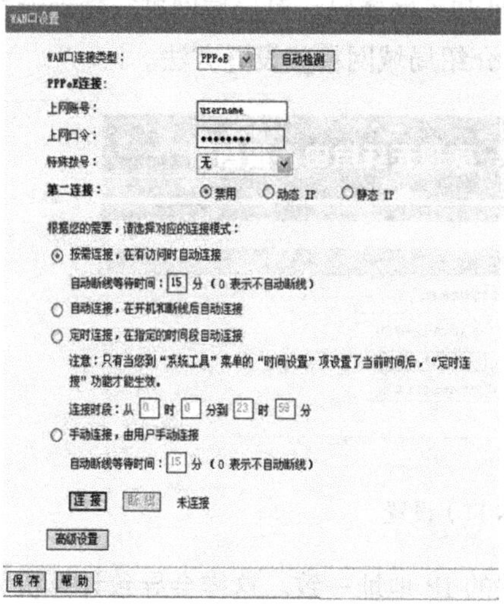

图 6.32　常见的 PPPoE 上网方式设置

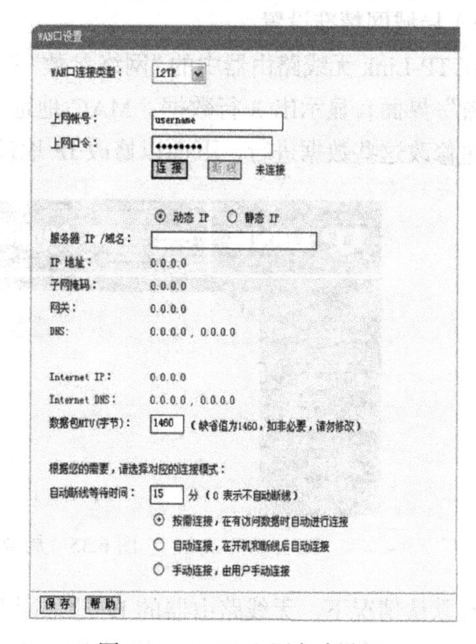

图 6.33　L2TP 上网方式设置

● 账号和口令。可根据 ISP 提供的动态 IP、静态 IP 按需设置 IP，服务器 IP/域名需正确填入ISP所提供的IP地址或域名。

- 按需选择自动断线等待时间、按需连接、自动连接、手动连接等上网方式。

完成更改后，单击“保存”按钮即可。

（2）设置DHCP+上网方式，如图6.34所示。这时也需要正确填入ISP提供的上网账号和上网口令，填入认证服务器地址，选择自动或手动连接方式，然后单击“保存”按钮。通过认证用户的有关信息，服务器确认其是合法用户之后，就把相关参数，如IP地址、DNS服务器、子网掩码、网关的地址等传送给用户。用户得到这些参数之后，就能直接进入Internet进行通信，而所有的通信流无需经过DHCP服务器。

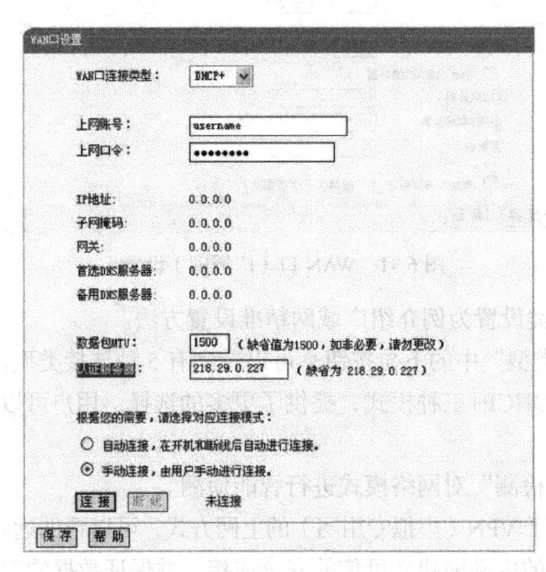

图6.34　DHCP+上网方式设置

2）局域网精准设置

在TP-Link无线路由器中的“网络参数”里，选择“LAN口设置”，弹出如图6.35所示的“LAN口设置”界面，显示出3行数据：MAC地址、IP地址和子网掩码。对局域网进行精确设置，可以通过修改这些数据进行。下面以修改IP地址为例，介绍局域网精确设置方法。

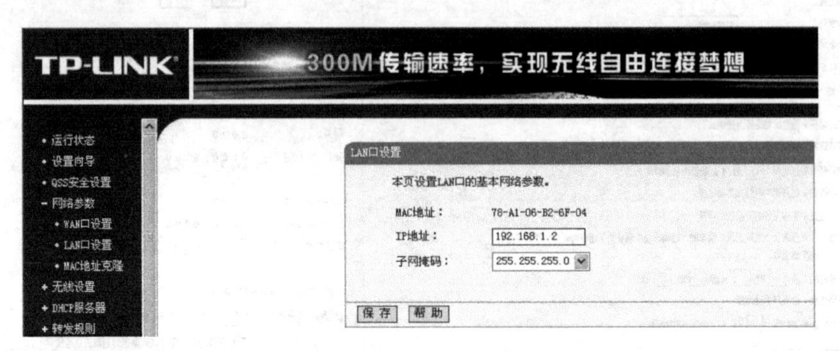

图6.35　局域网（LAN口）设置

在默认情况下，无线路由器的IP地址同上游网关的IP地址一致。这样会导致计算机无法获得无线路由器分配的IP地址。如果对无线路由器的默认IP地址进行修改，就可以防止产生IP地址冲突。

如图 6.36 所示，网关地址可以在“WAN 口设置”界面中查到。在“IP 地址”上进行修改，只需设置为与网关的 IP 不同即可。例如，网关的 IP 地址是 192.168.0.1，那么用户就可以将自己的 IP 地址设置为 192.168.1.1。

改后保存，重启 TP-Link 无线路由器即可。

3）MAC 地址克隆

MAC 地址克隆是指将无线路由器的广域网（WAN）端口的 MAC 地址，修改为当前计算机网卡的 MAC 地址。这样，ISP 服务器看到的是单台计算机，而实际上是多台计算机在共享上网。

要实现 MAC 地址克隆功能很简单，只需选择“克隆 MAC 地址”，在弹出的图 6.37 所示的界面中进行克隆即可。保存后重新启动 TP-Link 无线路由器即可正常地多机共享上网冲浪了。

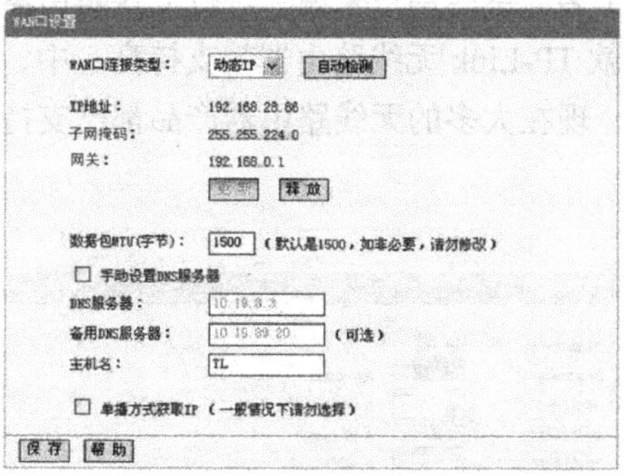

图 6.36　查询网关地址

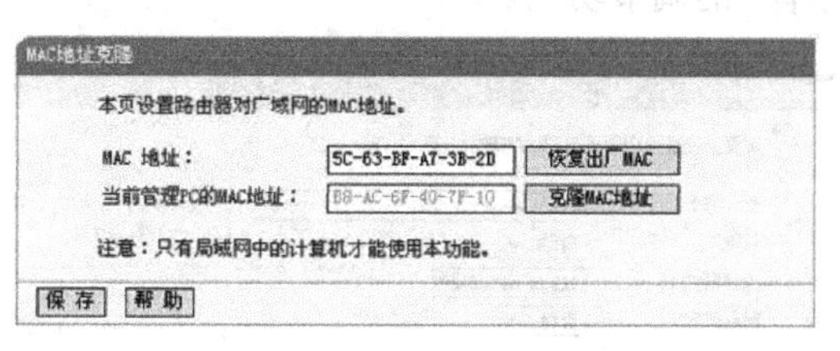

图 6.37　MAC 地址克隆

4）无线精准设置

在“无线设置”选项中含有“基本设置”“无线安全设置”“无线 MAC 地址过滤”“无线高级设置”和“主机状态”等子选项。在前面的“设置向导”中，已经进行过无线路由器的基本设置，在此不再赘述，仅介绍对 TP-Link 无线路由器的“信道”“频段带宽”或“传输功率”进行调节的方法。

（1）避免“信道”冲突干扰。

众所周知，现在大多数无线设备都使用 2.4GHz 无线频段工作，我国将 Wi-Fi 的该频段分为 13 个信道。可是有很多用户都在使用的无线设备的默认信道“1”，那么当有多个无线设备的信号“相遇”时就会发生冲突和干扰，进而会影响无线传输的质量。

TP-Link 无线路由器支持智能的“自动”信道选择功能。在“无线网络基本设置”中，将信道采用默认的“自动”，或者挑选一个与周围无线源不同的信道使用，可以避开干扰和冲突，获得最佳无线传输效果，如图 6.38 所示。

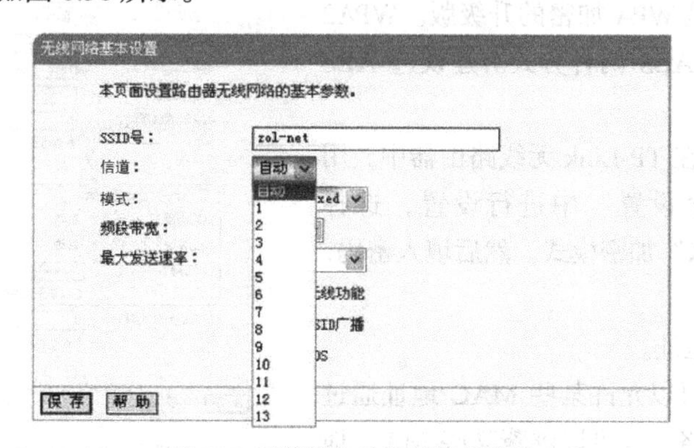

图 6.38　“信道”冲突干扰的设置

（2）调节“频段带宽”。

频段带宽是发送无线信号频率的标准，频率越高，越容易失真。其中，20MHz 在 11n 的情况下能达到 144Mbit/s 带宽，它穿透性较好，传输距离远（约 100m）；40MHz 在 11n 的情况下能达到 300Mbit/s 带宽，穿透性稍差，传输距离近（约 50m）。因此，若想获得更大的传输速度，可以选用 40MHz。但在应用环境中，无线源较多的情况下，任意使用 1～6 信道的无线信号都会干扰 40MHz 频宽的通信，所以不建议选择 40MHz。

在 TP-Link 无线路由器中可以选择“频段带宽”的“自动”模式，如图 6.39 所示。另外，目前大多数无线路由器都支持“20/40MHz 混合”模式，故也可以选择使用。

（3）设定“传输功率”。

传输功率关系到无线路由器的信号表现，因此对于多居室的用户来说，进行无线路由器的无线“传输功率”调节就很有必要。如图 6.40 所示，这款 TP-Link 无线路由器就支持高、中、低三挡的功率调节，用户可根据组网需要进行调整。另外，现在大多的无线路由器产品都已支持“传输功率”的调节功能。

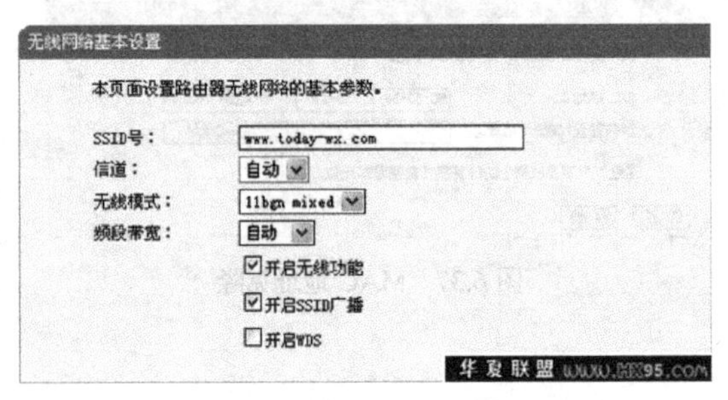

图 6.39 调节“频段带宽”

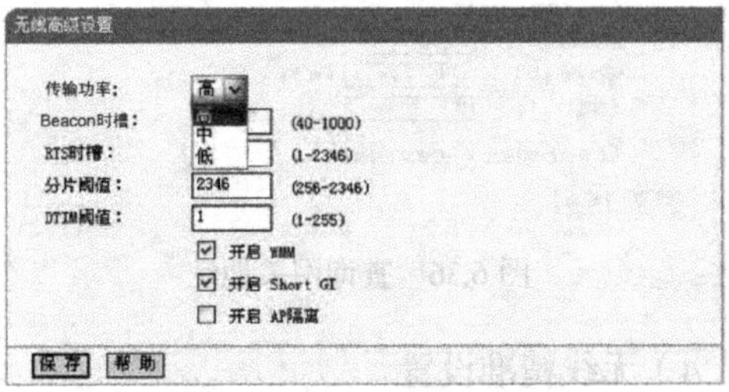

图 6.40 传输功率调整

（4）安全设置。

现在常用的无线加密方式一般分为 3 种：WEP 加密、WPA 加密和 WPA2 加密。WEP 加密较其他加密方式最老，也是最不安全的加密方式。WPA 加密是 WEP 加密的改进版，包含两种方式：预共享密钥和 Radius 密钥。其中，预共享密钥（Pre-Share Key 缩写为 PSK）有两种密码方式：TKIP 和 AES，相比 TKIP，AES 具有更好的安全系数，建议用户使用。WPA2 加密，是 WPA 加密的升级版。WPA2 同样也分为 TKIP 和 AES 两种方式。建议选 AES 加密。

如图 6.41 所示，在 TP Link 无线路由器中，用户可以在“无线安全设置”中进行设置，选择“WPA-PSK/WPA2-PSK”加密模式。然后填入密码，保存设置后重启即可。

（5）过滤 MAC 地址。

过滤 MAC 地址可以允许某些 MAC 地址通过无线路由访问外部网络，也可以屏蔽某些 MAC 地

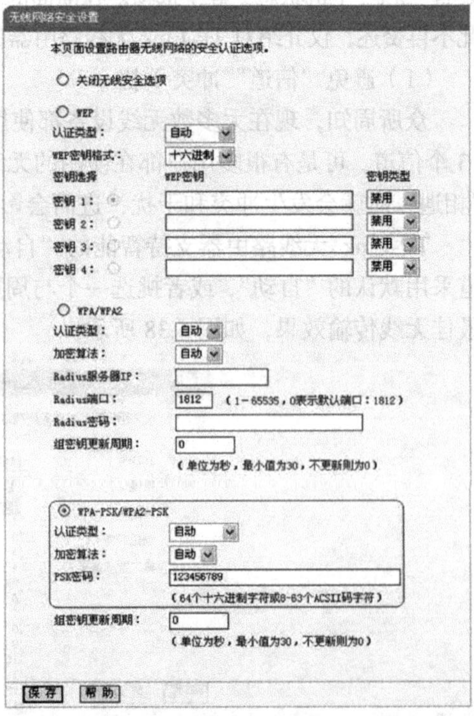

图 6.41 选择“WPA-PSK/WPA2-PSK”加密模式

址访问外部网络。方法如下。

在“无线设置”选项中选择“无线 MAC 地址”过滤子选项，弹出相应的页面，如图 6.42 所示。

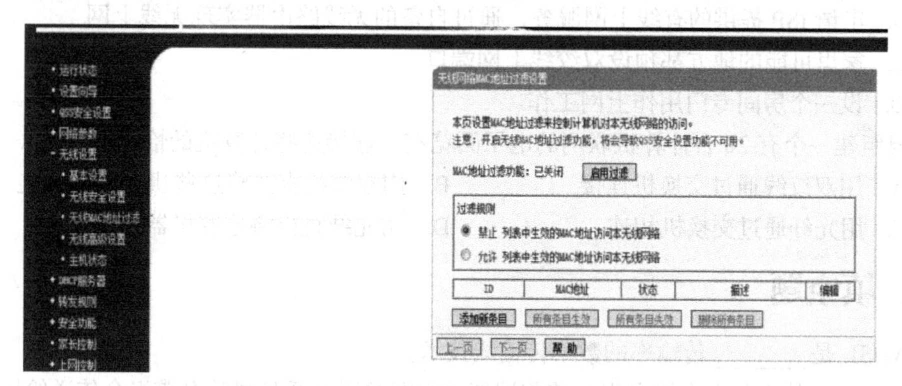

图 6.42 “无线 MAC 地址过滤设置”页面

在这个页面中选择“启用过滤”和过滤规则。过滤规则分为如下两种。

- 禁止：黑名单过滤。
- 允许：白名单过滤。

再单击“添加新条目”按钮，就会进入下一页面，如图 6.43 所示。在这个页面中，可以输入要过滤的地址、状态及是否生效。添加后，这个条目就会添加到图 6.42 所示页面下部。例如，刚才添加的张三的 MAC 地址，若前面选择的是“禁止”，则张三所持的 MAC 地址为“00-21-27-B7-7E-15 的设备，就无法通过本路由访问外网了。

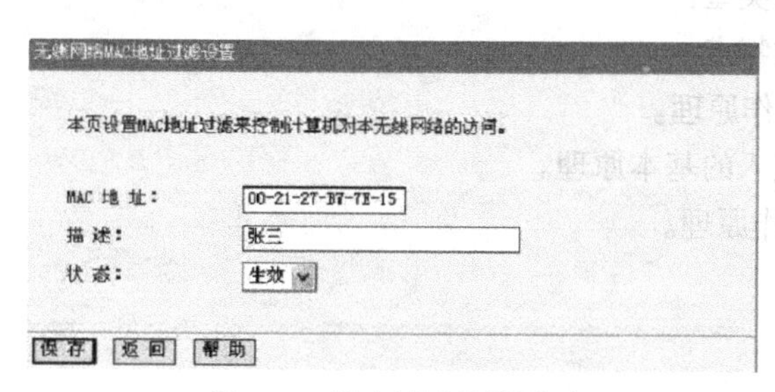

图 6.43 输入过滤地址页面

六、分析与讨论

（1）如果不使用路由器，能上网吗？使用交换机行吗？

（2）没有光纤能上网吗？

习 题 6

一、选择题

1. 个人计算机通过电话线拨号方式接入 Internet 时，应使用的网络设备是（　　）。

   A. 交换机　　B. 调制解调器　　C. 浏览器软件　　D. 电话机

2. 小明和他的父母因为工作的需要都配备了笔记本计算机，由于工作需要他们经常要在家上网，小明家家庭小型局域网的恰当规划是（　　）。

A. 直接申请 ISP 提供的无线上网服务

B. 申请 ISP 提供的有线上网服务，通过自备的无线路由器实现无线上网

C. 家里可能的地方都预设双绞线上网端口

D. 设一个房间专门用作上网工作

3. 要组建一个有 20 台计算机联网的电子阅览室，连接这些计算机的恰当方法是（　　）。

A. 用双绞线通过交换机连接　　B. 用双绞线直接将这些机器两两相连

C. 用光纤通过交换机相连　　D. 用光纤直接将这些机器两两相连

二、填空题

1. ADSL 是________传输率的数字传输线技术。
2. ________技术是在有线电视台的前端把电视图像用光纤和同轴电缆组合传送给用户。
3. 卫星通信系统主要由________和________组成。

三、简答题

1. 选择 ISP 时应考虑哪些因素？
2. *x*DSL 包含哪些类型？
3. 简述 ADSL 的工作原理。与其他接入方式相比，ADSL 的优势在哪里？
4. 试述 Cable Modem 的工作原理。Cabel Modem 与普通 Modem 有何区别？
5. 光纤接入有哪些类型？
6. 简述卫星通信的特点。
7. 简述 Wi-Fi 的工作原理。
8. 简述电力线路接入的基本原理。
9. 简述 Li-Fi 的工作原理。

第7章 网络安全

随着计算机技术的飞速发展，信息网络已经成为社会发展的重要支柱。有很多敏感信息，甚至是国家机密在互联网上传递，难免会吸引来自世界各地的各种人为攻击（例如，信息泄露、信息窃取、数据窜改、数据删添、计算机病毒等）。同时，网络实体还要经受诸如水灾、火灾、地震、电磁辐射等方面的考验。如今，网络安全已成为世界各国共同关注的焦点。

但是，保障互联网的安全是极为复杂而困难的，原因如下。

（1）网络是一个复杂的系统，而复杂的系统往往是脆弱的。

（2）互联网是一个开放的系统，开放的系统方便了应用，也方便了攻击。

（3）攻击与防御本身是不对称的。

- 攻击可以在某个时刻进行，而防御必须全天候进行，因为防御不知道攻击在什么时刻发起。
- 攻击可以在某个点上进行，而防御必须全方位布局，因为防御不知道攻击在什么地方发起。
- 攻击可以采用某一种技术，而防御必须考虑所有可能，因为防御不知道攻击用了什么技术。

困难是有志者的动力，它激发了有志者们攻克难题的激情。这一章将介绍已经比较成熟的一些网络安全技术。

7.1 网络入侵

网络入侵主要有两种形式：恶意程序入侵和黑客入侵。

7.1.1 恶意程序入侵

1. 恶意程序的概念

恶意程序是一类可以危害系统或应用正常功能的特殊程序或程序片段。恶意程序的表现多种多样，因恶意程序制造者的兴趣和目的而异，例如：

- 修改合法程序，使之变为有破坏能力的程序；
- 利用合法程序，非法获取或窜改系统资源或敏感数据。

2. 恶意程序的类型

恶意程序名目繁多，并且还在通过改进、混合、技术交叉等手段，生成新的品种。下面仅介绍几种常见的恶意程序。

1）陷门

陷门（Trap Doors）是为程序开辟的秘密入口。陷门原是程序员们进行程序测试与调试而编写的程序片段，但如今也发展成为攻击者们的一种攻击手段，具体表现如下。

- 利用陷门进行远程文件操作和注册表操作。
- 利用陷门记录各种口令，获取系统信息或限制系统功能。

2）逻辑炸弹

逻辑炸弹是嵌入在某个合法程序中的一段程序，它在某种条件下会被“引爆”，产生有害行为，如改变、删除数据或整个文件，执行关机操作，甚至破坏系统。

3）特洛伊木马

特洛伊木马的名字来自古代的一次战争。在这次战争中，古希腊人在一个名叫特洛伊的城外丢弃了一种木制的马，它看起来好像是在企求和平，马肚子里却躲藏着战士。后人常把看起来有用或无辜，实际却有害的东西称为特洛伊木马。

特洛伊木马程序就是一些看起来有用，但也包含了一段隐藏的、激活时将执行某些破坏性功能的代码。

4）蠕虫

网络蠕虫是一种可以通过网络（永久性网络连接或拨号网络），并在网络中“爬行”的过程中进行繁衍的恶意程序。它是一种可以独立运行的程序，可以通过自身大量繁衍，消耗系统资源，甚至导致系统崩溃；它还可以携带别的恶意程序，对系统进行破坏。

为了自身复制，网络蠕虫使用了一些网络传输机制，如电子邮件机制（通过电子邮件进行传播）、远程执行机制（执行自身在另一个系统中的副本）、远程注册机制（注册到另一个远程计算机中进行繁衍）等。典型的网络蠕虫只会在内存中维持一个活动副本，并不向磁盘中写任何东西。

5）流氓软件

流氓软件最早出现于 2001 年，其发展大致经历了恶意网页代码、插件推广、软件捆绑和流氓软件病毒化 4 个阶段。

恶意网页代码是某些黄色网站和中小网站提高网站访问量的重要手段。它们在其网站页面中放置一段恶意代码，当用户浏览这些网站时，用户的 IE 浏览器主页会被修改为当前网页。甚至通过恶意网页代码可以直接对用户计算机的注册表进行修改，对一些系统功能进行限制，如禁用 IE 设置、注册表编辑器、DOS 等。

插件推广技术是随着 2003 年出现的“中文上网”业务诞生的。“中文上网”的作用是将中文解析成对应的网址，使用户输入中文的公司或网站名称时能够打开它们的网站，而要想实现这个功能，就需要在用户计算机上安装一个插件程序。为提升其品牌价值，“中文上网”业务公司与大量的网站进行合作，放置其插件程序，使得用户访问这些网站时被自动安装上“中文上网”插件，并且无法卸载。

软件捆绑是互联网厂商向用户的计算机中安插流氓软件的另一条重要途径。这些厂商网罗了多种知名共享软件的作者，将自身的产品与共享软件捆绑，并支付一定费用。当用户安装这些共享软件时，会同时被强制安装流氓软件，且无法卸载。2006 年下半年，大量的“流氓软件”开始使用计算机病毒隐藏自身，进行快速传播，并对抗用户的清除。

随着流氓软件的肆虐，流氓软件的检测和清除卸载工具也纷纷涌现，典型的有瑞星的“卡卡上网助手”、流氓软件清理助手、Windows 流氓软件清理大师、金山系统清理专家等。

6）病毒

“计算机病毒，是指编制或者在计算机程序中插入的破坏计算机功能或者毁坏数据，影响计算机使用，并能自我复制的一组计算机指令或程序代码。”（摘自 1994 年 2 月 28 日颁布的《中华人民共和国计算机信息系统安全保护条例》）。通常认为，计算机病毒具有如下基本特点。

- 隐蔽性：巧妙地隐藏，难以被发现，通常还具有变异性和反跟踪能力。
- 传染性：主要的两种传染途径是引导扇区传染和文件传染。
- 潜伏性（触发性）：在一定的条件下才发作，目的不易被发现。
- 破坏性：如修改数据、消耗系统资源、破坏文件系统等。

从上面的讨论可以看出，病毒只是恶意程序中的一种，它与其他恶意程序还是有一定的不同。但是，它们的共同之处都是会对系统造成危害。同时，由于现在的恶意程序已经不是单一的技术，大都采用了两种以上技术，使得恶意程序间的界限变得模糊，形成各种改良型、混合型、交叉型和多态型的恶意程序。人们也不再刻意去对它们进行分类，一般将其统称为病毒。

3. 网络病毒防范

目前，计算机网络主要采用 C/S 工作方式，其最主要的软、硬件实体是工作站和服务器，病毒在网络中是通过“工作站—服务器—工作站”的方式传播的。因此，基本的病毒预防主要应当从工作站和服务器两个方面进行。

1）基于工作站的防病毒技术

工作站是网络的门户，把好了门户，才能有效地防止病毒的入侵。工作站上的防病毒技术主要有使用防毒杀毒软件、安装个人防火墙、使用无盘工作站和备份。

2）基于服务器的防病毒技术

基于服务器的防病毒技术主要是提供实时病毒扫描能力，全天候地对网络中的病毒入侵进行实时检测。主要方法有：实时在线病毒扫描、服务器扫描和工作站扫描。

7.1.2 黑客入侵

1. 黑客进行远程攻击的一般过程

① 收集被攻击目标的有关信息，分析这些信息，找出被攻击系统的漏洞。

黑客确定了攻击目标后，一般要收集被攻击者的信息，包括目标机的类型、IP 地址、所在网络的类型、操作系统的类型、版本、系统管理人员的名字、邮件地址等。

对攻击对象信息进行分析，可找到被攻击系统的漏洞。例如，运行一个 Host 命令，可以获得被攻击目标机的 IP 地址信息，还可以识别出目标机操作系统的类型；利用 Whois 查询，可以了解技术管理人员的名字；运行一些 Usernet 和 Web 查询，可以了解有关技术人员是否经常上 Usernet 等。通过这些，就可以找到对方系统的漏洞。

② 用适当工具进行扫描。在对操作系统进行分析的基础上，黑客常编写或收集适当的工具，在较短的时间内对目标系统进行扫描，进一步确定攻击对象的漏洞。

③ 建立模拟环境，进行模拟攻击，测试对方反应，找出毁灭入侵证据的方法。

④ 实施攻击。

2. 黑客常用工具

随着计算机技术的进步，黑客技术也在迅速发展，出现了专业化的黑客工具。据统计，目前黑客可以使用的攻击软件已达千种以上。

1）扫描器

扫描器是自动检测远程或本地主机安全性弱点的程序。它不仅是黑客们的作案工具，也是管理人员维护网络安全的有力工具。常用的扫描器很多，如网络安全扫描器NSS、超级优化TCP端口检测程序Strobe、安全管理员网络分析工具SATAN等。

2）口令入侵工具

口令入侵是指破解口令或屏蔽口令保护。由于真正的加密口令是很难逆向破解的，黑客们常用的口令入侵工具所采用的技术只是仿真对比，利用与原口令程序相同的方法，通过对比分析，用不同的加密口令去匹配原口令。

3）特洛伊木马（Trojan Horse）

特洛伊程序可以提供或隐藏一些功能，这些功能可以泄露系统的一些私有信息或控制该系统。

4）网络嗅觉器（Sniffer）

Sniffer可以使网络接口处于广播状态，从而为黑客截获信息带来便利。由于它在网络上不留下任何痕迹，所以不易被发现。

5）系统破坏装置

常见的系统破坏装置有邮件炸弹和病毒。邮件炸弹是指不停地将无用信息传送给攻击对象，填满其邮箱，使其无法接收有用信息。

3. 漏洞扫描

漏洞扫描就是自动检测计算机网络系统在安全方面存在的可能被黑客利用的脆弱点。漏洞扫描技术通过安全扫描程序实现。所谓扫描，包含了非破坏性原则，即不对网络造成任何破坏。在实施策略上可以采用被动式和主动式两种策略。

1）被动式扫描策略

被动式扫描策略主要检测系统中不合适的设置、脆弱的口令及同安全规则相抵触的对象。

2）主动式扫描策略

主动式扫描策略是基于网络的扫描技术，主要通过一些脚本文件对系统进行攻击，记录系统的反应，从中发现漏洞。

目前，扫描程序已经发展到了几十种，有的小巧快捷，有的界面友好，有的功能单一，有的功能完善。被广泛使用的扫描程序有NSS、Strobe、SATAN、Ballista、Jakal、IdentTCPscan、Ogre、WebTrends、Security、Scanner、CONNECT、FSPScan、XSCAN、ISS、“火眼”等。

4. IP欺骗

简单地说，IP欺骗的基本思路是假定要攻击主机X，首先要找一个X信任的主机A，攻击者（主机B）假冒A的IP地址（对IP堆栈中的地址进行修改），建立与X的TCP连接，并对X进行攻击。

7.1.3 安全意识及防护

对于互联网上充斥的各种攻击，尽管人们已经安装防病毒软件，有时仍是猝不及防。个人用户应提高安全防护意识，避免计算机被病毒感染和黑客攻击。网络安全防护的基本措施如下。

（1）经常更新杀毒软件，以快速检测到可能入侵计算机的新病毒或者变种。

（2）使用安全监视软件（和杀毒软件不同，如360安全卫士、瑞星卡等）。

（3）经常升级安全补丁。

（4）关闭计算机的自动播放功能，并对计算机和移动存储工具进行常见病毒免疫。

（5）定时全盘扫描病毒木马。

（6）注意网址的正确性，避免进入山寨网站。

（7）不随意接收、打开陌生人发来的电子邮件或通过 QQ 传递的文件或网址。

（8）使用正版软件。

（9）使用移动存储器前，最好先查杀病毒。

（10）关闭或删除系统中不需要的服务。默认情况下，许多操作系统会安装一些辅助服务，如 FTP 客户端、Telnet 和 Web 服务器。这些服务为攻击者提供了方便，而又对用户没有太大用处，如果删除它们，就能大大减少被攻击的可能性。

7.2　数据加密与签名

随着互联网应用的不断拓展，防止个人隐私数据不被“非法”查阅成为 Internet 安全技术的重要内容。数据加密是实现数据机密性保护的主要方法，其基本思想是将数据变形，使非法获取者无法辨别内容、无法利用。

7.2.1　加密/解密算法和密钥

数据加密是通过某种函数进行变换，把正常数据报文（称为明文或明码）转换为密文（也称密码）的方法。古老而简单的密码技术是恺撒算法，它是将明文中的每个字母都移动一段距离，如都移动 5 个字符空间，则明文“CHINA”，就变成了密文“HMNSF”。这里“5”称为密钥，而移动过程称为加密算法。通常加密算法为

$$C=E_k(M)$$

其中，k 为密钥，M 为明文，C 为密文，E 为加密算法。

为了进行加密变换，需要密钥和算法两个要素。进行解密，也需要这两个要素。在这里可以粗略地看到，为了提高加密强度，一是要设计安全性好的加密算法，二是要尽量提高密钥的长度（因为利用现代计算机技术可以用穷举法，穷举出密钥，加长密钥可以增加穷举的时间）。除此之外，人们还考虑，如果能找到一对不同的密钥，用一个加密，用另一个解密，则密码系统的强度就会大大提高。于是，就出现了两种密码体系：对称密码体系和不对称密码体系。前者加密与解密用同一把密钥，后者加密与解密用不同的密钥。不对称密钥体系虽然加密强度高，但效率较低。

7.2.2　对称密钥体系

如图 7.1 所示，在对称型密钥体系中，加密和解密采用同一密钥（或者说，很容易相互导出）。由于加解密采用同一密钥，密钥决不能泄露，故也将这种体系称为秘密密钥密码体制或私钥密码体制。

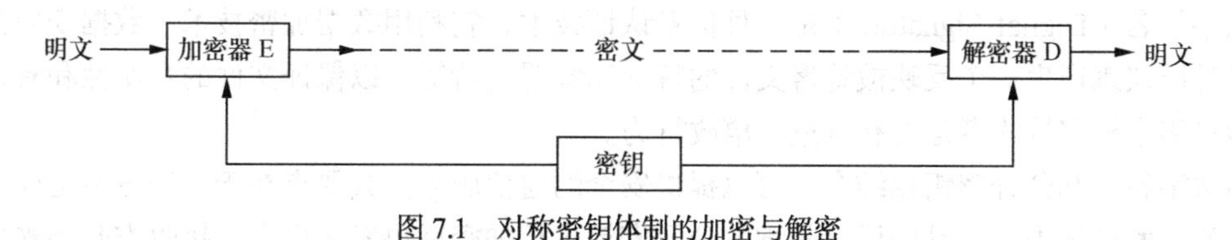

图 7.1　对称密钥体制的加密与解密

在对称密码体系中，最为著名的加密算法是 IBM 公司于 1971 年～1972 年间研制成功的数据加密标准（Data Encryption standard，DES）分组算法，1977 年被定为美国联邦信息标准。DES 使用 64 位的密钥（除去 8 位奇偶校验码，实际密钥长度为 56 位），对 64 位二进制数进行分组加密，经过 16 轮的迭代、乘积变换、压缩变换等处理，产生 64 位密文数据。

IDEA（International Data Encryption Algorithm）是于 1992 年推出的另一个成功的分组加密算法。它的核心是一个乘法/加法非线性构件，通过 8 轮迭代，能使明码数据更好地扩散和混淆。

加密密钥系统运算效率高、使用方便、加密效率高，是传统企业中最广泛使用的加密技术。但是，由于秘密密钥要求通信的双方使用同样的密钥，导致了对称密钥加密系统存在两个难以克服的问题。

1）密钥的管理和分配问题

密钥的管理和分配问题是指，由于加密密钥和解密密钥是一样的，通信双方在通信之前必须互通密钥，而密钥在传递的过程中极有可能被第三方截获，这就为密钥的保密工作增加了难度；另外，如果有 n 个用户彼此之间要进行保密通信，则一共需要 $n(n-1)/2$ 个密钥，如此巨大数目的密钥为密钥的管理和分配带来了极大的困难。

2）认证问题

所谓认证问题是指，对称密钥加密系统无法避免和杜绝如下一些不正常现象。

- 接收方可以篡改原始信息。
- 发送方可以否认曾发送过信息等。

7.2.3 非对称密钥体系

针对私钥加密系统的缺点，1976 年 Diffie 和 Hellman 提出了非对称密钥系统。非对称加密技术使用两把不同的密钥：私钥和公钥，从一个很难推导出另一个。发送方使用对方的公钥加密，接收方使用自己的私钥解密，即公钥公开，私钥保密。因此，非对称密钥系统又称为公开密钥系统。

公开密钥系统的主要优点是发送者和接收者事先不必交换密钥，从而使保密性更强。另外，公开密钥系统还可用于身份认证和防止抵赖，这在保密通信中被称为数字签名，它在现在和将来的电子商务活动中具有远大的应用前景。

7.2.4 数字签名

数据加密的主要目的是防止第三方获得真实数据。但是，这并没有解决通信双方有可能由于社会原因引起的纠纷。

- 否认：发送者事后不承认已发送过信息，或接收者事后不承认接收过信息。
- 伪造：接收者伪造一份来自发送者的信息。
- 篡改：接收者私自修改接收到的信息。
- 冒充：网络中某一用户冒充发送者或接收者。

数字签名（Digital Signature）是一种信息认证技术，它利用数据加密技术、数据变换技术，根据某种协议来产生一个反映被签署文件的特征和签署人特征，以保证文件的真实性和有效性，同时也可用来核实接收者是否有伪造、篡改行为。

将数字签名和公开密钥相结合，可以提供安全的通信服务。其要点在于发送方不是简单地将明文和签名发送出去，而是先用接收方的公开密钥进行加密后再发送出去。接收方收到被加密的报文后，先用自己的私有密钥进行解密后，再进行数字签名比较。

实训 18 加密软件 PGP 的使用

一、实训说明

PGP（Pretty Good Privacy）是一个基于 RSA 公匙加密体系的邮件加密软件，也是一个与 Linux 齐名的优秀自由软件。其最早的版本由美国的 Philip R. Zimmermann 开发，并于 1991 年在 Internet 上免费发布。为了打破美国政府对于软件出口的限制，PGP 的国际版在美国境外开发，并带一个 i 以区别。任何人都可以从挪威的网站 www.pgpi.com 上下载到最新的版本，大小约为 7.8MB。

PGP 采用了审慎的密匙管理，一种 RSA 和传统加密的杂合算法，用于数字签名的邮件文摘算法，加密前压缩等，还有一个良好的人机工程设计。它可以让任何人安全地和他从未见过的人们通信，并且事先不需要任何保密的渠道用来传递密匙。同时它的功能强大，有很快的速度，且源代码还是免费的。

PGP 对每次会话的报文进行加密后传输，它采用的加密算法包括：AES-256、AES-192、AES-128、CAST、3DES、IDEA、Twofish 等。例如，使用 AES 密钥最长可达 256bit，这已经足够安全了。

当发送者使用 PGP 加密一段明文时，PGP 首先压缩明文，然后建立一个一次性会话密钥，采用传统的对称加密算法（如 AES 等）加密刚才压缩后的明文，产生密文。然后用接收者的公开密钥加密刚才的一次性会话密钥，随同密文一同传输给接收方。接收方首先用私有密钥解密，获得一次性会话密钥，最后用这个密钥解密密文。

目前，PGP 使用的散列函数包括：SHA-2（256bit）、SHA-2（384bit）、SHA-2（512bit）、SHA-1（160bit）、RIPEMD（128bit）、MD-5（128bit）等。

PGP 在签名之后加密之前对报文进行压缩。它使用了由 Jean-lup Gailly、Mark Adler、Richard Wales 等编写的 ZIP 压缩算法。

在 PGP 里面，最有特色的或许就是它的密钥管理。PGP 包含 4 种密钥：一次性会话密钥、公开密钥、私有密钥和基于口令短语的常规密钥。

用户使用 PGP 时，应该首先生成一个公开密钥/私有密钥对。其中公开密钥可以公开，而私有密钥绝对不能公开。PGP 将公开密钥和私有密钥用两个文件存储，一个用来存储该用户的公开/私有密钥，称为私有密钥环；另一个用来存储其他用户的公开密钥，称为公开密钥环。为了确保只有该用户可以访问私有密钥环，PGP 采用了比较简洁和有效的算法。当用户使用 RSA 生成一个新的公开/私有密钥对时，输入一个口令短语，然后使用散列算法（如 SHA-1）生成该口令的散列编码，将其作为密钥，采用 CAST-128 等常规加密算法对私有密钥加密，存储在私有密钥环中。当用户访问私有密钥时，必须提供相应的口令短语，然后 PGP 根据口令短语获得散列编码，将其作为密钥，对加密的私有密钥解密。通过这种方式，就保证了系统的安全性依赖于口令的安全性。

二、实训目的

（1）掌握 PGP 的下载、安装和使用方法。

（2）进一步加深对于数据加密、数据认证理论的理解。

三、实训内容

（1）下载并安装 PGP。

（2）使用 PGP 生成并管理密钥。

（3）使用 PGP 对文件进行加密/解密。

（4）使用 PGP 对文件进行签名和认证。

（5）使用 PGP 销毁加密文件。

四、实训准备

（1）准备一个实训用的数据文件。

（2）事先浏览可以下载 PGP 软件的网站，了解可以下载的最新 PGP 版本及其特点。

（3）写出实训的详细步骤。

（4）确定下载软件需要的运行环境。

五、推荐的分析讨论内容

（1）你认为 PGP 安全的最大威胁在什么地方?

（2）加密文件的销毁要注意什么?

（3）其他发现或想到的问题。

7.2.5 数字证书与 PKI

1. 概述

任何密码体制都不是坚不可摧的，公开密钥系统也不例外。由于公开密钥系统的公钥是对所有人公开的，从而免去了密钥的传递、简化了密钥的管理。但是，这个公开性在给人们带来便利的同时，也使攻击者冒充身份有机可乘，造成公钥体系中的公钥被窜改问题（Public Key Tampering）。

假设用户甲要和用户乙通信，那么甲必须要有乙的公钥，假设甲从 BBS 上下载了乙的公钥，并用它加密信件，然后发给了乙。但是，遗憾的是，甲和乙都不知道丙在这之前已潜入了 BBS，并用自己生成的公钥替换了乙的公钥。事实上，甲用来发信的公钥已不是乙的公钥而是丙的公钥。于是，丙就可以用他手中的私钥来解密甲及所有用户给乙的信，也还可以用乙真正的公钥来转发其他用户给乙的信，而用户甲和用户乙全然不知。

容易看出，造成以上诸多问题的最根本原因是用户甲拿到的用户乙的公钥是一个假的密钥。也就是说，密钥也需要认证，在拿到某人的公钥时，需要先辨别一下它的真伪。在日常生活中，辨别一个人的身份是查看它的身份证、工作证等证件。在计算机网络中也是一样，可以通过查看一个公钥的公钥证书来辨别其真伪。而公钥证书就像身份证、工作证一样是由权威机构颁发的。颁发公钥证书的机构称为认证机构体系（Certificate Authority，CA），它一般由大家都信任的权威机构如政府部门或金融机构来充当，负责发放和管理电子证书，使网上通信的各方能互相确认身份。

2. CA 的主要职责

CA 的主要职责如下。

- 颁发证书：如密钥对的生成、私钥的保护等，并保证证书持有者应有不同的密钥对。
- 管理证书：记录所有颁发过的证书，以及所有被吊销的证书。
- 用户管理：对于每一个新提交的申请，都要和列表中现存的标识名相比照，如出现重复，就予以拒绝。
- 吊销证书：在证书有效期内使其无效，并发表 CRL（被吊销的证书列表）。
- 验证申请者身份：对每一个申请者进行必要的身份认证。
- 保护证书服务器：证书服务器必须是安全的，CA 应采取相应措施保证其安全性。例如，加强对系统管理员的管理、防火墙保护等。
- 保护 CA 私钥和用户私钥：CA 签发证书所用的私钥要受到严格的保护，不能被毁坏，也不能非法使用。同时，要根据用户密钥对的产生方式，CA 在某些情况下有保护用户私钥的责任。

- 审计与日志检查：为了安全起见，CA 对一些重要的操作应记入系统日志。在 CA 发生事故后，要根据系统日志做善后追踪处理——审计。CA 管理员要定期检查日志文件，尽早发现可能存在的隐患。

3. PKI

PKI（Public Key Infrastructure，公开密钥基础设施）是一种基于公开密钥理论的网络安全平台和信任体系。它采用证书管理公钥，通过第三方的可信机构 CA，把用户的公钥和用户的其他标识信息（如名称、E-mail、身份证号等）捆绑在一起，在 Internet 上验证用户的身份。一个典型、完整、有效的 PKI 应用系统至少应具有以下功能：

- 公钥密码证书管理。
- 黑名单的发布和管理。
- 密钥的备份和恢复。
- 自动更新密钥。
- 自动管理历史密钥。
- 支持交叉认证。

典型的 PKI 结构如图 7.2 所示，具体包含如下 5 个部分。

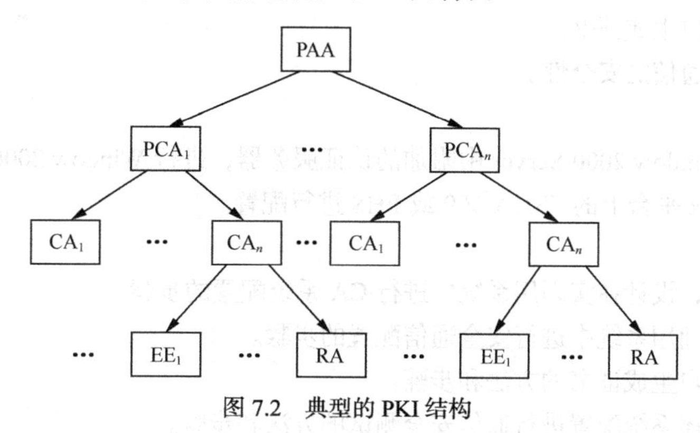

图 7.2　典型的 PKI 结构

（1）政策批准机构 PAA：一个 PKI 系统方针的制定者，具有如下职能。

- 建立整个 PKI 体系的安全策略；
- 批准本 PAA 下属的 PCA 的政策；
- 为下属 PCA 签发证书；
- 负有监控各 PCA 行为的责任。

（2）政策 CA 机构 PCA：制定本 PCA 的具体政策。

（3）注册中心（Registration Authority，RA）：根据 PKI 的管理政策，核实证书申请者的身份，负责证书的审批。

（4）认证中心（CA）：被信任的部门，负责证书的颁发和管理，它使用自己的私钥对 RA 提交的证书申请进行签发，以保证证书数据的完整性。一个 PKI 系统往往包含了许多 CA。这些 CA 按照层次结构进行管理，使各 CA 之间可以交叉认证，形成一个 PKI 的信任模型。

有些 PKI 系统的 CA 还包含了 RA 的功能。

（5）证书库（Repository）：存放了 CA 已经签发的证书和已经撤销的证书，并且通过目录服务提供网络服务。

（6）用户（Clients）：用户有两类：证书的持有者（Certificate Holder）和证书的信任者。

由于 PKI 体系结构是目前比较成熟、完善的 Internet 网络安全解决方案，国外的一些大的网络安全公司纷纷推出一系列的基于 PKI 的网络安全产品，如美国的 Verisign、IBM、Entrust 等安全产品供应商为用户提供了一系列的客户端和服务器端的安全产品，为电子商务、政府办公网、EDI 等提供了完整的网络安全解决方案。

实训 19 证书制作及 CA 系统配置

一、实训目的

（1）深入理解 PKI 系统的工作原理。

（2）掌握在一种系统中配置 CA 系统的方法。

（3）掌握证书的申请及制作方法。

（4）体会 SSL 的作用。

二、实训内容

（1）选择一个系统，进行 CA 系统的配置。

（2）为服务器和浏览器之间进行安全通信设置。

（3）为某些用户生成证书。

（4）测试上述通信的安全性。

三、建议环境

（1）利用在 Window 2000 Server 中附加的认证服务器，进行 Window 2000 PKI 系统的配置。

（2）利用 Linux 平台上的 SSL X.509 或 FHS 进行配置。

四、实训准备

（1）收集资料，设计在实训用系统中进行 CA 系统配置的步骤。

（2）设计在实训用系统中进行安全通信配置的步骤。

（3）设计为用户生成证书的方法和步骤。

（4）设计对上述系统配置进行通信安全测试的方法和步骤。

五、推荐的分析讨论内容

（1）你知道哪些证书标准？

（2）你知道哪些通信安全协议？试进行比较。

（3）其他发现或想到的问题。

7.3 身份识别技术

在计算机网络中，身份认证的目的就是鉴别系统资源使用者的身份是否合法，或者在通信时对方的身份是否被认可。通常，用户或系统可以使用下列方法来证明自己的身份。

7.3.1 用户识别号与口令攻击

用户识别号（Username）也称账号，是系统与用户协商确定的一个具有唯一性的识别码。口令（Password）也称密码，是用户提交的供系统进行用户身份正确性校对的证明。

用户识别号+口令是最常用的一种身份认证方式，这时系统的安全性全系于密码的安全上，攻击者常常会通过一些途径进行口令攻击。

1. 猜测和发现口令

（1）常用数据猜测方法，如家庭成员或朋友的名字、生日、球队名称、城市名、身份证号码、电话号码、邮政编码等。

（2）字典攻击：按照字典顺序进行穷举攻击。

2. 电子监控

在网络或电子系统中，采用电子嗅探器、监控窃取身份信息。

3. 访问口令文件

（1）在口令文件没有强有力保护的情形下，下载口令文件。

（2）在口令文件有保护的情况下，进行蛮力攻击。

4. 通过社交工程

如通过亲情、收买或引诱，获取别人的口令。

5. 垃圾搜索

收集被攻击者的遗弃物，从中搜索被疏忽丢掉的写有口令的纸片或保存有口令的盘片。

为了提高口令的安全性，可以采用如下一些方法。

- 加长口令的长度。
- 采用动态口令，及时更换口令，甚至采用一次性口令。

7.3.2 认证卡与电子钥匙

认证卡是如名片大小的手持随机动态密码产生器。电子钥匙（ePass）是一种通过 USB 直接与计算机相连，具有密码验证功能、可靠且高速的小型存储设备，用于存储一些个人信息或证书，它内部的密码算法可以为数据传输提供安全的管道，是适合单机或网络应用的安全防护产品。

7.3.3 生物识别技术

生物识别是利用人的唯一（或相同概率极小）的生理或行为特征作为身份认证的根据。历史最为悠久的生物识别是指纹识别。

指纹是一种十分精细的拓扑图形。如图 7.3 所示，一枚指纹不足方寸，上面密布着 100～120 个特征细节，这么多的特征参数组合的数量达到 640 亿种（高尔顿说），也有说是一兆的 7 次幂种。由于指纹从胎儿 4 个月时生成后保持终生不变，因此，用它作为人的唯一标识，是非常可靠的。目前已经开发出计算机指纹识别系统，可以比较精确地进行指纹的自动识别。除了指纹之外，还有一些人体生物特征具有准唯一性，如虹膜识别（见图 7.4）、视网膜识别、唇纹识别、声音识别、面部识别、DNA 识别、签名识别等，它们也都可以用于身份鉴别。

图 7.3 指纹的细节特征

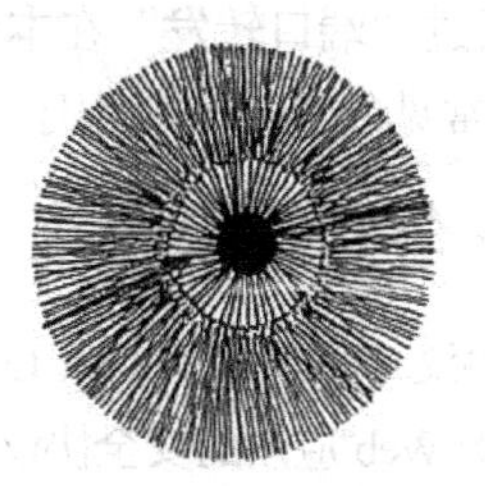

图 7.4 虹膜识别

7.3.4 基于密钥的认证

一般来说，获得对方的密钥就代表获得了对方一定程度的信任，通过密钥的可用性，就可以证明自己的身份。但是这种认证比较粗糙，也比较脆弱。为此，在公开密钥理论的基础上，开发出了数字证书等精确认证技术。

7.4 安全协议

对于计算机网络来说，安全协议是保障信息安全的通信协议。计算机网络的安全协议都是基于密码技术的，其前提是协议的参与者可能是可以信任者，也可能是攻击者或完全不信任者。

按照功能，安全协议一般可以分为如下3类。

- 密钥交换协议：完成会话密钥建立。
- 认证协议：包括身份认证、消息认证、数据源认证、数据目的认证等，可以防止假冒、窜改、否认等攻击。
- 非否认协议。

安全协议可以在网络的各层设计和实施。本节将介绍几种典型安全协议。

7.4.1 SSH

1. SSH概述

传统的网络服务程序，如FTP、Pop和Telnet在传输机制和实现原理上没有考虑安全机制，它们在网络上用明文传送数据、用户账号和用户口令，别有用心的人通过窃听等网络攻击手段非常容易地就可以截获这些信息。而且，这些网络服务程序只有简单的安全验证，很容易受到“中间人”（man-in-the-middle）攻击——别有用心者在用户和目的服务器中间，首先冒充目的服务器接收用户传送给服务器的数据，然后再冒充传送数据的用户把数据传给真正的服务器，他们往往会在数据上做些手脚。

SSH（Secure Shell）可以把所有传输的数据进行加密，不仅使“中间人”攻击无法实现，也能够防止DNS欺骗和IP欺骗。此外，使用SSH传输的数据是经过压缩的，因而可以加快传输的速度。

SSH有很多功能，它既可以代替Telnet，又可以为FTP、Pop，甚至为PPP提供一个安全的通道。

2. SSH的应用

SSH提供了很强的验证（Authentication）机制与非常安全的通信环境，它最常见的应用就是用来取代传统的Telnet、FTP等网络应用程序。

SSH 可以通过“端口转发”在本地主机和远程服务器之间设置“加密通道”，并且这些“加密通道”可以与常见的Pop应用程序、X应用程序、Linuxconf应用程序相结合，提供安全保障。

7.4.2 安全套接层协议

安全套接层协议（Security Socket Layer，SSL）是网景（Netscape）公司提出的建构在TCP之上、应用层之下、基于Web应用的安全协议，它的功能包括服务器认证，客户认证（可选），保证SSL链路上的数据完整性和SSL链路上的数据保密性。

1. SSL 体系结构

如图 7.5 所示，SSL 体系由两层组成。

图 7.5　SSL 体系结构

1）握手层（管理层）

握手层用于密钥的协商和管理，由握手协议、密钥更改协议、报警协议和 HTTP 等高层协议组成。

- SSL 握手协议（Handshake Protocol）：准许服务器端与客户端在开始传输数据前，通过特定的加密算法相互鉴别。
- SSL 更改密码说明协议（Change Cipher Spec）：保证可扩展性。
- SSL 报警协议（Alert Protocol）：产生必要的警告信息。

2）记录层

运行 SSL 记录协议（Record Protocol），为高层应用协议提供各种安全服务，对上层数据进行加密、产生 MAC 等并进行封装。

2. SSL 的工作过程

1）安全协商

互相交换 SSL 版本号和所支持的加密算法等信息。

2）彼此认证。

- 服务器将自己由 CA 的私钥加密的证书告诉浏览器。服务器也可以向浏览器发出证书请求，对浏览器进行认证。
- 浏览器检查服务器的证书（是否由自己列表中的某个 CA 颁发）：不合法，则终止连接；合法，则生成会话密钥。
- 如果服务器有证书请求，浏览器也要发送自己的证书。

3）生成会话密钥

- 浏览器用 CA 的公钥对服务器的证书解密，获得服务器的公钥。
- 浏览器生成一个随机会话密钥，用服务器的公钥加密后，发送给服务器。

4）启动会话密钥

- 浏览器向服务器发送消息：告知以后自己发送的信息将用协商好的会话密钥加密。
- 浏览器再向服务器发送一个加密消息：告知会话协商过程完成。
- 服务器向浏览器发送消息：告知以后自己发送的信息将用协商好的会话密钥加密。
- 服务器再向浏览器发送一个加密消息：告知会话协商过程完成。

5）SSL 会话正式开始

双方用协商好的会话密钥加密发送的消息。

对于电子商务应用来说，使用 SSL 可保证信息的真实性、完整性和保密性。但由于 SSL 不对应用层的消息进行数字签名，因此不能提供交易的不可否认性，这是 SSL 在电子商务中使用的最大不足。有鉴于此，网景公司在从 Communicator 4.04 版开始的所有浏览器中引入了一种被称作“表单签名（Form Signing）”的功能，在电子商务中，可利用这一功能来对包含购买者的订购信息和付款指令的表单进行数字签名，从而保证交易信息的不可否认性。

7.4.3 IPSec与虚拟专用网

IPSec（IP Security）是在网络层提供的安全服务协议，它是一套协议包，把多种安全技术集合到一起，可以防止IP地址欺骗，防止任何形式的IP数据包窜改和重放，并为IP数据包提供机密性和其他安全服务。

IPSec的一个基本应用是建立VPN（Virtual Private Network，虚拟专用网）。VPN是指将物理上分布在不同地点的专用网络，通过不可信任的公共网络构造成逻辑上的虚拟子网，进行安全的通信。这里公共网络主要指Internet。图7.6所示为VPN的示意图。

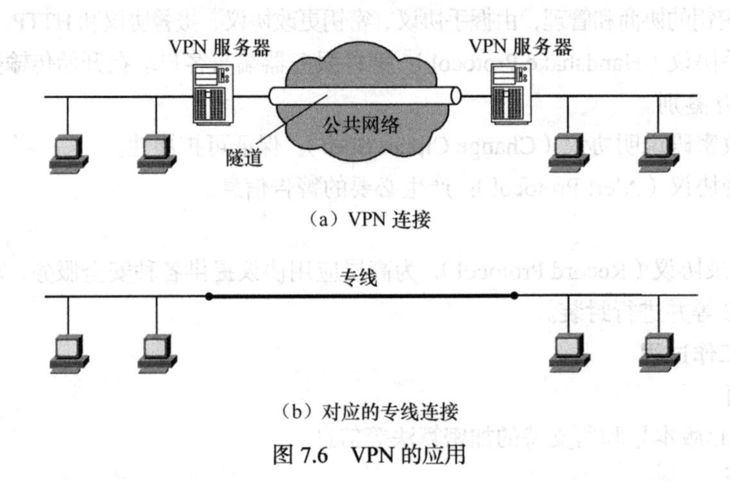

（a）VPN连接

（b）对应的专线连接

图7.6 VPN的应用

VPN技术采用了加密、认证、存取控制、数据完整性等措施，相当于在各VPN设备间形成一些跨越Internet的虚拟通道——“隧道”，使得敏感信息只有预定的接收者才能读懂，实现信息的安全传输，使信息不被泄露、窜改和复制。

实训20 实现一个VPN连接

一、实训目的

（1）理解VPN的工作原理。

（2）了解VPN的应用。

（3）掌握VPN实现的技术方法。

二、实训内容

（1）实训一个VPN连接。

（2）测试连接后的VPN网络。

三、建议环境

（1）在Windows操作系统中利用PPTP配置VPN网络，即在Windows 2000 Server中选择“开始”→“程序”→“管理工具”，单击“路由和远程访问”。

（2）在Windows中配置IPsec，即选择“开始”→“程序”→“管理工具”，进入“本地安全策略”界面；在右侧窗口中，可以看到默认情况下Windows内置的“安全服务器”“客户端”“服务器”3 个安全选项，并附有描述。

（3）在 Linux 操作系统中利用 CIPE 配置 VPN。CIPE（Crypto IP Encapsulation）是主要为 Linux 而开发的 VPN 实现软件。CIPE 使用默认的 CIPE 加密机制（标准的 Blowfish 或 IDEA 加密算法）来加密 IP 分组，并把这些分组添加目标头信息后，封装或“包围”在数据报（UDP）中，然后，这些 UDP 分组再通过 CIPE 虚拟网络设备（cipcbx）和 IP 层。

四、实训准备

（1）对要使用的 VPN 连接进行需求分析。

（2）根据需求分析提出使用的 VPN 连接方案。

（3）设计实现确定的 VPN 方案所需要的软硬件环境。

（4）设计进行 VPN 连接的步骤。

（5）设计进行 VPN 连接测试的方法和步骤。

五、推荐的分析讨论内容

（1）搜集各种 VPN 实现技术，并进行比较。

（2）对自己实现的 VPN 进行安全风险分析，提出改进设想。

（3）有的计算机网络具有单入口点，即出入网络的所有数据都只通过单个网关（路由器和/或防火墙），而有的网络中使用了多个网关。那么这两种情况下，进行 VPN 配置有什么区别?

（4）其他发现或想到的问题。

7.5　网络资源访问控制

网络资源访问控制有两种基本思路：一是为发问者设置访问权限；二是进行网络资源的隔离，即通过逻辑的或者物理端手段，使外部或者部分外部用户无法访问网络中全部或部分数据资源，或者网络中的用户不能访问外部或部分外部资源。

7.5.1　访问控制的二元关系描述

访问控制用一个二元组（控制对象，访问类型）来表示。其中的控制对象表示系统中一切需要进行访问控制的资源，访问类型是指对于相应的受控对象的访问控制，如读取、修改、删除等。

访问控制二元组有许多描述形式。下面介绍几种常用的形式。

1. 访问控制矩阵

访问控制矩阵也称访问许可矩阵，它用行表示客体，列表示主体，在行和列的交叉点上设定访问权限。表 7.1 所示为一个访问控制矩阵的例子。表中，一个文件的 Own 权限的含义是可以授予（Authorize）或者撤销（Revoke）其他用户对该文件的访问控制权限。例如，张三对 File1 具有 Own 权限，所以张三可以授予或撤销李四和王五对 File1 的读（R）写（W）权限。

表 7.1　一个访问控制矩阵的例子

主体（Subjects）	客体（Objects）			
	File1	File2	File3	File4
张三	Own，R，W		Own，R，W	
李四	R	Own，R，W	W	R
王五	R，W	R		Own，R，W

2. 授权关系表

授权关系表（Authorization Relations）描述了主体和客体之间各种授权关系的组合。表 7.2 所示为表 7.1 的授权关系表。

表 7.2　授权关系表的一个例子

主体	访问权限	客体
张三	Own	File1
张三	R	File1
张三	W	File1
张三	Own	File3
张三	R	File3
张三	W	File3
李四	R	File1
李四	Own	File2
李四	R	File2
李四	W	File2
李四	W	File3
李四	R	File4
王五	R	File1
王五	W	File1
王五	R	File2
王五	Own	File4
王五	R	File4
王五	W	File4

授权关系表便于使用关系数据库进行存储。只要按照客体进行排序，就得到了与访问能力表相当的二维表；按照主体进行排序，就得到了与访问控制表相当的二维表。

例如，当用户或应用程序试图访问一个文件时，首先须要通过系统调用打开文件。在打开文件之前，访问控制机制被调用。访问控制机制利用访问控制表、访问权力表或访问控制矩阵等，检查用户的访问权限，如果在用户的访问权限内，则可以继续打开文件；如果用户超出授权权限，则访问被拒绝，产生错误信息并退出。

3. 访问能力表

能力（Capability）也称权能，是受一定机制保护的客体标志，标记了某一主体对客体的访问权限：某一主体对某一客体有无访问能力，表示了该主体能不能访问那个客体；而具有什么样的能力，表示能对那个客体进行一些什么样的访问。它也是一种基于行的自主访问控制策略。图 7.7 是表 7.1 所示的访问控制矩阵的能力表表示。

访问能力表允许在进程运行期间动态地发放、回收、删除或增加某些权力，执行速度比较快。访问能力表还可以定义一些系统事先不知道的访问类型。此外，访问能力表着眼于某一主体的访问权限，从主体出发描述控制信息，很容易获得一个主体所被授权可以访问的客体及其权限，但要从客体出发获得哪些主体可以访问它，就困难了。目前使用能力表实现的自主访问控制系统已经不多。

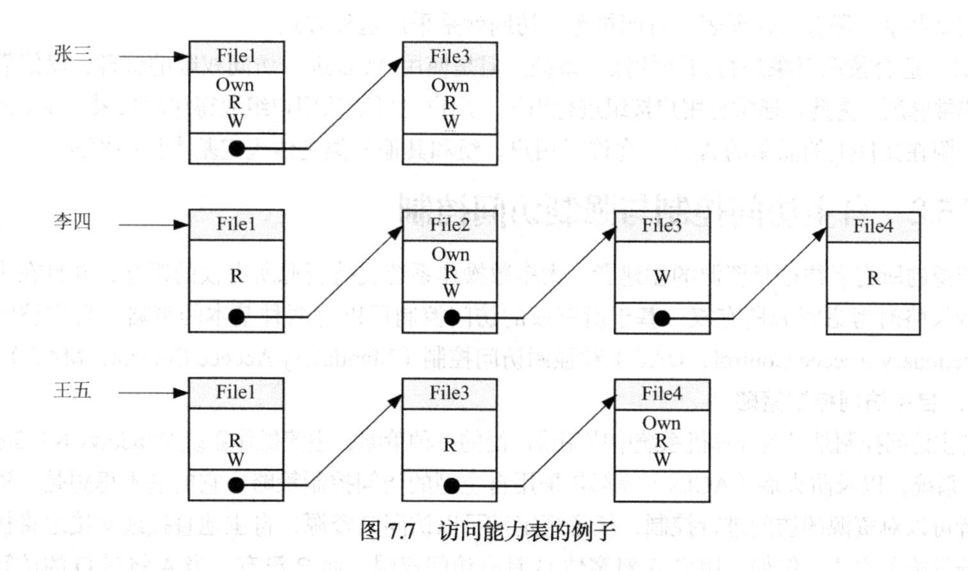

图 7.7 访问能力表的例子

4. 访问控制列表

访问控制列表（Access Control List，ACL）与访问能力表正好相反，是从客体出发描述控制信息，可以用来对某一资源指定任意一个用户的访问权限。这种方式给每个客体建立一个 ACL。记录该客体可以被哪些主体访问及访问的形式，它是一种基于列的自主访问控制策略。图 7.8 是表 7.1 的访问控制表表示。可以看出，每个 ACL 包括一个 ACL 头和零个或多个 ACE（访问控制项）。

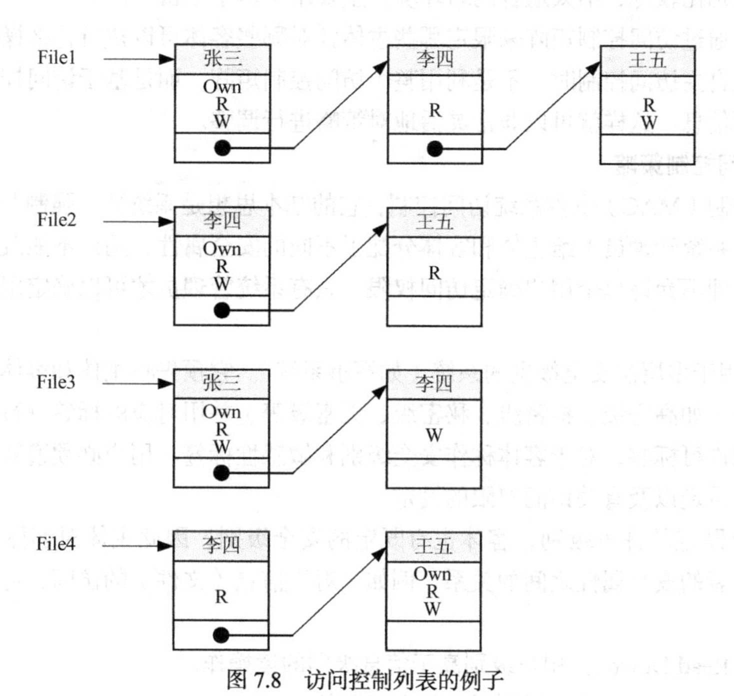

图 7.8 访问控制列表的例子

ACL 的优点是可以容易地查出对某一特定资源拥有访问权的所有用户，有效地实施授权管理，是目前采用的最多的一种实现形式。Windows NT/2000/XP 的资源（文件、设备、邮件槽、已命名的和未命名的管道、进程、线程、事件、互斥体、信号量、可等待定时器、访问令牌、窗口站、网络共享、服务、注册表、打印机等）访问就是采用这种方式。

ACL 适合按照对象进行访问的操作系统。但是使用 ACL 进行访问权限的管理，仅依靠单个主体非常麻烦。为此，通常将用户按组进行组织，用户也可以从用户组取得访问权限。在 UNIX 系统中，附在文件上的简单的 ACL，允许对用户、组和其他三类主体规定基本访问模式。

7.5.2 自主访问控制与强制访问控制

资源的所有者往往是资源的创建者。大多数操作系统支持资源所有权的概念，并且在决定访问控制策略时考虑资源所有权。基于所有权的访问控制可以有两种基本的策略：自主访问控制（Discretionary Acceee Control，DAC）和强制访问控制（Mandatory Acceee Control，MAC）。

1. 自主访问控制策略

自主访问控制是目前计算机系统中应用最广泛的一种策略，主流操作系统 Windows NT Server、UNIX 系统，以及防火墙（ACLs）等都是采用自主型的访问控制策略。它的基本思想是，资源的所有者可以对资源的访问进行控制，任意规定谁可以访问其资源，自主地直接或间接地将权限传给（分发给）主体。例如，用户 A 对客体 O 具有访问权限，而 B 没有。当 A 将对 O 的访问权限传递给 B 后，B 就有了对 O 的访问权限。

口令（Password）机制就是一种基于行的自主访问控制策略。它要求每个访问都相应地有一个口令。主体对客体进行访问前，必须向操作系统提供该客体的口令。采用这种机制的系统有 IBM 公司的 MVS 和 CDC 公司的 MOS 等。

DAC 的优点是应用灵活与可扩展性，所以经常被用于商业系统。缺点是，权限传递很容易造成漏洞，安全级别比较低，不太适合网络环境，主要用于单个主机上。

通常 DAC 通过访问控制矩阵来限定哪些主体针对哪些客体可以执行什么操作。但是，目前操作系统在实现自主访问控制时，不是利用整个访问控制矩阵，而是基于访问控制矩阵的行或列来表达访问控制信息。这样就可以非常灵活地对策略进行调整。

2. 强制访问控制策略

强制访问控制（MAC）也称系统访问控制，它的基本思想是系统要“强制”主体服从访问控制政策：系统（系统管理员）给主体和客体分配了不同的安全属性，用户不能改变自身或任何客体的安全属性，即不允许单个用户确定访问权限，只有系统管理员才可以确定用户或用户组的访问权限。

MAC 主要用于多层次安全级别的系统（如军事系统）。它预先将主体和客体进行分级，定义出一些安全等级（如高密级、机密级、秘密级、无密级等）并用对应的标签进行标识：对于主体称作许可级别和许可标签，对于客体称作安全级别和敏感性标签。用户必须遵守依据安全策略划分的安全级别的设定以及有关访问权限的设定。

由于主体有既定的许可级别，客体也有既定的安全级别，因此主体对客体能否执行特定的操作，取决于二者的安全属性之间的关系。例如，对于信息（文件）的访问，可以定义如下 4 种关系。

（1）下读（Read Down）：用户级别高于信息级别的读操作。

（2）上读（Read Up）：用户级别低于信息级别的读操作。

（3）下写（Write Down）：用户级别高于信息级别的写操作。

（4）上写（Write Up）：用户级别低于信息级别的写操作。

当用户提出访问请求时，系统对主、客体的安全属性进行比较，来决定该主体是否可以对所请求的客体进行访问。当一个主体（进程）要访问客体时，其许可标签必须满足下面的条件。

① 主体若要对客体具有写访问的权限，则其许可级别必须被客体的安全级别支配。

② 主体若要对客体具有读访问的权限，则其许可级别必须支配被客体的安全级别。

在典型的应用中，MAC 使用两种访问控制关系：上读/下写（用来保证数据完整性）和下读/上写（用来保证数据机密性）。下读/上写相当于在一个层次组织中，上级领导可以看下级的资料；而下级不能看上级的资料，但可以向上级写资料。图 7.9 为这两种方式的示意图。

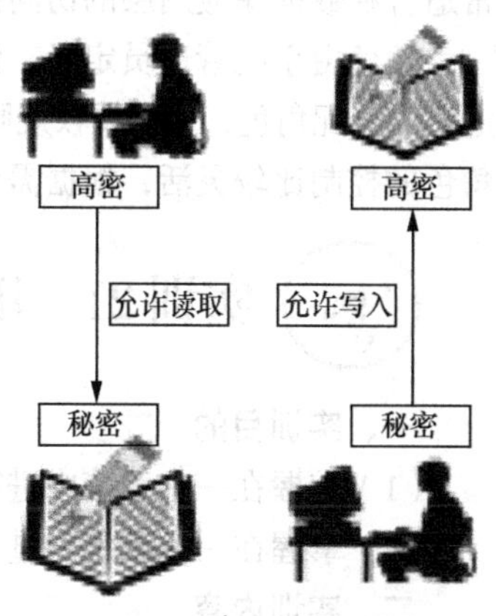

图 7.9　下读/上写示意

MAC 比 DAC 具有更强的访问控制能力。但是实现的工作量大，管理不便，不够灵活。

强制访问控制和自主访问控制有时会结合使用。例如，系统可能首先执行强制访问控制来检查用户是否有权限访问一个文件组（这种保护是强制的，也就是说，这些策略不能被用户更改），然后再针对该组中的各个文件制订相关的访问控制列表（自主访问控制策略）。

3. 基于角色的访问控制策略

角色（Role）是指一个组织或任务中的岗位、职位或分工。角色需要人去扮演。一般说来，一个角色并非只有一人扮演，如会计这个角色往往需要多个人；并且一个人可能会从事不同的角色。基于角色的访问控制（Role-Base Access Control，RBAC）就是基于这样一种考虑而提出的访问控制策略。由于角色比个体用户具有较大的稳定性，这种授权管理比针对个体的授权管理，在可操作性和可管理性方面都要强得多。

如图 7.10 所示，角色实际上是在主体（用户）与客体之间引入的中间控制机制层。

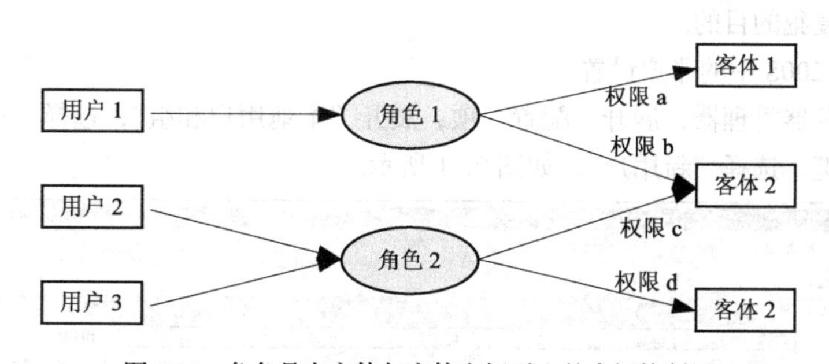

图 7.10　角色是在主体与客体之间引入的中间控制层

在 RBAC 系统中，要求明确地区分权限（Authority）和职责（Responsibility）或区分操作与管理，使二者互相制约。

例 7.1　一位科长可以对一个科中的成员发号施令，而并不能对任何科的科员发号施令。因为从权力上看，他是科长，而从职责上来说，他只是某一个科的科长，并非所有科的科长。与之相仿，对于一个具有高密级（0 级）许可级的用户来说，并不可以访问所有安全级别为 0 级的资源。因为有些资源不在他的职责范围内。

例 7.2　一个可以访问某个资源集合的用户，并不能进行该资源集合的访问授权。因为他没有这个权限。

例 7.3 一位安全主管有权进行授权分配，但不能同时具有访问数据资源的权力。

由于实现了权限与职责的逻辑分离，基于角色的策略极大地方便了权限管理。例如，如果一个用户的职位发生变化，只要将用户当前的角色去掉，加入代表新职务或新任务的角色即可。基于角色的访问控制方法还可以很好地描述角色层次关系，实现最少权限原则和职责分离的原则，非常适合在数据库应用层的访问控制（因为在应用层，角色的概念比较明显）。

角色由系统管理员定义，角色成员的增减也只能由系统管理员执行，只有系统管理员才有权定义和分配角色，并且授权规则是强加给用户的，用户只能被动地接受，不能自主地决定。但是，角色的控制比较灵活，根据需要可以将某些角色配置得接近 DAC，而让某些角色接近 MAC。

实训 21　用户账户管理与访问权限设置

一、实训目的

（1）掌握在一个系统中进行用户账户管理的方法。

（2）掌握在一个系统中进行访问权限设置的方法。

二、实训内容

（1）在一个系统中进行用户账户管理（若是在 Linux 系统中，须考虑添加批量用户）和安全设置。

（2）在一个系统中进行访问权限设置（若是在 Windows 2000 以上的系统中，须基于 NTFS 进行设置）。

三、建议环境

在一种操作系统环境（如 Linux 或 Windows）下，进行账号和访问权限设置，进行用户管理。

四、实训示范——Windows 中账户和权限的设置

Windows 2000 拥有强大的用户和组权限管理功能，在保护系统安全方面有着独特的应用。通过为不同用户分配相应权限，可以限制其对系统重要文件或目录的访问，并以此达到保护系统不受到病毒和黑客侵犯的目的。

1. Windows 2008 中的账户设置

（1）打开服务器管理器，展开“配置”项，展开“本地用户和组”，选择“用户”，在右边空白处单击鼠标右键，选择“新用户”，如图 7.11 所示。

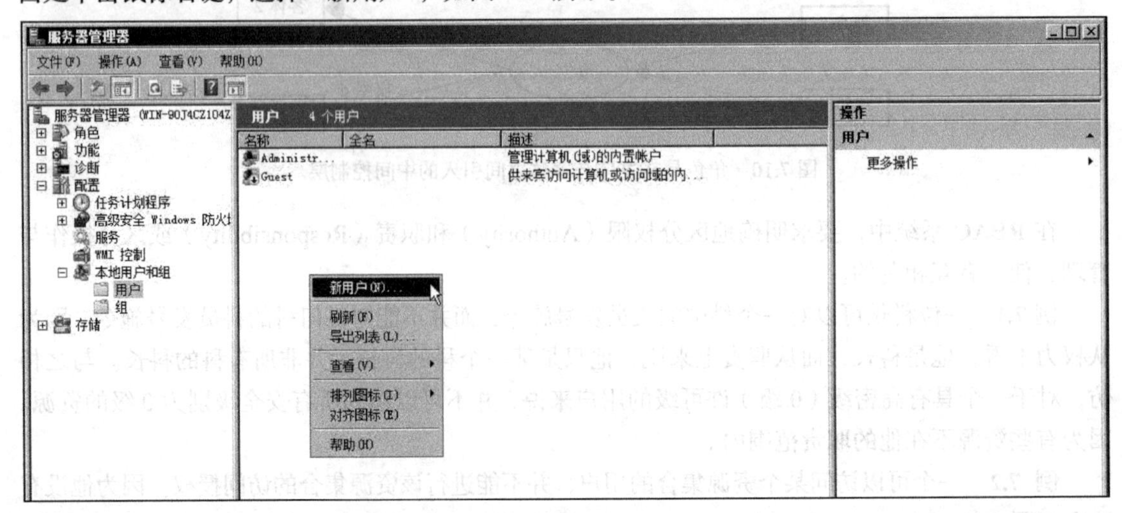

图 7.11　新建 VPN 用户

（2）打开“新用户”对话框，输入用户名为“test”，勾选“密码永不过期”复选框，输入密码，如图 7.12 所示。单击“创建”按钮，完成 test 用户的创建。

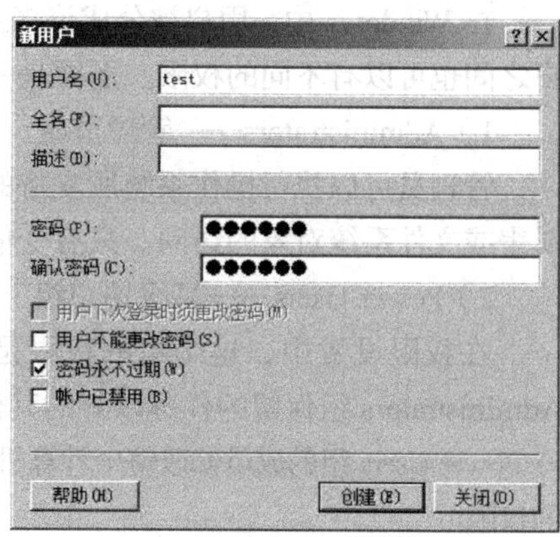

图 7.12　“新用户”对话框

（3）右键单击 test 用户，选择“属性”。

（4）打开“test 属性”对话框，选择“隶属于”选项卡设置用户权限。

（5）单击“添加”按钮，弹出“选择组”对话框，如图 7.13 所示。

（6）单击“高级”按钮，在弹出的对话框中单击“立即查找”按钮，查找出计算机中的所有组，选择“Administrators”组，使得 test 用户具有管理员权限，如图 7.14 所示。单击“确定”按钮完成设置。

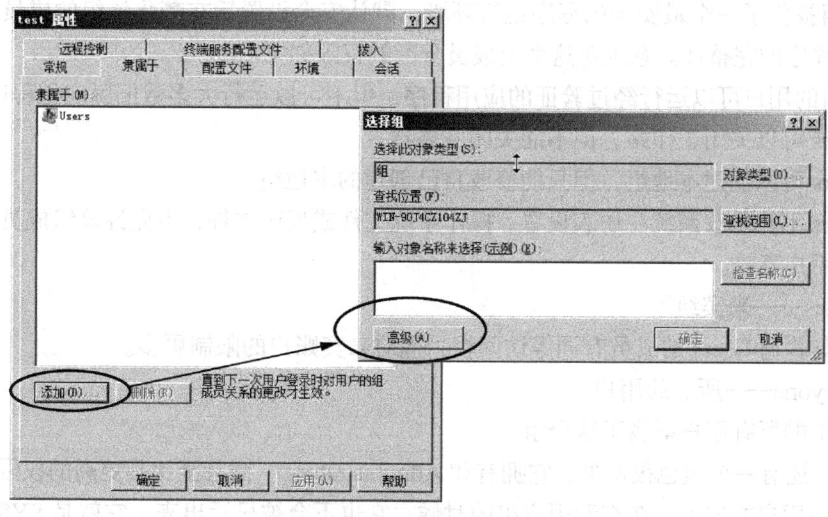

图 7.13　“选择组”对话框

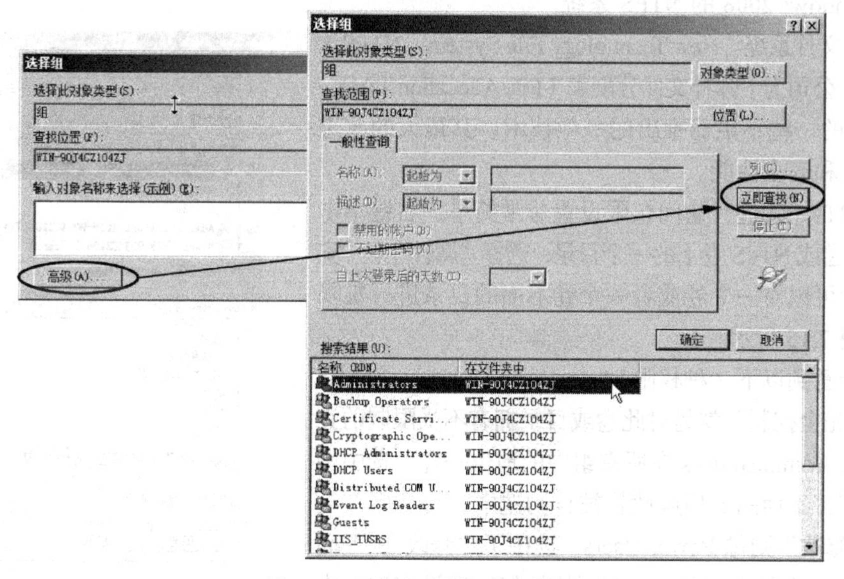

图 7.14　选择 test 用户的隶属组

2．Windows 中的组策略

在 Windows 中，用户被分成许多组，组和组之间都有不同的权限。当然，一个组的用户和用户之间也可以有不同的权限。下面是一些常用的组。

1）Administrators——管理员组

管理员可以执行操作系统所支持的所有功能。Windows 默认安全设置不限制管理员对任何注册表或文件系统对象的访问。只有受信任的人员才可以成为该组成员。

2）Power Users——高级用户组

在权限设置中，这个组的权限是仅次于 Administrators 的。Power Users 可以执行除了为 Administrators 组保留的任务以外的其他任何操作系统任务。分配给 Power Users 组的默认权限允许 Power Users 组的成员修改整个计算机的设置，但 Power Users 不具有将自己添加到 Administrators 组的权限。

3）Users——普通用户组

Users 组提供了一个最安全的程序运行环境，默认安全设置旨在禁止该组的成员危及操作系统和已安装程序的完整性。系统对这个组成员分配的权限如下。

- 该组的用户可以运行经过验证的应用程序，但不可以运行大多数旧版应用程序。
- Users 可以关闭工作站，但不能关闭服务器。
- Users 可以创建本地组，但只能修改自己创建的本地组。
- Users 不能修改系统注册表设置、操作系统文件或程序文件，不允许该组成员修改操作系统的设置或用户资料。

4）Guests——来宾组

Guests 与普通 Users 的成员有同等访问权，但对来宾账户的限制更多。

5）Everyone——所有的用户

计算机上的所有用户都属于这个组。

实际上，还有一个组也很常见，它拥有和 Administrators 一样甚至比其更高的权限，但是这个组不允许任何用户的加入，在查看用户组的时候，它也不会被显示出来，它就是 SYSTEM 组。

3．Windows 2008 的 NTFS 系统

新技术文件系统（New Technology File System，NTFS）是 Microsoft 公司为了弥补文件分配表（File Allocation Table，FAT）系统的一些不足而推出的一项技术，其最大的改进就是容错性和安全性能。

基于 NTFS 卷进行访问权限设置非常简单。右键单击一个 NTFS 卷或 NTFS 卷下的一个目录，选择“属性”→“安全”选项就可以对一个卷或者一个卷下面的目录进行权限设置，如图 7.15 所示。

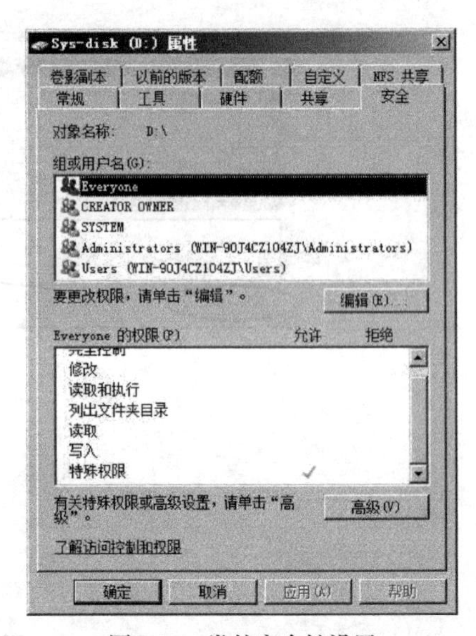

图 7.15　卷的安全性设置

这时会看到以下 7 种权限。

- “完全控制”就是对此卷或目录拥有不受限制的完全访问，像 Administrators 在所有组中的地位一样。选中了“完全控制”，下面的 5 项属性将被自动选中。
- “修改”则像 Power Users，选中了“修改”，下面的 4 项属性将被自动选中。当下面的任何一项没有被选中

时，“修改”条件将不再成立。

- “读取和运行”就是允许用户读取和运行在这个卷或目录下的任何文件。“列出文件夹目录”和“读取”是“读取和运行”的必要条件。
- “列出文件夹目录”是指只能浏览该卷或目录下的子目录，不能读取，也不能运行。
- “读取”是指能够读取该卷或目录下的数据。
- “写入”就是能往该卷或目录下写入数据。
- “特别权限”则是对以上 6 种权限进行细分。

五、实训内容

（1）设计在一个系统中进行用户账户管理的步骤。

（2）设计在一个系统中进行访问权限设置的步骤。

六、推荐分析讨论内容

（1）在一个共用系统中，应当根据管理权限将系统的访问权限分成不同等级。请分析当每个人具有自己的非私密性文件时，为保证系统的安全，比他的权限高和权限低的人，分别应当在读、写和执行 3 种访问权限方面有何限制？

（2）其他发现或想到的问题。

7.6　网络隔离技术

7.6.1　数据包过滤

1. 数据包过滤基本准则

最早的包过滤是在路由器上进行的。通过对路由表的配置，可以决定数据包是否符合过滤规则。数据包的过滤规则由一些规则逻辑描述：一条过滤规则规定了允许数据包流进或流出内部网络的一个条件。在制定了数据包过滤规则后，对于每一个数据包，路由器会从第一条规则开始逐条进行检查，最后决定该数据包是否符合过滤逻辑。

数据包规则的应用有以下两种策略。

- 默认接受：一切未被禁止的，就是允许的。即除明确指定禁止的数据包，其他都是允许通过的。这也称为“黑名单”策略。
- 默认拒绝：一切未被允许的，就是禁止的。即除明确指定通过的数据包，其他都是被禁止的。这也称为“白名单”策略。

从安全的角度，默认拒绝应该更可靠。

此外，包过滤还有禁入和禁出的区别。前者不允许指定的数据包由外部网络流入内部网络，后者不允许指定的数据包由内部网络流入外部网络。

2. 地址过滤策略

按照地址进行过滤是最简单的过滤方式，它的过滤规则只对数据包的源地址、目标地址和地址偏移量进行判断，这在路由器上是非常容易配置的。对于信誉不好或内容不宜并且地址确定的主机，用这种策略通过简单配置，就可以将其拒之门外。

例 7.4　某公司有一 B 类网（123.45）。该网的子网（123.45.6.0/24）有一合作网络（135.79）。管理员希望：

（1）禁止一切来自 Internet 的对公司内网的访问；

（2）允许来自合作网络的所有子网（135.79.0.0/16）访问公司的子网（123.45.6.0/24）；

（3）禁止对合作网络的子网（135.79.99.0/24）的访问权（对全网开放的特定子网除外）。

由这些需求可以制订出表 7.3 所示的包过滤规则。为简单起见，只考虑从合作网络流向公司的数据包，对称地处理逆向数据包只需互换规则行中源地址和目标地址即可。

表 7.3　　某公司网络的包过滤规则

规则	源地址	目的地址	过滤操作
A	135.79.0.0/16	123.45.6.0/24	允许
B	135.79.99.0/24	123.45.0.0/16	拒绝
C	0.0.0.0/0	0.0.0.0/0	拒绝

表中规则 C 是默认规则。

表 7.4 所示是使用一些样本数据包对表 7.3 所示过滤规则的测试结果。

表 7.4　　使用样本数据包测试结果

数据包	源地址	目的地址	目标行为操作	ABC 行为操作	BAC 行为操作
1	135.79.99.1	123.45.1.1	拒绝	拒绝（B）	拒绝（B）
2	135.79.99.1	123.45.6.1	允许	允许（A）	拒绝（B）
3	135.79.1.1	123.45.6.1	允许	允许（A）	允许（A）
4	135.79.1.1	123.45.1.1	拒绝	拒绝（C）	拒绝（C）

由表 7.4 可见，按 A、B、C 的规则顺序，能够得到想要的操作结果；而按 B、A、C 的规则顺序则得不到预期的操作结果，原本允许的数据包 2 被拒绝了。

仔细分析可以发现，表 7.3 中用来禁止合作网的特定子网的访问规则 B 是不必要的。它正是在 BAC 规则集中造成数据包 2 被拒绝的原因。如果删除规则 B，得到表 7.5 所示的行为操作。

表 7.5　　删除规则 B 后的行为操作

数据包	源地址	目的地址	目标行为操作	AC 行为操作
1	135.79.99.1	123.45.1.1	拒绝	拒绝(C)
2	135.79.99.1	123.45.6.1	允许	允许(A)
3	135.79.1.1	123.45.6.1	允许	允许(A)
4	135.79.1.1	123.45.1.1	拒绝	拒绝(C)

这才是想要的结果。由此得出两点结论。

- 正确地制定过滤规则是困难的。
- 过滤规则的重新排序使得正确地指定规则变得越发困难。

3. 数据包的服务过滤

按服务进行过滤，就是根据 TCP/UDP 的端口号制订过滤策略。但是，由于源端口是可以伪装的，所以基于源端口的过滤是会有风险的。同时还需要确认内部服务确实是在相应的端口上。下面进行一些分析。

例 7.5　表 7.6 与表 7.7 就是否考虑数据包的源端口进行对照。规则表 7.6 由于未考虑到数据包的源端口，出现了两端所有端口号大于 1024 的端口上的非预期的作用。而规则表 7.7 考虑到数据包的源端口，所有规则限定在 25 号端口上，故不可能出现两端端口号均在 1024 以上的端口上连接的交互。

表 7.6　　未考虑源端口时的包过滤规则

规则	方向	类型	源地址	目的地址	目的端口	行为操作
A	入	TCP	外	内	25	允许
B	出	TCP	内	外	≥1024	允许
C	出	TCP	内	外	25	允许
D	入	TCP	外	内	≥1024	允许
E	出/入	任何	任何	任何	任何	禁止

表 7.7　　考虑了源端口时的包过滤规则

规则	方向	类型	源地址	目的地址	源端口	目的端口	行为操作
A	入	TCP	外	内	≥1024	25	允许
B	出	TCP	内	外	25	≥1024	允许
C	出	TCP	内	外	≥1024	25	允许
D	入	TCP	外	内	25	≥1024	允许
E	出/入	任何	任何	任何	任何	任何	禁止

4. 数据包的内容过滤策略

内容安全是包过滤技术中正在兴起的一个重要的分支，也是目前最活跃的安全领域。它是基于内容安全的一项技术。

内容安全措施因内容性质而异，主要分为如下 3 种情况。

1）违禁内容的传播及其策略

违禁内容是指内容本身要表达的意思，违反了某种规则或安全策略，尤其是政策法规允许的范畴。例如，传播关于瘟疫、地震、恐怖袭击等谣言，制造或传播淫秽色情等，都是违法的。违禁内容的危害是对思想造成破坏。在很多情况下，违禁内容的表达方式和格式并没有什么特殊，因此无法从表达方式或格式来加以禁止。常用的策略有两个方面：一是对违禁内容进行内容过滤，如基于关键词的内容过滤，基于语义的内容过滤，前者在技术上很成熟，准确度很高，漏报率低，但误报率高；二是对违禁内容的来源进行访问控制，这种方式对已经知道恶意传播的对象非常有效。到目前为止，在必须执行违禁内容控制的情况下，多采用人工和技术相结合的策略。

2）基于内容的破坏及其策略

内容破坏的典型是带有病毒的文件，是被窜改了的正常文件上带有病毒特征代码。这些代码在被执行的时候，具有有害的特性。防病毒是目前采用最多的防止基于内容破坏的解决方案——通过查找内容中的恶意病毒代码来消除基于内容的破坏。防病毒软件同样存在漏报和误报的问题。最关键的问题是，每次总是病毒爆发在前，取得病毒特征代码，才能防止该病毒。预防已知病毒的实现较为成功，但预防未知病毒的能力较弱。为了解决防病毒软件这方面的不足，出现了很多的相关技术，如专家会诊，引发病毒隔离区等，来补充和弥补防病毒软件的不足。

3）基于内容的攻击及其策略

基于内容的攻击已经超过违禁内容传播和病毒，成为了目前最热门的威胁之一。目前存在的十大漏洞和风险包括：参数无效、访问控制失效、账户和会话管理失效、跨站点脚本、缓冲溢出、恶意命令、错误处理问题、不安全加密、远程管理缺陷、配置错误。目前已经出现一类新的产品（称为应用安全代理）来解决基于内容攻击的问题。

与传统的过滤方法相比，基于内容的过滤技术需要耗费更多的计算资源。如何突破内容过滤的性能瓶颈，已经成为用户和厂商普遍关心的问题。

7.6.2 网络地址转换

网络地址转换（Network Address Translation，NAT）就是使用两套 IP 地址——内部 IP 地址（也称私有 IP 地址）和外部 IP 地址（也称公共 IP 地址），当受保护的内部网连接到 Internet 并且有用户要访问 Internet 时，它首先使用自己网络的内部 IP 地址，到了 NAT 后，NAT 就会从公共 IP 地址集中选一个未分配的地址分配给该用户，该用户即可使用这个合法的 IP 地址进行通信。同时，对于内部的某些服务器如 Web 服务器，网络地址转换器允许为其分配一个固定的合法地址，外部网络的用户就可通过 NAT 来访问内部的服务器。这种技术既缓解了少量的 IP 地址和大量的主机之间的矛盾——被保护网络中的主机不必拥有固定的 IP 地址；又对外隐藏了内部主机的 IP 地址，提高了安全性。

NAT 的工作过程如图 7.16 所示。

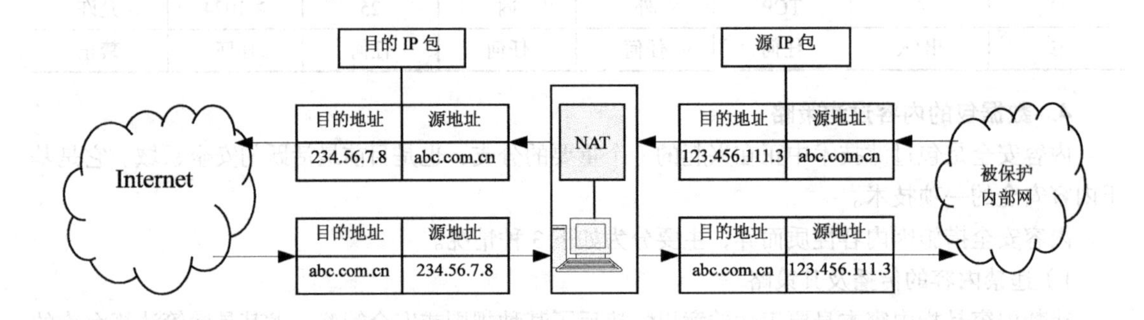

图 7.16 NAT 的工作过程

在内部网络通过安全网卡访问外部网络时，将产生一个映射记录。系统将外出的源地址和源端口映射为一个伪装的地址和端口，让这个伪装的地址和端口通过非安全网卡与外部网络连接，这样对外就隐藏了真实的内部网络地址。在外部网络通过非安全网卡访问内部网络时，它并不知道内部网络的连接情况，而只是通过一个开放的 IP 地址和端口来请求访问。NAT 据预先定义好的映射规则来判断这个访问是否安全：当符合规则时，防火墙认为访问是安全的，可以接受访问请求，也可以将连接请求映射到不同的内部计算机中；当不符合规则时，被认为该访问是不安全的，不能被接受，外部的连接请求即被屏蔽。网络地址转换的过程对于用户来说是透明的，不需要用户进行设置，用户只要进行常规操作即可。

7.6.3 代理技术

应用于网络安全的代理（Proxy）技术，来自代理服务器（Proxy Server）技术。代理服务器是用户计算机与 Internet 之间的中间代理机制，它采用客户机/服务器工作模式。请求由客户端向服务器发起，但是这个请求要首先被送到代理服务器；代理服务器分析请求，确定其是合法的以后，首先查看自己的缓存中有无要请求的数据，有就直接传送给客户端，否则再以代理服务器作为客户端向远程的服务器发出请求；远程服务器的响应也要由代理服务器转交给客户端，同时代理服务器还将响应数据在自己的缓存中保留一份拷贝，以被客户端下次请求时使用。图 7.17 为代理服务的结构及其数据控制和传输过程示意图。

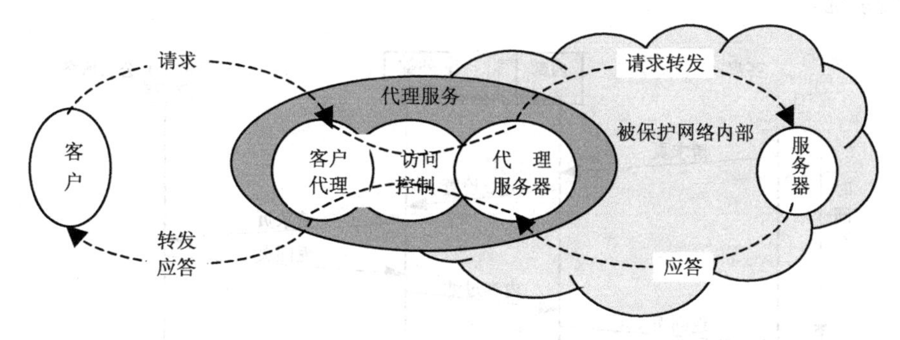

图 7.17 代理服务的结构及其数据控制和传输过程

应用于网络安全的代理技术，也是要建立一个数据包的中转机制，并在数据的中转过程中，加入一些安全机制。

代理技术可以在不同的网络层次上进行，分别称为应用级代理和电路级代理。它们的工作原理有所不同。

1. 应用级代理

1）应用级代理的基本原理

图 7.18 为应用级代理的工作原理示意图。只有为特定的应用程序安装了代理程序代码，该服务才会被支持，并建立相应的连接。显然，这种方式可以拒绝任何没有明确配置的连接，从而提供了额外的安全性和控制性。但是，应用级代理没有通用的安全机制和安全规则描述，它们通用性差，对不同的应用具有很强的针对性和专用性。

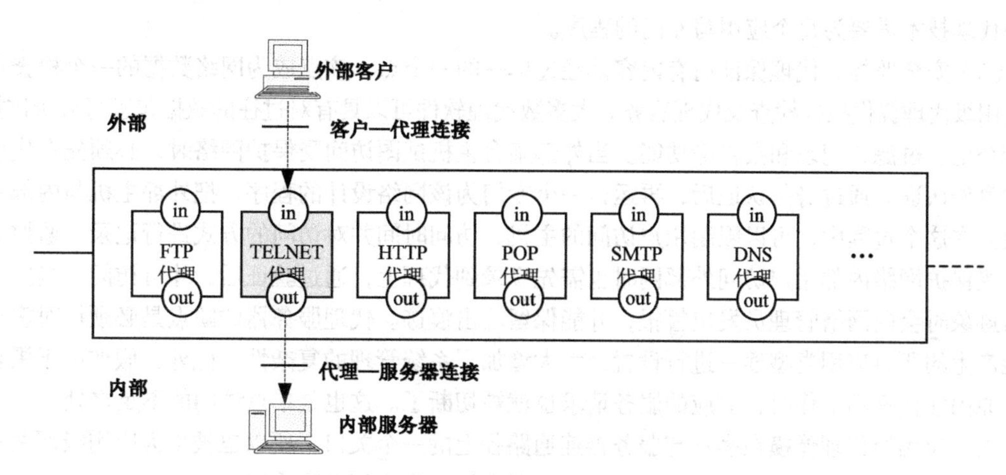

图 7.18 应用级代理工作原理

图 7.19 所示为应用级代理的基本工作过程。

2）应用级代理的功能

（1）阻断路由与 URL。代理服务是一种服务程序，它位于客户机与服务器之间，完全阻挡了二者间的数据交流。从客户机来看，代理服务器相当于一台真正的服务器；而从服务器来看，代理服务器又是一台真正的客户机。当客户机需要使用服务器上的数据时，首先将数据请求发给代理服务器，代理服务器再根据这一请求向服务器索取数据，然后再由代理服务器将数据传输给客户机。由于外部系统与内部服务器之间没有直接的数据通道，外部的恶意侵害也就很难伤害到企业内部网络系统。

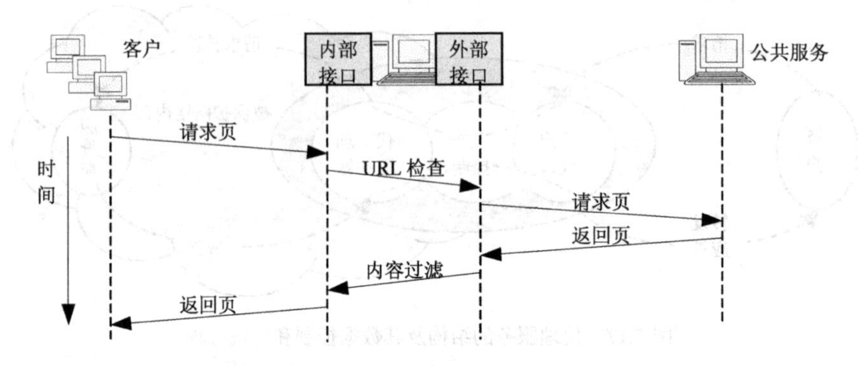

图 7.19　应用级代理的基本工作过程

代理通过侦听网络内部客户的服务请求，再把这些请求发向外部网络。在这一过程中，代理要重新产生服务级请求。例如，一个 Web 客户向外部发出一个请求时，这个请求会被代理服务器“拦截”，再由代理服务器向目标服务器发出一个请求。只有服务协议（如 HTTP）才可以通过代理服务器，而 TCP/IP 和其他低级协议不能通过，必须由代理服务器重新产生。因此，外部主机与内部机器之间并不存在直接连接，从而可以防止传输层因源路由、分段和不同的服务拒绝造成的攻击，确保没有建立代理服务的协议不会被发送到外部网络。

（2）隐藏客户。应用级代理既可以隐藏内部 IP 地址，也可以给单个用户授权，即使攻击者盗用了一个合法的 IP 地址，也通不过严格的身份认证。因此应用级代理比数据包过滤具有更高的安全性。但是这种认证使得应用网关不透明，用户每次连接都要受到认证，这给用户带来许多不便。这种代理技术需要为每个应用写专门的程序。

（3）安全监控。代理保证所有内容都经过单一的一个点，该点成为网络数据的一个检查点，在应用级代理提供授权检查及代理服务。大多数代理软件可以具有对过往的数据包进行分析监控、注册登记、过滤、记录和报告等功能。当外部某台主机试图访问受保护网络时，必须先在代理上经过身份认证。通过身份认证后，再运行一个专门为该网络设计的程序，把外部主机与内部主机连接。在这个过程中，可以限制用户访问的主机、访问时间并对访问的方式进行记录、监控。同样，受保护网络内部用户访问外部网时也需先登录到代理上，通过验证后，才可访问。当发现被攻击迹象时会向网络管理员发出警报，并能保留攻击痕迹。代理服务器的缺点是必须针对客户机可能产生的所有应用类型逐一进行设置，大大增加了系统管理的复杂性。此外，假如由于黑客攻击等原因使代理不工作时，对应的服务请求也就被切断了。这也是单点访问的不足之处。

由于应用级代理像横在客户与服务器连通路径上的一个关口，所以也被称为应用级网关；也像横在客户与服务器连通路径上的一堵墙，所以也被称为应用级防火墙。

2. 电路级代理

电路级代理也称电路级网关。在 OSI 模型中电路级网关工作在会话层，进行会话层的过滤。在 TCP/IP 体系中，电路级网关依赖于 TCP 连接，如图 7.20 所示，它只用来在两个通信端点之间转接，只对数据包进行转发，进行简单的字节复制式的数据包转接，而数据包处理要在应用层进行。

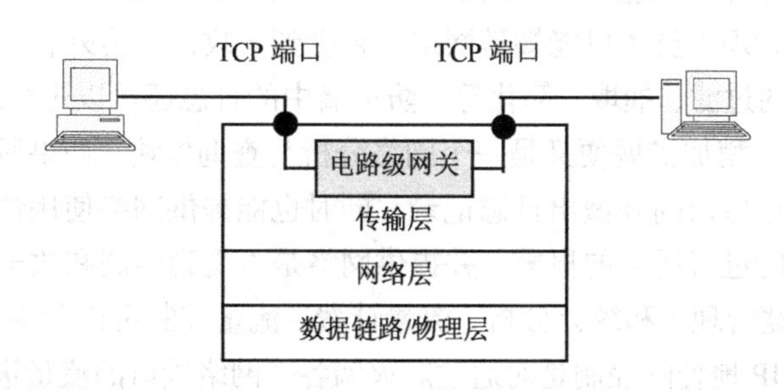

图 7.20 电路级网关工作原理

电路级网关对外像一个代理，对内又像一个过滤器。这种特点使它可以适用于多个协议，为各种不同的协议提供服务，但它不能解释应用协议。简单的电路级网关仅传输 TCP 的数据段，增强的电路级网关还具有认证作用。

7.6.4 网络防火墙

1. 防火墙及其基本功能

在建筑群中，防火墙（Fire Wall）用来防止火灾蔓延。在计算机网络中，防火墙是设置在可信任的内部网络和不可信任的外界之间的一道屏障，用于保护计算机网络的资源和用户的声誉，使一个网络不受来自另一个网络的攻击。

在逻辑上，防火墙是一个分离器，一个限制器，也是一个分析器，有效地监控了内部网和 Internet 之间的任何活动，保证了内部网络的安全。

在技术上，防火墙就是基于上述技术的网络安全“站”。它作为一个中心“遏制点”，可以将局域网的安全管理集中起来，屏蔽非法请求，防止跨权限访问并产生安全报警。具体地说，防火墙有以下一些功能。

（1）作为网络安全的屏障。防火墙由一系列的软件和硬件设备组合而成，它保护网络中有明确闭合边界的一个网块，所有进出该网块的信息，都必须经过防火墙，将发现的可疑访问拒之门外。当然，防火墙也可以防止未经允许的访问进入外部网络。因此，防火墙的屏障作用是双向的，即进行内外网络之间的逻辑隔离，包括地址数据包过滤、代理和地址转换。

（2）防止攻击性故障蔓延和内部信息的泄露。防火墙也能够将网络中一个网块（也称网段）与另一个网块隔开，从而限制了局部重点或敏感网络安全问题对全局网络造成的影响。此外，隐私是内部网络非常关心的问题，一个内部网络中不引人注意的细节可能包含了有关安全的线索而引起外部攻击者的兴趣，甚至因此而暴露了内部网络的某些安全漏洞。

（3）强化网络安全策略。防火墙能将所有安全软件（如口令、加密、身份认证、审计等）配置在防火墙上，形成以防火墙为中心的安全方案。与将网络安全问题分散到各个主机上相比，防火墙的集中安全管理更经济。例如，在网络访问时，一次一密口令系统和其他的身份认证系统完全可以不必分散在各个主机上，而集中在防火墙上。

（4）MAC 与 IP 地址的绑定。MAC 与 IP 地址绑定起来，主要用于防止受控的内部用户（不可访问外网）通过更换 IP 地址访问外网。这其实是一个可有可无的功能。不过因为它实现起来太简单了，内部只需要两个命令就可以实现，所以绝大多数防火墙都提供了该功能。

（5）对网络存取和访问进行监控审计。防火墙的审计和报警机制在防火墙体系中是很重要的，只有有了审计和报警，管理人员才可能知道网络是否受到了攻击。另外，防火墙的该功能也有很大的发展空间，如日志的过滤、抽取、简化等。防火墙中的日志还可以进行统计、分析、（按照特征）存储（在数据库中），稍加扩展便又是一个网络分析与查询模块。如果所有的访问都经过防火墙，防火墙就能记录下这些访问并做出日志记录，同时也能提供网络使用情况的统计数据。当发生可疑动作时，防火墙能进行适当的报警，并提供网络是否受到监测和攻击的详细信息。

（6）流量控制（带宽管理）和统计分析、流量计费。流量控制可以分为基于 IP 地址的控制和基于用户的控制。基于 IP 地址的控制是对通过防火墙各个网络接口的流量进行控制，基于用户的控制是通过用户登录来控制每个用户的流量，从而防止某些应用或用户占用过多的资源。并且通过流量控制可以保证重要用户和重要接口的连接。流量统计是建立在流量控制基础之上的。一般防火墙通过对基于 IP、服务、时间、协议等进行统计，并可以与管理界面实现挂接，实时或者以统计报表的形式输出结果。从而使流量计费也非常容易实现。

（7）远程管理。管理界面一般完成对防火墙的配置、管理和监控。管理界面设计直接关系到防火墙的易用性和安全性。目前防火墙主要有两种远程管理界面：Web 界面和 GUI 界面。对于硬件防火墙，一般还有串口配置模块和/或控制台控制界面。

（8）其他特殊功能。这些功能纯粹是为了迎合特殊客户的需要或者为赢得卖点而加上的。如限制同时上网人数，限制使用时间，限制特定使用者才能发送 E-mail，限制 FTP 只能下载文件不能上传文件，阻塞 Java、ActiveX 控件等。有些防火墙还加入了扫毒功能。这些功能依需求不同而定。

2. 屏蔽路由器（Screening Router）和屏蔽主机（Screening Host）

防火墙最基本、也是最简单的技术是数据包过滤。过滤规则可以安装在路由器上，也可以安装在主机上。具有数据包过滤功能的路由器称为屏蔽路由器。具有数据包过滤功能的主机称为屏蔽主机，图 7.21 所示为包过滤防火墙的基本结构。

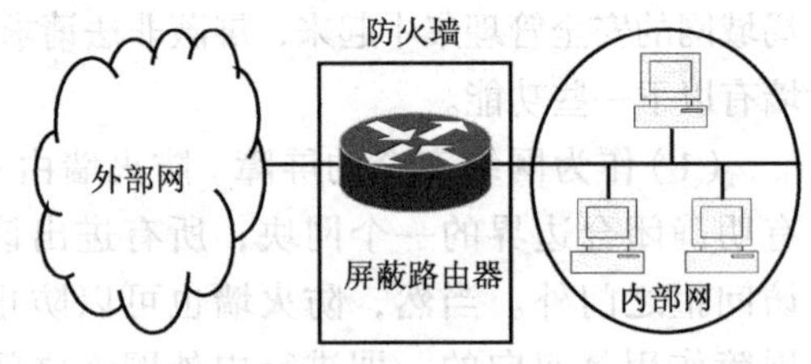

图 7.21　路由过滤式防火墙

路由器是内部网络与 Internet 连接的必要设备，是一种“天然”的防火墙，它除具有路由功能之外，还安装了分组/包过滤（数据包过滤或应用网关）软件，可以决定对到来的数据包是否要进行转发。这种防火墙实现方式相当简捷，效率较高，在应用环境比较简单的情况下，能够以较小的代价在一定程度上保证系统的安全。但由于过滤路由器是在网关之上的包过滤，因此它允许被保护网络的多台主机与 Internet 的多台主机直接通信。这样，其危险性便分布在被保护网络内的全部主机及允许访问的各种服务器上，随着服务的增加，网络的危险性也增加。其次，也是特别重要的一点是，这种网络由于仅靠单一的部件来保护系统，一旦部件被攻破，就再也没有任何设防了，并且当防火墙被攻破时几乎可以不留下任何痕迹，甚至难于发现已发生的攻击。它只能根据数据包的来源、目标和端口等网络信息进行判断，无法识别基于应用层的恶意侵入,如恶意的 Java 小程序及电子邮件中附带的病毒。有经验的黑客很容易伪造 IP 地址,骗过包过滤型防火墙，一旦突破防火墙，即可对主机上的软件和配置漏洞进行攻击。进一步说，由于数据包的源地址、目标地址及 IP 的端口号都在数据包的头部，很有可能被窃听或假冒；并且数据包缺乏用户日志（Log）和审计信息（Audit），不具备登录和报告性能，不能进行审核管理，因而过滤规则的完整性难以验证，所以安全性较差。

3. 双宿主网关（Dual Homed Gateway）

如图 7.22 所示，双宿主机是一台有两块 NIC 的计算机，每一块 NIC 各有一个 IP 地址。所以它可以采用 NAT 和代理两种安全机制。如果 Internet 上的一台计算机想与被保护网（Intranet）上的一个工作站通信，必须先行注册，与它能看到的 IP 地址联系；代理服务器软件通过另一块 NIC 启动到 Intranet 的连接。

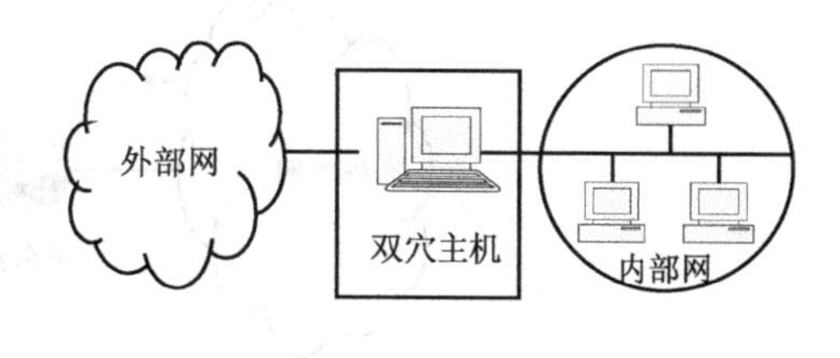

图 7.22 双宿主机网关防火墙

双宿主网关使用代理服务器简化了用户的访问过程，它将被保护网络与外界完全隔离，由于域名系统的信息不会通过被保护系统传到外部，所以系统的名字和 IP 地址对 Internet 是隐蔽的，做到对用户全透明。由于该防火墙仍是由单机组成，没有安全冗余机制，一旦该“单失效点”出问题，网络将无安全可言。

4. 堡垒主机（Bastion Host）

堡垒主机是指专门暴露在外部网络上的一台计算机，是被保护的内部网络在外网上的代表并作为进入内部网的一个检查点。它面对大量恶意攻击的风险，并且它的安全对于建立一个安全周边具有重要作用，因此必须强化对它的保护，使风险降至最小。

常用的壁垒主机有单连点和双连点两种。

1）单连点堡垒主机过滤式防火墙

单连点堡垒主机过滤式防火墙有图 7.23 所示的结构。它实现了网络层安全（包过滤）和应用层安全（代理），具有比单纯包过滤更高的安全等级。

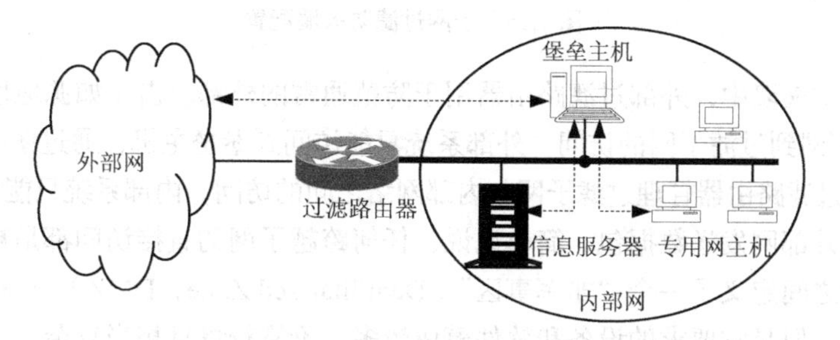

图 7.23 单连点堡垒主机过滤式防火墙

主机过滤防火墙具有双重保护。一方面，使用过滤规则的配置使得外部主机只能访问堡垒主机，发往内部网的其他业务流则全部被阻塞，不允许外部访问被保护网络的其他资源，有较高的安全可靠性：另一方面，机构的安全策略可以决定允许内部系统直接访问外部网，还是要求其使用配置在堡垒主机上的代理服务。当配置路由器的过滤规则，使其仅可接收来自堡垒主机的内部业务流时，内部用户就不得不使用代理服务。

2）双连点堡垒主机过滤式防火墙

双连点堡垒主机过滤式防火墙的结构如图 7.24 所示。它比单连点堡垒主机过滤式防火墙有更高的安全等级。由于堡垒主机具有两个网络接口，除了外部用户可以直接访问信息服务器外，外部用户发往内部网络的业务流和内部系统对外部网络的访问都不得不经过堡垒主机，以提高附加的安全性。

在这种系统中，由于堡垒主机成为外部网络访问内部网络的唯一入口，所以对内部网络可能产生安全威胁都集中到了堡垒主机上。因而对堡垒主机的保护强度，关系到整个内部网的安全。

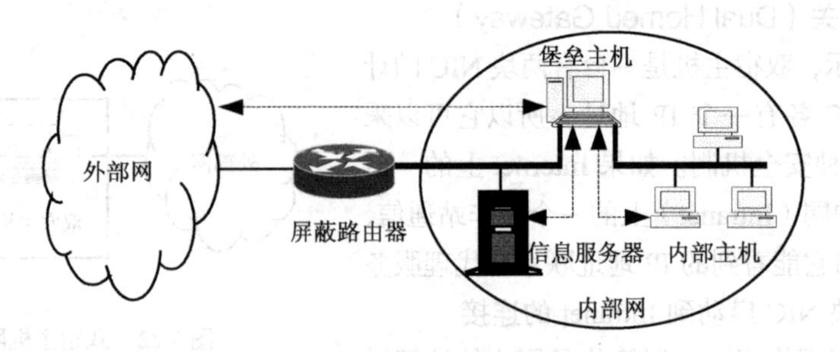

图 7.24　双连点堡垒主机过滤式防火墙

5. 屏蔽子网（Screened Subnet）防火墙

被保护网络和 Internet 之间设置一个独立的子网作为防火墙，就是子网过滤防火墙。具体的配置方法是在过滤主机的配置上再加上一个路由器，形成具有外部路由过滤器、内部路由过滤器、应用网关三道防线的过滤子网，如图 7.25 所示。

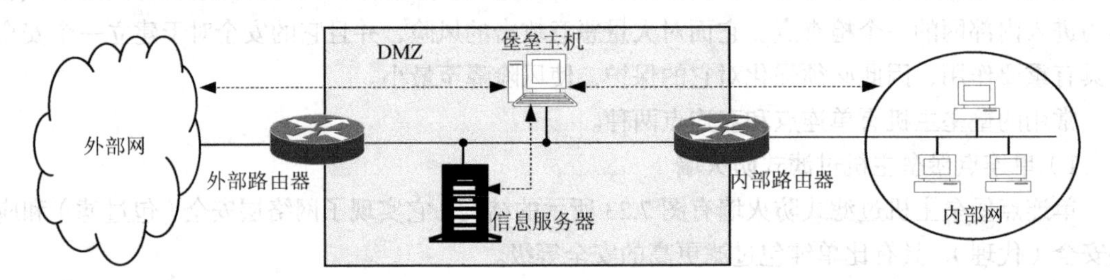

图 7.25　子网过滤防火墙配置

在子网过滤防火墙中，外部过滤路由器用于防范通常的外部攻击（如源地址欺骗和源路由攻击），并管理外部网到过滤子网的访问。外部系统只能访问到堡垒主机，通过堡垒主机向内部网传送数据包。内部过滤路由器管理过滤子网与内部网络之间的访问，内部系统只能访问到堡垒主机，通过堡垒主机向外部网发送数据包。简单地说，任何跨越子网的直接访问都是被严格禁止的。从而在两个路有器之间定义了一个“非军事区”（Demilitarized Zone，DMZ）。这种配置的防火墙具有最高的安全性，但是它要求的设备和软件模块较多，价格较贵且相当复杂。

7.6.5　网络的物理隔离

20 世纪末期，“政府上网”热潮把我国的信息化带进了一个新的高度。政府上网不仅表明 Internet 已经进入了一个非常重要的领域，而且为信息系统安全技术提出了新的课题。由于政府中有许多敏感的数据及大量机密数据，也有国民最为关心的信息。目前虽然开发了各种防火墙、病毒防治系统及入侵检测、安全预警、漏洞扫描等安全技术，但却并没有完全阻止了入侵，内部网络被攻破的事件屡有发生，据统计，有近半数的防火墙被攻破过。为此，国家保密局于 2000 年 1 月 1 日起实施的《计算机信息系统国际联网保密管理规定》第二章第六条要求：“涉及国家机密的计算机信息系统，不得直接或间接地与国际互联网或其他公共信息网络相连接，必须实行物理隔离。”

基于这一规定，现在的电子政务网形成了图 7.26 所示的三级网络结构：内网、外网和公网。其安全要求如下。

① 在公网和外网之间实行逻辑隔离。

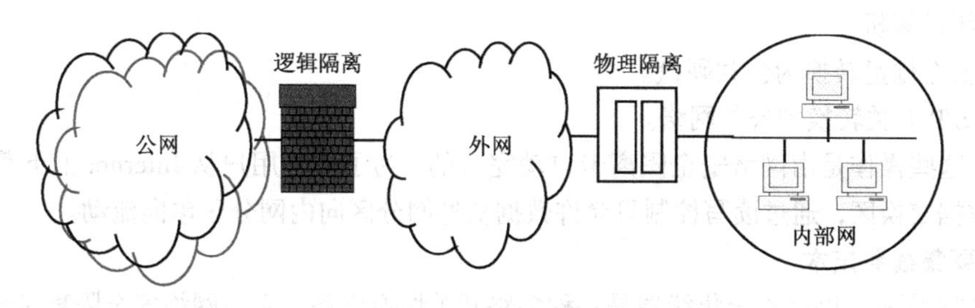

图 7.26　电子政务的三网

② 在内网和外网之间实行物理隔离。

所谓物理隔离，是指内部网络与外部网络在物理上没有相互连接的通道，两个系统在物理上完全独立。目前，已经开发出如下几种物理隔离技术。

1. 网络安全隔离卡技术

网络安全隔离卡是一个硬件插卡，可以在物理上将计算机划分成两个独立的部分，每一部分都有自己的“虚拟”硬盘。网络安全隔离卡设置在 PC 最低层的物理部件上，卡的一边通过 IDE 总线连接主板，另一边连接 IDE 硬盘。PC 的硬盘被分割成以下两个物理区。

- 安全区，只与内部网络连接。
- 公共区，只与外部网络连接。

如图 7.27 所示，网络安全隔离卡就像一个分接开关，在 IDE 硬件层上，由固件控制磁盘通道，任何时刻，计算机只能与一个数据分区及相应的网络连通。于是计算机也因此被分为安全模式和公共模式，并且某一时刻只可以在一个模式下工作。两个模式转换时，所有的临时数据都会被彻底删除。

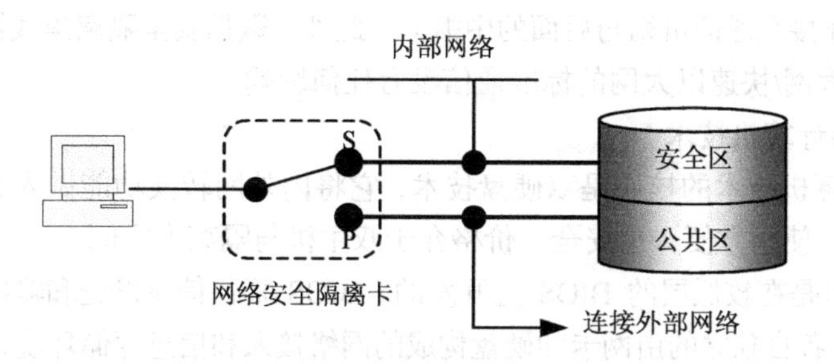

图 7.27　网络安全隔离卡的工作方式

- 在安全状态时，主机只能使用硬盘的安全区与内部网连接，此时外部网是断开的，硬盘的公共区也是封闭的。
- 在公共状态时，主机只能使用硬盘的公共区与外网连接，此时与内网是断开的，硬盘的安全区是封闭的。

两个状态各有自己独立的操作系统，且分别导入，保证两个硬盘不会同时被激活。两个分区不可以直接交换数据，但是可以通过专门设置的中间功能区进行，或通过设置的安全通道使数据由公共区向安全区转移（不可逆向）。

在安全区及内网连接状态下可以禁用软驱、光驱等移动存储设备，防止内部数据泄密。要转换到公共环境时，须进行如下操作。

- 按正常方式退出操作系统。

- 关闭计算机。
- 将安全硬盘转换为公共硬盘。
- 将 S/P 开关转换到公共网络。

当然，这些操作是由网络安全隔离卡自动完成的。为了便于用户从 Internet 上下载数据，特设的硬盘数据交换区，通过读写控制只允许数据从外网分区向内网分区单向流动。

2. 隔离集线器技术

如图 7.28 所示，网络安全集线器是一种多路开关切换设备。它与网络安全隔离卡配合使用，并通过对网络安全隔离卡上发出的特殊信号的检测，识别出所连接的计算机，自动将其网线切换到相应的网络的 Hub 上，从而实现多台独立的安全计算机与内、外两个网络的安全连接与自动切换。

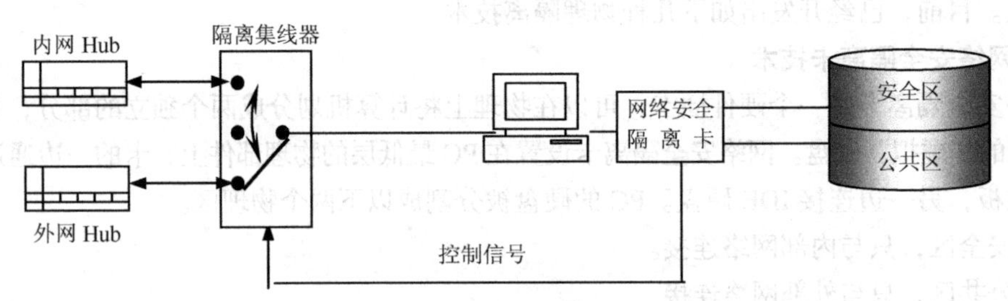

图 7.28　网络安全集线器的工作原理

如果没有检测到来自网络安全隔离卡的信号，两个网络都会被切断，这样就减少了安全区的工作站被错误地连上未分类网络的风险。

这种网络安全隔离集线器与数据安全保护器的设置，允许用户顺利地进行额外的网络工作。所有的附属设施被连接在通信机箱与后面的中枢上。此外，数据安全隔离集线器操作是全透明的，无需维修，且对以太网/快速以太网的标准通信没有任何影响。

3. 单主板隔离计算机技术

单主板隔离计算机技术的核心是双硬盘技术，它将内外网转换功能做入 BIOS 中，并将插槽也分为内网和外网，使用方便，也安全，价格介于双主机与隔离卡之间。

这种安全计算机是在较低层的 BIOS 上开发的。BIOS 提供信息发送和输出设备的控制，并在 PC 主板上形成两个各自独立的由网卡和硬盘构成的网络接入和信息存储环境，并只能在相应的网络环境下才能工作，不会出现在一种环境下使用另一种环境下才能使用的设备的情况，具体如下。

- 对软驱、光驱提供功能限制，在系统引导时不允许驱动器中有移动存储介质。对双网计算机提供软驱关闭/禁用控制。
- 提供双端口设备（打印机接口/并行接口、串行接口、USB 接口、MIDI 接口等）限制。对于 BIOS 则有防写跳线，防止病毒、非法刷新、破坏等功能。

7.7　网络安全威慑技术

从安全性的角度看，所有试图破坏系统安全性的行为都称为攻击，入侵就是成功的攻击。当一次攻击成功的时候，一次入侵就发生了。或者说，系统赖以保障安全的第一道防线已经被攻破了。所以，只从防御的角度被动地构筑安全系统是不够的。

安全监控是一种积极的防御措施。它通过对系统中所发生的现象的记录，分析系统出现了什么异常，以便采取相应的对策。

7.7.1 安全审计

1. 安全审计及其功能

20 世纪中期开始的计算技术、电子技术和与通信技术的结合，改变了人类的生产、生活、学习和娱乐方式，继而造就了一个新的时代。在这个时代中，人们对于数字系统的依赖正在逐渐超过对于物理世界的依赖。

但是，这些虚拟的数字世界是十分脆弱的。随着对它们的依赖程度的增加，不安全感也随之增加。信息被窜改、信息被泄漏、身份被伪冒……，这就要求对系统安全方案中的功能提供持续的评估，即安全审计。据专家的预测，安全审计技术将成为与防火墙技术、IDS 技术一样重要的网络安全工具之一。

具体来说，安全审计应当具有下面的功能。

（1）记录关键事件。对于关键事件的界定由安全官员决定。

（2）对潜在的攻击者进行威慑或警告。

（3）为系统安全管理员提供有价值的系统使用日志，帮助系统管理员及时发现入侵行为和系统漏洞，使安全管理人员可以知道如何对系统安全进行加强和改进。

（4）为安全官员提供一组可供分析的管理数据，用于发现何处有违反安全方案的事件，并可以根据实际情形调整安全政策。

美国国家标准《可信计算机系统评估超标准》（Trusted Computer System Evaluation Criteria）对安全审计给出的定义是一个安全的系统中的安全审计系统，是对系统中任一或所有与安全相关事件进行记录、分析和再现的处理系统。它通过对一些重要的事件进行记录，从而在系统发现错误或受到攻击时能定位错误和找到攻击成功的原因，它是事故后调查取证的基础，当然也是对信息系统的信心保证。

可以看出，安全审计和报警是不可分割的。安全审计由各级安全管理机构实施并管理，并只在定义的安全策略范围内提供。它允许对安全策略的充分性进行评价，帮助检测安全违规，对潜在的攻击者产生威慑。但是，安全审计不直接阻止安全违规。安全报警是由个人或进程发出的，一般在安全相关事件达到某一或一些预定义阈值时发出。这些事件中，一些是需要立即采取措施矫正的行动，另一些是有进一步研究价值的事件。

2. 安全审计日志

审计日志是记录信息系统安全状态和问题的原始数据。理想的日志应当包括全部与数据以系统资源相关事件的记录，但这样付出的代价太大。为此，日志的内容应当根据安全目标和操作环境单独设计。典型的日志内容包含以下内容。

- 事件的性质：数据的输入和输出，文件的更新（改变或修改），系统的用途或期望。
- 全部相关标识：人、设备和程序。
- 有关事件的信息：日期和时间，成功或失败，涉及因素的授权状态，转换次数，系统响应，项目更新地址，建立、更新或删除信息的内容，使用的程序，兼容结果和参数检测，侵权步骤等。

对大量生成的日志要适当考虑数据的保存期限。

3. 安全审计的类型

1）根据审计的对象分类

根据审计的对象，安全审计可以分为以下一些类型。

- 操作系统的审计。
- 应用系统的审计。
- 设备的审计。
- 网络应用的审计。

2）审计的关键部位

通常审计有以下几处关键部位。

- 对来自外部攻击的审计。
- 对来自内部攻击的审计。
- 对电子数据的安全审计。

7.7.2 入侵检测

1. 入侵检测与入侵检测系统

入侵检测系统（Intrusion Detection System，IDS）是对计算机和网络系统资源上的恶意使用行为进行识别和响应的处理系统。它像雷达警戒一样，在不影响网络性能的前提下，对网络进行警戒、监控；从计算机网络的若干关键点收集信息，通过分析这些信息，看看网络中是否有违反安全策略的行为和遭到攻击的迹象；扩展了系统管理员的安全管理能力，提高了信息安全基础结构的完整性。

这里，“入侵”（Intrusion）是一个广义的概念，不仅包括发起攻击的人（包括黑客）取得超出合法权限的行为，也包括收集漏洞信息，造成拒绝访问（Denial of Service）等对系统造成危害的行为。而入侵检测（Intrusion Detection）就是对入侵行为的发觉。它通过对计算机网络等信息系统中若干关键点的有关信息的收集和分析，从而发现系统中是否存在有违反安全规则的行为和被攻击的迹象。入侵检测系统就是进行入侵检测的软件和硬件的组合。

入侵检测作为一种积极主动的安全防护技术，提供了对内部攻击、外部攻击和误操作的实时保护，被认为是防火墙后面的第二道安全防线。

具体说来，入侵检测系统的主要功能如下。

- 监视并分析用户和系统的行为。
- 审计系统配置和漏洞。
- 评估敏感系统和数据的完整性。
- 识别攻击行为、对异常行为进行统计。
- 自动收集与系统相关的补丁。
- 审计、识别、跟踪违反安全法规的行为。
- 使用诱骗服务器记录黑客行为。

2. 实时入侵检测和事后入侵检测

实时入侵检测在网络的连接过程中进行，通过攻击识别模块对用户当前的操作进行分析，一旦发现攻击迹象就转入攻击处理模块，如立即断开攻击者与主机的连接、收集证据或实施数据恢复等，如图7.29所示。这个检测过程是反复循环进行的。

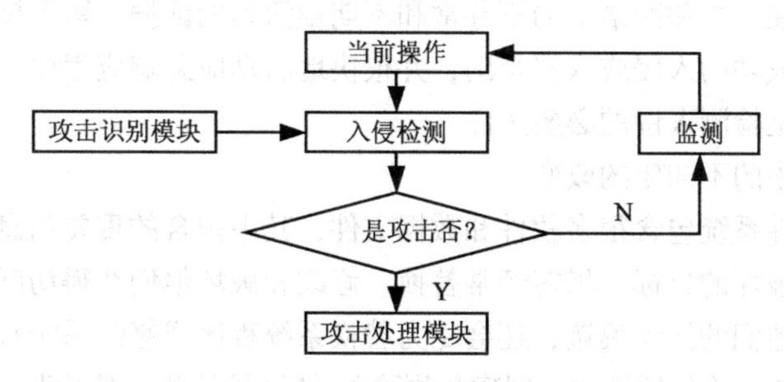

图 7.29　实时入侵检测过程

事后入侵检测是根据计算机系统对用户操作所做的历史审计记录，判断是否发生了攻击行为，如果有，则转入攻击处理模块处理。事后入侵检测通常由网络管理人员定期或不定期地进行。图 7.30 所示为事后入侵检测的过程。

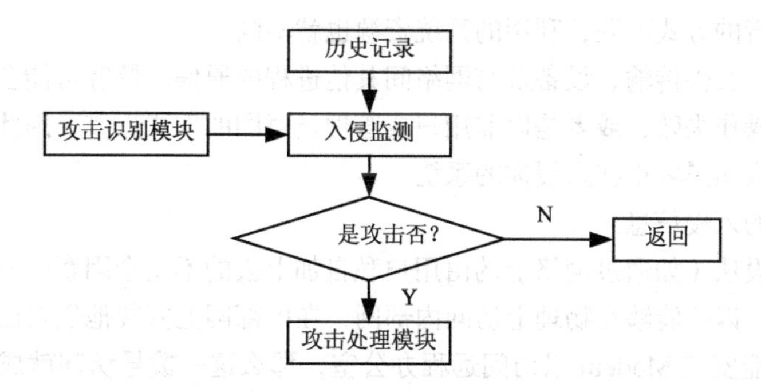

图 7.30　事后入侵检测的过程

3. 入侵检测系统的基本结构

入侵检测是防火墙的合理补充，帮助系统对付来自外部或内部的攻击，扩展了系统管理员的安全管理能力（如安全审计、监视、攻击识别及其响应），提高了信息安全基础结构的完整性。入侵检测系统的主要工作就是从信息系统的若干关键点上收集信息，然后分析这些信息，用来得到网络中是否有无违反安全策略的行为和遭到袭击的迹象，如图 7.31 所示。

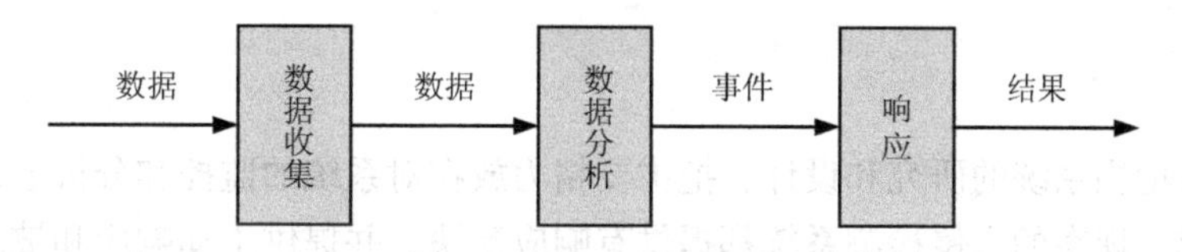

图 7.31　入侵检测系统的通用模型

入侵检测系统这个模型比较粗略。但是它表明了数据收集、数据分析和处理响应是一个入侵检测系统的最基本部件。

1）数据收集

入侵检测的第一步是在信息系统的一些关键点上收集信息。这些信息就是入侵检测系统的输入数据。入侵检测系统收集的数据一般有如下 4 个方面。

（1）主机和网络日志文件

主机和网络日志文件中记录了各种行为类型，每种行为类型又包含不同的信息，如记录“用户活动”类型的日志，就包含登录、用户 ID 改变、用户对文件的访问、授权和认证信息等内容。

这些信息包含了发生在主机和网络上的不寻常和不期望活动的证据，留下黑客的踪迹。通过查看日志文件，能够发现成功的入侵或入侵企图，并很快地启动应急响应程序。因此，充分利用主机和网络日志文件信息是检测入侵的必要条件。

（2）目录和文件中的不期望的改变

网络环境中的文件系统包含很多软件和数据文件，其中包含的重要信息的文件和私密数据文件经常是黑客修改或破坏的目标。黑客经常替换、修改和破坏他们获得访问权的系统上的文件，同时为了隐蔽系统中他们的活动痕迹，还会尽力替换系统程序或修改系统日志文件。因此，目录和文件中的不期望的改变（包括修改、创建和删除），特别是那些正常情况下限制访问的对象，往往就是入侵产生的指示和信号。

（3）程序执行中的不期望行为

每个在系统上执行的程序由一到多个进程来实现。每个进程都运行在特定权限的环境中，每个进程的行为由它运行时执行的操作来表现，这种环境控制着进程可访问的系统资源、程序和数据文件等；操作执行的方式不同，利用的系统资源也就不同。

操作包括计算、文件传输、设备及与网络间其他进程的通信。黑客可能会将程序或服务的运行分解，从而导致操作失败，或者是以非用户或管理员意图的方式操作。因此，一个进程出现了不期望的行为可能表明黑客正在入侵你的系统。

（4）物理形式的入侵信息

黑客总是想方设法（如通过网络上的由用户私自加上去的不安全因素——未授权设备）去突破网络的周边防卫，以便能够在物理上访问内部网，在内部网上安装他们自己的设备和软件。例如，用户在家里可能安装 Modem 以访问远程办公室，那么这一拨号访问就成了威胁网络安全的后门。黑客就会利用这个后门来访问内部网，从而越过了内部网络原有的防护措施，然后捕获网络流量，进而攻击其他系统，并偷取敏感的私有信息等。

2）数据分析

数据分析是 IDS 的核心，它的功能就是对从数据源提供的系统运行状态和活动记录进行同步、整理、组织、分类及各种类型的细致分析，提取其中包含的系统活动特征或模式，用于对正常和异常行为的判断。

入侵检测系统的数据分析技术依检测目标和数据属性，分为异常发现技术和模式发现技术两大类。

3）响应

早期的入侵检测系统的研究和设计，把主要精力放在对系统的监控和分析上，而把响应的工作交给用户完成。现在的入侵检测系统都提供有响应模块，并提供主动响应和被动响应两种响应方式。一个好的入侵检测系统应该让用户能够裁减定制其响应机制，以符合特定的需求环境。

在主动响应系统中，系统将自动或以用户设置的方式阻断攻击过程或以其他方式影响攻击过程，通常可以选择的措施如下。

- 针对入侵者采取措施。
- 修正系统。
- 收集更详细的信息。

在被动响应系统中，系统只报告和记录发生的事件。

4. 入侵检测器的部署

入侵检测器是入侵检测系统的核心。在规划一个入侵检测系统时，首先要考虑入侵检测器的部署位置，它直接影响入侵检测系统的工作性能。显然，在基于网络的入侵检测系统中和在基于主机的入侵检测系统中，部署的策略不同。

1）在基于网络的入侵检测系统中部署入侵检测器

基于网络的入侵检测系统主要检测网络数据报文，因此一般将检测器部署在靠近防火墙的地方。具体做法为将检测器部署在如图 7.32 所示的几个位置。

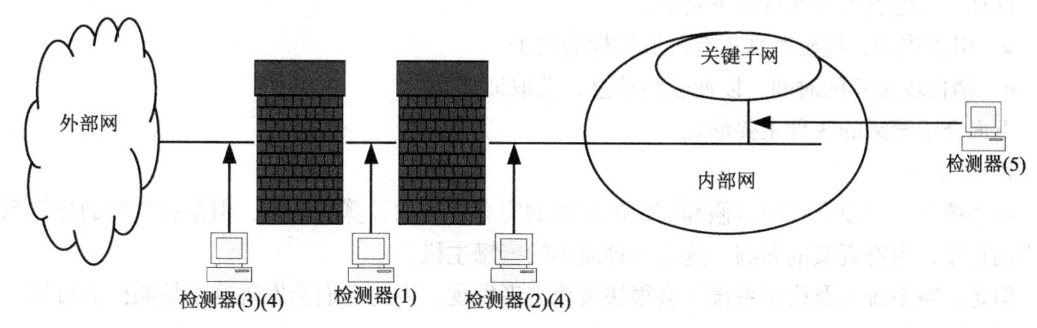

图 7.32　基于网络的入侵检测器的部署

（1）DMZ 区内。在这里，可以检测到的攻击行为是所有针对向外提供服务的服务器的攻击。由于 DMZ 中的服务器是外部可见的，因此在这里检测最为必要。同时，由于 DMZ 中的服务器有限，所以针对这些服务器的检测，可以使入侵检测器发挥最大优势。但是，在 DNZ 中，检测器会暴露在外部，而失去保护，因遭受攻击，导致无法工作。

（2）内网主干（防火墙内侧）。将检测器放到防火墙的内侧，有如下几点好处。

- 检测器比放在 DMZ 中安全。
- 所检测到的都是已经渗透过防火墙的攻击行为。从中可以有效地发现防火墙配置的失误。
- 可以检测到内部可信用户的越权行为。
- 由于受干扰的机会少，报警概率也少。

（3）外网入口（防火墙外侧）。优势如下

- 可以对针对目标网络的攻击进行计数，并记录最为原始的数据包。
- 可以记录针对目标网络的攻击类型。

但是，不能定位攻击的源和目的地址，系统管理员在处理攻击行为上也有难度。

（4）在防火墙的内外都放置。放在这一位置可以检测到内部攻击，又可以检测到外部攻击，并且无需猜测攻击是否穿越防火墙。但是，开销较大，在经费充足的情况下是最理想的选择。

（5）关键子网。这个位置可以检测到对系统关键部位的攻击，将有限的资源用在最值得保护的地方，获得最大效益/投资比。

2）基于主机的入侵检测系统中部署入侵检测器

基于主机的入侵检测系统通常是一个程序。在基于网络的入侵检测器的部署和配置完成后，基于主机的入侵检测将部署在最重要、最需要保护的主机上。

7.7.3　网络诱骗

防火墙及入侵检测都是被动防御技术，而网络诱骗是一种主动防御技术。

1. 蜜罐主机技术

网络诱骗技术的核心是蜜罐（Honey Pot）。它是运行在 Internet 上的充满诱惑力的计算机系统。

这种计算机系统有如下一些特点。

- 蜜罐是一个包含有漏洞的诱骗系统，它通过模拟一个或多个易受攻击的主机，给攻击者提供一个容易攻击的目标。
- 蜜罐不向外界提供真正有价值的服务。
- 所有与蜜罐的连接尝试都被视为可疑的连接。

这样，蜜罐就可以实现如下目的。

- 引诱攻击，拖延对真正有价值目标的攻击。
- 消耗攻击者的时间，以便收集信息，获取证据。

下面介绍蜜罐的 3 种主要形式。

1）空系统

空系统是一种没有任何虚假和模拟的环境的完全真实的计算机系统，但是有真实的操作系统和应用程序，也有真实的漏洞。这是一种简单的蜜罐主机。

但是，空系统（及模拟系统）会很快被攻击者发现，因为他们会发现这不是期待的目标。

2）镜像系统

建立一些提供 Internet 服务的服务器镜像系统，会使攻击者感到真实，也就更具有欺骗性。另一方面，由于是镜像系统，所以比较安全。

3）虚拟系统

虚拟系统是在一台真实的物理机器上运行一些仿真软件，模拟出多台虚拟机，构建多个蜜罐主机。这种虚拟系统不但逼真，而且成本较低，资源利用率较高。此外，即使攻击成功，也不会威胁宿主操作系统安全。

2. 蜜网技术

蜜网（Honey Net）技术也称陷阱网络技术。它由多个蜜罐主机、路由器、防火墙、IDS、审计系统等组成，为攻击者制造一个攻击环境，供防御者研究攻击者的攻击行为。

1）第一代蜜网

图 7.33 所示为第一代蜜网结构图。

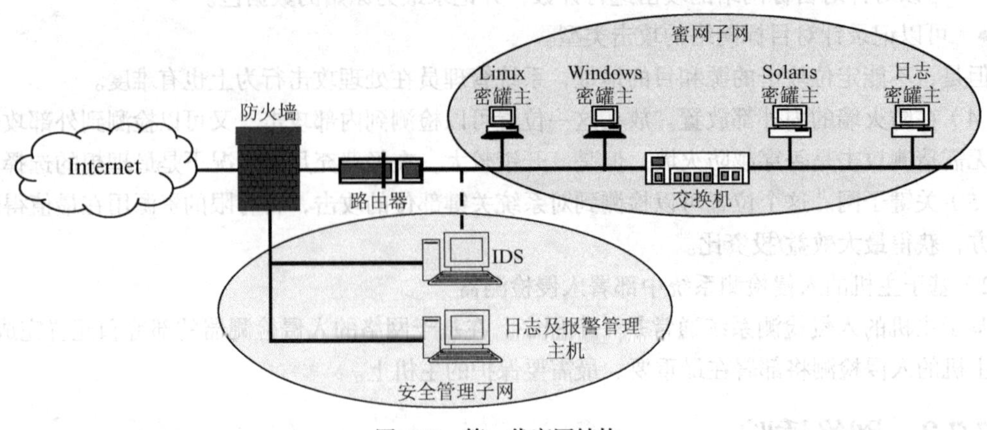

图 7.33 第一代蜜网结构

下面对其中各部件的作用加以介绍。

（1）防火墙

防火墙隔离内网和外网，防止入侵者以蜜网作为跳板攻击其他系统。其配置规则为不限制外网对蜜网的访问，但需要对蜜罐主机对外的连接予以控制，包括限制对外连接的目的地，限制蜜罐主机主动对外连接，限制对外连接的协议等。

（2）路由器

路由器放在防火墙与蜜网之间，利用路由器具有控制功能来弥补防火墙的不足，如防止地址欺骗攻击、DOS 攻击等。

（3）IDS

IDS 是蜜网中的数据捕获设备，用于检测和记录网络中可疑通信连接，报警可疑的网络活动。

2）第二代蜜网

图 7.34 所示为第二代蜜网结构图。

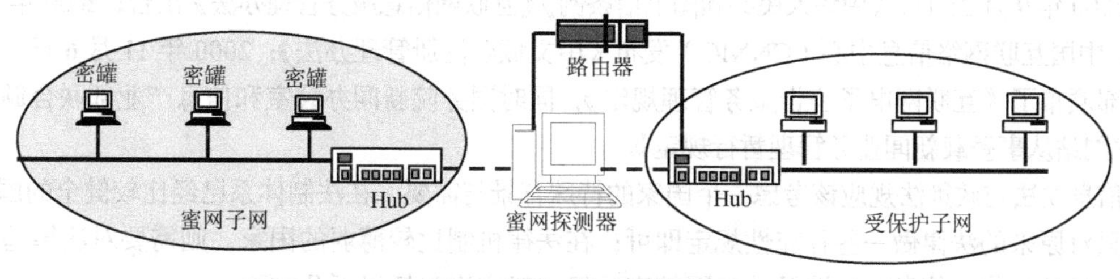

图 7.34　第二代蜜网结构

第二代蜜网技术将数据控制和数据捕获集中到蜜网探测器中进行。这样，带来的好处如下。

- 便于安装和管理。
- 隐蔽性更强。
- 可以监控非授权活动。
- 可以采取积极的响应方法限制非法活动的效果，如修改攻击代码字节、使攻击失效等。

3）第三代蜜网

第三代密网是目前正在开发的密网技术。它是建立在一个物理的设备上的分布式虚拟系统，如图 7.35 所示，这样就把蜜罐、数据控制、数据捕获、数据记录等，都集中到了一台物理的设备上。

图 7.35　第三代蜜网结构

7.8　信息网络安全的法律与法规

Internet 的普及与发展将日益渗透人类社会的各个方面，改变人们的工作方式、学习方式、思维方式和生活方式。这些方式的改变，已经给人类社会带来了一系列的深刻影响，引发出一系列的新的社会问题，要求社会建立或调整相应的行为道德规范和法律制度，从伦理和法制两个方面约束人们的行为，协调人们在新时期的利益和关系。行为规范与信息立法是维护 Internet 秩序的措施。随着 Internet 对社会活动产生越来越大的影响，各国政府和有关组织都在积极进行这方面的研究，有的已经采取了相应的对策。

- 美国参议院1995年6月通过《计算机庄严法》（CDA）。
- 欧盟委员会1996年10月16日通过了《Internet有害与违法信息通信》和《在新的电子信息环境中保护未成年人和人的尊严》绿皮书。
- 德国已经起草了《信息和通信服务联邦法案》。
- 日本的ISP自发地制定了《Internet事业伦理准则》。
- 20世纪90年代起，我国先后颁布了《中国公众多媒体通信管理办法》（1997年12月1日）、《中华人民共和国计算机信息网络国际联网管理暂行规定》（1996年2月1日）、《中国互联网络域名注册暂行管理办法》《中国互联网络域名注册实施细则》等。进入21世纪，我国的信息立法进一步加强：2000年9月25日，《中华人民共和国电信条例》《互联网信息服务管理办法》出台；2000年11月1日，中国互联网络信息中心（CNNIC）发布《中文域名注册管理办法》；2000年11月6日，信息产业部颁布了《互联网电子公告服务管理规定》，同时国务院新闻办公室和信息产业部联合颁布了《互联网站从事登载新闻业务管理暂行规定》。

信息立法与政策法规应该考虑一个国家的特殊背景与需要。在法制体系已经比较健全的国家，可以只对原来的法律做一些补充性规定即可；在法律机制比较薄弱的国家，则需要对法律基础设施做大量的工作。信息立法涉及的范围较广，但一般应当包括以下几方面。

- 信息表达的权力和义务。
- 信息获取的权力和义务。
- 信息保存的权力和义务。
- 信息传递的权力和义务。
- 信息资源分配的权力和义务。
- 信息搜集和处理的权力和义务。
- 利用信息和信息基础设施的权力和义务。

预计在不久的将来，下列15种互联网犯罪将会被追究刑事责任。

- 违反国家规定，侵入国家事务、国防建设、尖端科学技术领域的计算机信息系统。
- 制作、传播计算机病毒，设置破坏性程序，攻击计算机系统及通信网络，致使计算机系统及通信网络遭受损坏。
- 违反国家规定，擅自中断信息网络或者通信服务，造成信息网络或通信系统不能正常运行。
- 利用互联网造谣、诽谤或者发表、传播其他信息，煽动颠覆国家政权、推翻社会主义制度，或者煽动分裂国家、破坏国家统一。
- 利用互联网窃取、泄露国家秘密、情报或者军事秘密。
- 利用互联网煽动民族仇恨、民族歧视，破坏民族团结。
- 利用互联网组织邪教组织、联络邪教组织成员，破坏国家法律、行政法规实施。
- 利用互联网进行诈骗、盗窃。
- 利用互联网销售伪劣产品或者对商品、服务进行虚假宣传。
- 利用互联网编造并传播影响证券和期货交易的虚假宣传。
- 在互联网上建立淫秽站点链接服务，或者传播淫秽书刊、影片、音乐、图片。
- 利用互联网侮辱他人或者捏造事实诽谤他人。
- 非法截获、窜改、删除他人电子邮件或者其他数据资料，侵犯公民通信自由和通信秘密。

- 利用互联网侵犯他人知识产权。
- 利用互联网损害他人商业信誉和商品信誉。

习 题 7

一、选择题

1. 特洛伊木马攻击的威胁类型属于（　　）。

A. 授权侵犯威胁　B. 植入威胁　C. 渗入威胁　D. 旁路控制威胁

2. 计算机病毒是指能够侵入计算机系统并在计算机系统中潜伏、传播、破坏系统正常工作的一种具有繁殖能力的（　　）。

A. 指令　B. 程序　C. 设备　D. 文件

3. 下列叙述中是数字签名功能的是（　　）。

A. 防止交易中的抵赖行为发生　B. 防止计算机病毒入侵

C. 保证数据传输的安全性　D. 以上都不对

4. 某银行为了加强自己网站的安全性，决定采用一个协议，应该采用（　　）协议。

A. FTP　B. HTTP　C. SSL　D. UDP

二、填空题

1. ________是为程序开辟的秘密入口。
2. 在对称型密钥体系中，________和________采用同一密钥。
3. CA 的功能是____。

三、简答题

1. 试述计算机系统病毒防治的未来对策。
2. 举例说明黑客有哪些攻击手段。
3. 试述 Internet 安全问题现状。
4. 网络攻击有哪几种类型？
5. 假定数据在信道上是加密传输的，那么采用 MAC 认证就会呈现以下两种方式。

（1）对明文认证，即在发送方将报文及其 MAC 一起加密，接收方解密后，分成两部分，再对解密后的明文生成 MAC’与传输来的 MAC 进行比较。

（2）对密文认证，即接收方在未解密前先对报文的密文生成 MAC’与由 A 方传送来的 MAC 的密文进行比较。

用图示说明以上两种 NAC 认证方式的认证过程。

6. 对称加密和非对称加密有何不同？
7. 分析消息认证码可能遭受的攻击。
8. 简述数字签名的用途和基本流程。
9. 查阅相关资料，比较各种数字签名算法的优缺点。
10. 数字签名进程需要哪些数据？

11. 查阅资料，简述有关PKI的标准及其相关产品。

12. PKI可以提供哪些安全服务？PKI体系中包含了哪些与信任有关的概念？

13. 收集国内外有关认证的网站信息，简要说明各网站的特点。

14. 收集国内外有关认证的最新动态。

15. 简述口令可能会遭受哪些攻击。

16. 假定只允许使用26个字母构造口令，在下列情况下各可以构造出多少条口令？

（1）口令最多可以使用 n 个字符，$n=4$，6，8，不区分大小写。

（2）口令最多可以使用 n 个字符，$n=4$，6，8，区分大小写。

17. 编写一个口令生成程序。程序以长度 s（可以取 s=8，16，32，64）的随机二进制种子作为输入：

（1）让多名用户使用你的程序生成口令，记录有多少人选择了相同的事件。

（2）生成一个口令并加密。然后让人通过尝试随机数种子的所有值进行口令攻击（事先要给定一个猜测次数的期望值）。

18. 简述生物特征认证的发展趋势。

19. 如何保护IC卡的安全？

20. SET协议有何作用？

21. 什么是VPN？

22. 简述安全审计的作用。

23. 综述入侵检测技术的发展过程，并提出自己的思路。

24. 入侵检测系统有哪些可以利用的数据源？

25. 入侵检测技术与法律有什么关系？

26. 简述蜜罐技术的特殊用途。

27. 收集国内外有关入侵检测、网络诱骗或安全审计的最新动态。

28. 下面是选择防火墙时应考虑的一些因素，请按你的理解，将它们按重要性排序。

（1）被保护网络受威胁的程度。

（2）受到入侵，网络的损失程度。

（3）网络管理员的经验。

（4）被保护网络的已有安全措施。

（5）网络需求的发展。

（6）防火墙自身管理的难易度。

（7）防火墙自身的安全性。

29. 简述目前物理隔离产品的特点，并进行优缺点分析。

参考文献

[1] 张基温，等. 计算机网络技术与应用教程. 北京：人民邮电出版社，2013.

[2] 张基温. 计算机网络实训教程. 北京：人民邮电出版社，2001.

[3] 张基温. 计算机网络技术. 北京：高等教育出版社，2004.

[4] 张基温. 计算机网络原理. 2版. 北京：高等教育出版社，2006.

[5] 谢希仁. 计算机网络. 6版. 北京：电子工业出版社，2013.

[6] 张基温. 信息系统安全教程. 2版. 北京：清华大学出版社，2015.

[7] http://www.chinaitlab.com.

[8] http://www.e-works.net.cn.